PATCHWORK 拼布教室

Summer Edition 2021 no.23

一起以拼布來作夏日氣息的裝扮吧！
使用清爽明亮的配色，以白色為基調，
或是減少配色數量的壁飾及布小物，
呈現低調不過度搶眼的搭配！
以夏日蔚為人氣的藍色布料，製作手提袋及波奇包，
只要搭配簡單的白色上衣，
就能不分年紀，充滿時尚感。
本期收錄植物圖案的主題單元也精彩可期，
無論是提振外出好心情的植物圖案印花手提袋，
或是描繪花卉圖案的彩繪玻璃拼布、水彩拼布，
享受花朵配置的樂趣，
藉由植物獲得滿滿能量，[illegible]暑難耐的夏季吧！

CONTENTS

隨書附贈　原寸紙型＆拼布圖案

授　　權／BOUTIQUE-SHA
譯　　者／彭小玲．林麗秀
社　　長／詹慶和
執行編輯／黃璟安
編　　輯／蔡毓玲．劉蕙寧．陳姿伶
封面設計／韓欣恬
美術編輯／陳麗娜．周盈汝
內頁編排／造極彩色印刷
出 版 者／雅書堂文化事業有限公司
發 行 者／雅書堂文化事業有限公司
郵撥帳號／18225950
郵撥戶名／雅書堂文化事業有限公司
地　　址／新北市板橋區板新路206號3樓
電　　話／(02)8952-4078
傳　　真／(02)8952-4084
網　　址／www.elegantbooks.com.tw
電子郵件／elegant.books@msa.hinet.net

2021年08月初版一刷　定價／420元

總經銷／易可數位行銷股份有限公司
地址／新北市新店區寶橋路235巷6弄3號5樓
電話／(02)8911-0825 傳真／(02)8911-0801

國家圖書館出版品預行編目(CIP)資料

Patchwork拼布教室23：靜下心，玩拼布！練習慢活的夏日手作藍 / BOUTIQUE-SHA授權；彭小玲，林麗秀譯. -- 初版. -- 新北市：雅書堂文化事業有限公司, 2021.08
面；　公分. -- (Patchwork拼布教室；23)
ISBN 978-986-302-593-1(平裝)

1.拼布藝術 2.手工藝

426.7　　110011447

原書製作團隊

編 輯 長／関口尚美
編　　輯／神谷夕加里
編輯協力／佐佐木純子．三城洋子
攝　　影／腰塚良彥．藤田律子（本誌）．山本和正
設　　計／和田充美（本誌）．小林郁子．多田和子
松田祐子．松本真由美．山中みゆき
製　　圖／大島幸．小山惠美．近藤美幸．
櫻岡知榮子．為季法子
繪　　圖／木村倫子．三林よし子
紙型描圖／共同工芸社．松尾容巳子

攝影／山本和正

連 載

以貼布縫描繪的四季花圈

將盛開著四季花卉的花圈以貼布縫縫於拼布上，裝飾於屋內吧！
原浩美老師使用先染布製作，
邀您共享帶有微妙色調的花朵表情之趣。

1

散發香草香氣的設計花圈

將薰衣草、德國洋甘菊、粉紅色的紫錐菊、綿毛水蘇束成花圈。在粉彩色的飾邊襯托之下，讓花圈顯得更加優美。

設計・製作／原 浩美　製作協力／大谷聖子
45×45㎝　作法P.99

香草花束圖樣刺繡
附側身手提袋

外形絕佳的圓形可愛手提袋。將菱形的布片與香草的刺繡裝飾於重點處，是簡約又易於攜帶的設計款式。

設計・製作／原 浩美　25×28cm　作法P.99

將花樣蕾絲貼布縫於後片上。

撮影／山本和正

靜下心，玩拼布！練習慢活的夏日手作藍

運用素材及色彩帶出清爽設計感，
為您介紹適合夏季的簡約拼布。

以白色為主角的清爽色彩

在白底配置單色格紋、條紋、花朵圖案，與帶有金色或銀色圖樣的印花布，以及蕾絲布，全部以白色布片進行配色。將變形小木屋的表布圖案進行斜向排列，並以直線的壓線線條強調布片的特色。

設計・製作／橋本直子
102.5×102.5㎝　作法P.85

3

在繡有雛菊花樣刺繡的美麗透明感蕾絲布上，將「英國長春藤」的圖案進行貼布縫的短窗簾。將圖案的底色配置成白色布，圖案也配以沈穩內斂的色調，將全體作出均衡的配置，享受柔和陽光灑滿整間屋子的清新感。

設計・製作／橋本直子
72×80㎝　作法P.85

4

運用白布與藍色系布片拼湊出沁涼印象的壁飾與手提袋。壁飾製作運用了「華盛頓拼圖」的圖案進行併接，進而浮現纖細的風車花樣。手提袋則將色彩繽紛的「郵票」圖案與白色素布的素色區塊交替排列，營造適合夏季的設計。

壁飾　設計・製作／臼杵恵美子　129×111㎝　作法P.86
手提袋　設計・製作／／辻 寿美　25×42㎝　作法P.84

5

6

以四方形併接將白色蕾絲布與紅色印花布加以組合。由於花朵圖案布的白色花朵為大花樣，因此底色的紅更具特色地點綴於上，襯托出白色蕾絲布的耀眼。

設計・製作／橋本直子
157×112㎝　作法P.88

7

簡約設計的
手提袋＆波奇包

在灰色系布片上進行貼布縫及布片拼接，添加於重點裝飾的設計。以講究壓線線條與布片拼接的添置方法縫製而成。右側手提袋的布片拼接部分則作成附袋蓋的口袋。

No. 8 設計・製作／古川一予　36×30㎝
No. 9 設計・製作／池田孝子　26×38㎝
作法P.88・P.89

右側手提袋的後片具有接縫六角形拼接的口袋。接縫長型拉鍊的口布，則使袋口可大幅度敞開，便於拿取物品。

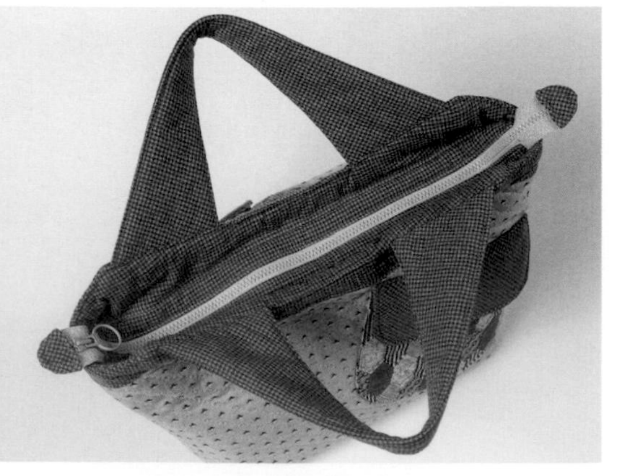

黑色素布搭配黃綠色蔬菜印花布營造摩登時尚印象的手提袋。雖然設計與配色非常簡約，但配置成十字形的「雁行」圖案，使整體視覺更顯流行。

設計・製作／松本真理子
37.5×35㎝　作法P.87

使用2種單一色調的黑白蕾絲印花布與玫瑰花圖案進行配色的典雅手提包。黑與白的對比更顯出色。布片的尺寸較大，更能享受活用花樣設計的樂趣。

設計・製作／円座佳代
27×39㎝　作法P.109

手掌大小的扁平波奇包，是僅僅併接3片布片即可完成的簡單作品。享受活用喜愛的布片進行配色的樂趣吧！建議作為零錢包或鑰匙包使用。

設計・製作／橋本直子
8.5×15㎝　作法P.90

圖左是在一片布的側面上，將圓形花朵進行貼布縫後，再繡上花莖與葉片的設計。圖右則是將不同顏色的小花圖案印花布接縫成布條，並在小花上添加花莖的刺繡之後，呈現宛如在野地裡盛開的花朵般的印象。

設計・製作／額田昌子
No.13　12×21㎝　No.14　13×19㎝　作法P.90

No.13波奇包的後片，
以貼布縫縫上了不同顏色的花朵

減少配色數量，統整俐落感。

將「萬花筒」的表布圖案，以紅色、水藍色、白底印花布進行配色的床罩。白底印花布限定使用紅色的同色系，作成使圖案浮現更顯出色的設計。添加在素布部分的壓線線條，相當美麗出眾。

設計・製作／北 ちゑ子
235×187.5cm 作法P.91

15

以茶色的同色系組合而成的迷你壁飾。於飾邊上搭配帶有藍色的格子花樣印花布，在易顯模糊的色調上添加重點特色。

設計・製作／中川知子
44×44cm　作法P.92

以白色為基調，並以紅色與藍色進行配色的「去皮柳橙」圖案製成的迷你壁飾。呈現清爽俐落的配色，與周圍的扇形飾邊組成的可愛設計。

設計・製作／岩佐和代
33×29cm　作法P.92

溫馨又可愛的母女裝！

穿什麼能讓人一眼就看出你們的關係與親密呢？
那就是讓人感到無限溫馨的母女親子服！
尤其是親手製作，更代表了滿滿的愛。
本書介紹了母女相同單品的款式服裝，
可以隨時依自己喜好去改變顏色。
或是不同款式，但採用同種布料，充滿變化的樂趣。
書中介紹各種花紋色系的上衣、可愛又充滿氣質的連身裙、
穿起來很文青的連身吊帶褲、輕鬆又休閒的寬褲、
簡單好作的鬆緊帶圓裙、還有步驟不複雜的外套。
而小孩的尺寸，從90cm到130cm，共有5種尺寸，
也可以製作可愛、高CP值的姊妹裝喔！

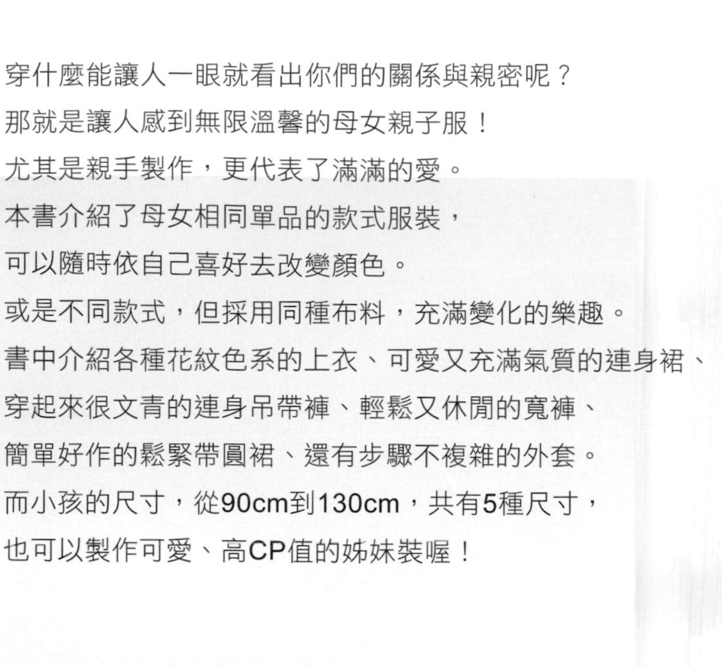

媽媽跟我穿一樣的！
媽咪&小公主的手作親子裝
Boutique-sha ◎授權
平裝 80 頁／ 21cm×26cm
彩色＋單色／定價 420 元

布料提供／株式會社moda Japan

於藍色的同色系與白色底布上，搭配藍色花樣印花布的3款抱枕。馬賽克的星星抱枕，是於周圍的布片上添加白玉拼布。以「檜木籬笆」圖案製作的圓筒型抱枕，則是在兩側穿入緞帶之後束緊，作成有如糖果般的造型。

設計／服部まゆみ
製作／No. 18 北村直子　43×43㎝
No. 19 村本るみ子　38.5×38.5㎝
No. 20 服部まゆみ　直徑15㎝ 長53㎝
作法P.98

圓筒形抱枕是從側邊裝入抱枕芯，
束緊袋口的緞帶之後，
繫成蝴蝶結。

將扶桑花圖案進行貼布縫的杯墊。花朵也刻意配上綠色以減少配色數量，統整成高雅的印象。　設計・製作／高橋千春　25×36cm

杯墊

◆材料（1件的用量）
各式貼布縫用布片
台布、鋪棉、胚布
各40×30cm 滾邊用寬
4cm斜布條110cm

◆作法順序
於台布上進行貼布縫之後，製作表布→疊放上鋪棉與胚布之後，進行壓線→將周圍進行滾邊。

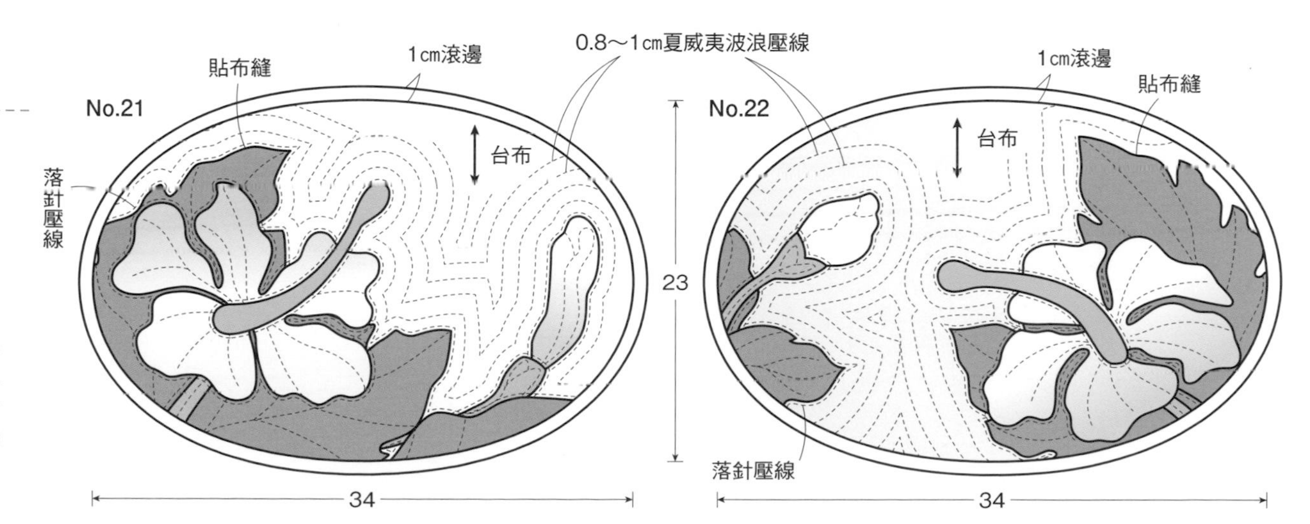

※貼布縫圖案原寸紙型A面④。

以紅色同色系布將「祖母的花園」區塊併接而成的壁飾。大型布片與活潑的花樣運用，當作居家擺飾更顯出色。

設計／今井雅子
製作／関山知子
244.5×207㎝　作法P.96

23

24

將使用深色印花布進行配色的區塊，以及凸顯白色視覺效果的區塊交替排列，製作出層次分明的設計。

設計・製作／林田美恵子（指導／中山しげ代）
68×104cm

壁飾

◆材料

各式拼接用布片 H、I 用布110×70cm（包含滾邊部分） 鋪棉、胚布各110×75cm

◆作法順序

進行拼接後，製作8片表布圖案(ㄅ)、7片(ㄆ)→將圖案(ㄅ) (ㄆ)交替併接，且接縫布片H、I之後，製作表布→疊放上鋪棉與胚布之後，進行壓線→將周圍進行滾邊（參照P.82）。

◆作法重點

○I的壓線請參照H，進行自由壓線。

※原寸紙型與壓線圖案紙型B面④

表布圖案(ㄅ)的縫合順序

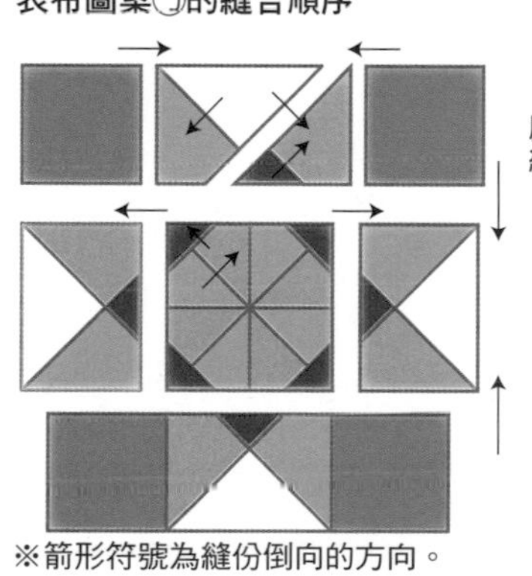

※箭形符號為縫份倒向的方向。

1cm滾邊
中心
壓線
6 H
0.8
66
I
6
6
45
51

表布圖案的配置圖

表布圖案(ㄅ)

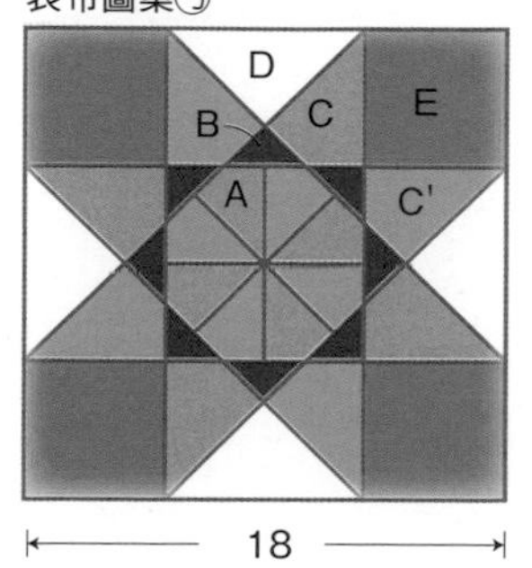

表布圖案(ㄆ)

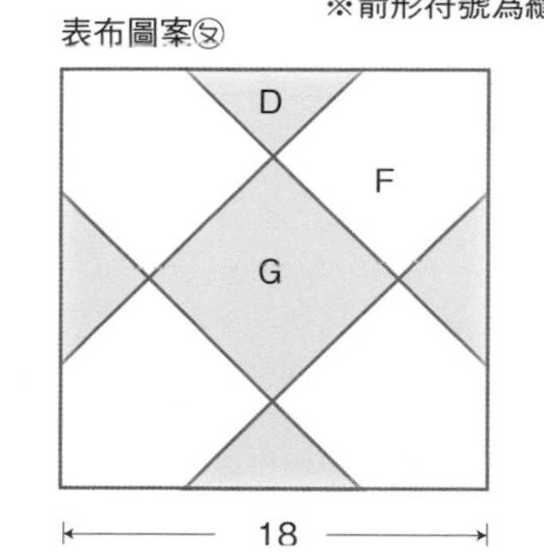

攝影／山本和正　插圖／三林よし子

以植物圖案印花布製作的
手提袋&波奇包

描繪著季節氛圍的植物圖案印花布，
一同享受從單色到繽紛花樣，截然不同印象的作品製作樂趣吧！

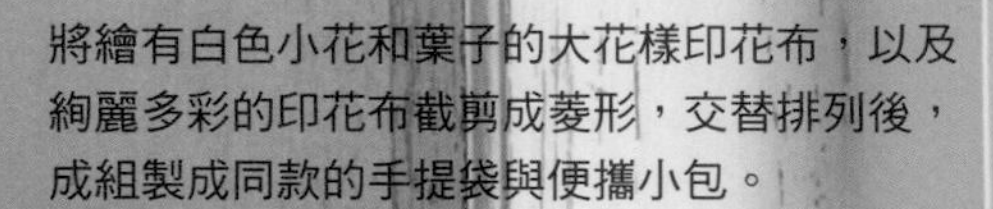

將繪有白色小花和葉子的大花樣印花布，以及絢麗多彩的印花布截剪成菱形，交替排列後，成組製成同款的手提袋與便攜小包。

設計・製作／青塚勝江
手提袋 38.5×38㎝ 便攜小包 20.5×14.5㎝
作法P.104

布料提供／さららJAPAN moelan studio株式會社

便攜小包可用來收納手機或迷你錢包，非常便利。

25

在宛如水彩畫一般的葉子圖樣上，搭配雅緻的綠色素布的手提袋與口金波奇包。活用葉子的模樣，並裝飾上立體花朵。

設計・製作／菊地昌
手提袋　25×23㎝　口金波奇包13×22㎝
作法P.108

袋身附有拉鍊口袋。
兩側口袋則可用來收納手機。

口金波奇包的後片側設計成袖珍面紙套。

布料提供／株式會社moda Japan

使用鮮明色彩與大膽植物圖案為特徵的Kaffe Fassett系列印花布製作手提袋與波奇包。運用同色系的點點花樣印花布及鈕釦圖案作一均衡地統整。

設計・製作／瀧田裕子
手提袋 23.5×36㎝ 波奇包 10×16㎝
作法P.105

波奇包的拉鍊為創意拉鍊，
單側脇邊形成如圖所示的圓弧造型。

以適合夏日活潑色調的醒目印花布，製成的兩用手提袋與波奇包。
手提袋附提把與肩帶，大型手提袋適合度假攜帶使用。

設計・製作／川端幸江
手提袋 31×40cm 波奇包13×20cm
作法P.106
植物圖案印花布提供／株式會社moda Japan

於周圍側身接縫風車圖案。植物圖案印花布搭配綠色混染布，給人清爽俐落的印象。

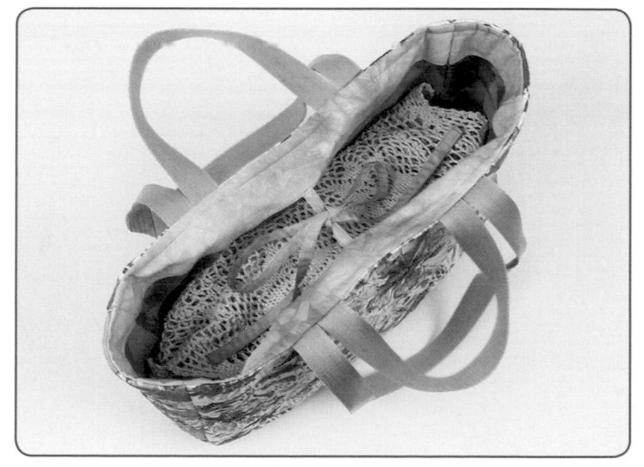

只要將接縫於中心處的繩帶打結，即可完全緊閉袋口。

以有如渲染花樣般的植物圖案印花布為主角，接縫「橘子皮」及六角形圖案併接而成的口袋，呈現柔和印象的手提袋。

設計・製作／馬場茂子
23.5×35㎝　作法P.107
植物圖案印花布提供／双日ファッション株式會社（Sojitz Fashion）

後片與側身是在一片植物圖案印花布上進行壓線的簡約設計。

口袋上接縫按釦。

分別於單色的玫瑰印花布上，再行組合上已配色完成的玫瑰印花布，進而統整成典雅氛圍的波奇包。

設計・製作／円座佳代
12.5×23.5cm

波奇包

●材料（1件的用量）
A用布35×25cm B用布50×30cm（包含滾邊部分）C用布25×25cm 單膠鋪棉、胚布各35×25cm 長30cm拉鍊1條 寬1.4cm蕾絲60cm

●作法順序
拼接布片A與B→黏貼上鋪棉，並將蕾絲疏縫固定→將布片C進行貼布縫→與胚布疊放之後，進行壓線→參照圖示進行縫製。

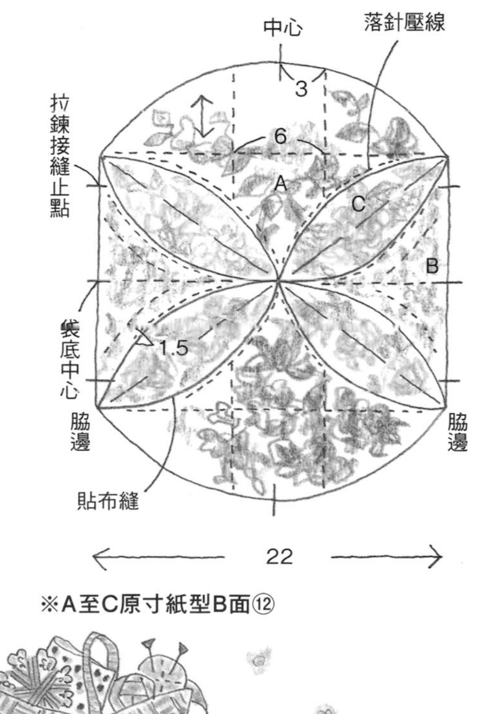

※A至C原寸紙型B面⑫

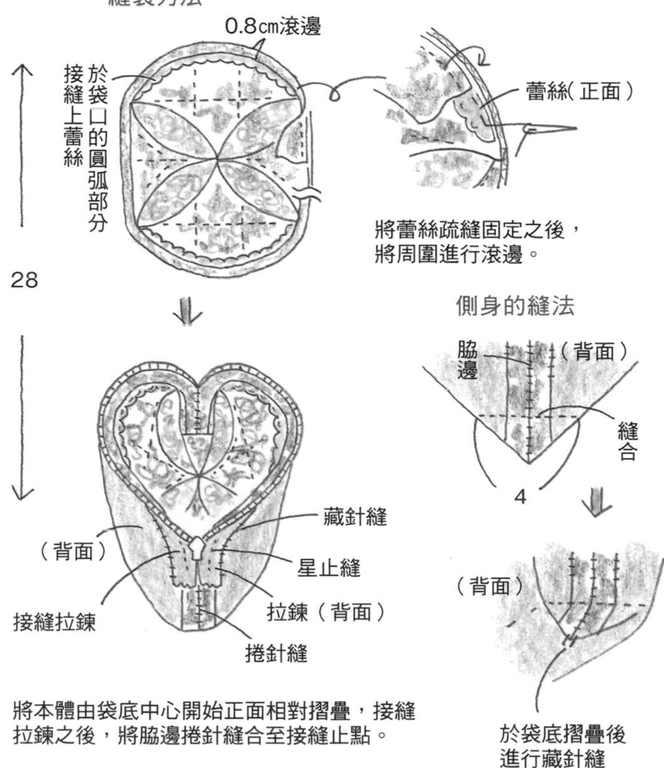

將本體由袋底中心開始正面相對摺疊，接縫拉鍊之後，將脇邊捲針縫合至接縫止點。

於袋底摺疊後進行藏針縫

描繪花卉圖案的彩繪玻璃拼布

以粗線條描繪而成的亮眼設計，極具魅力的彩繪玻璃拼布。可作為居家擺飾，是有如耀眼圖畫般的美麗作品。

描繪著水芭蕉與楓葉風景的拼布

作出遠近感的水芭蕉，宛如描繪至遙遠森林的風景一樣。楓葉是以從室內往外眺望的日式庭園為意境，窗簾則是直接使用標示帶。兩件作品皆在背景上使用樹林圖案的漸層印花布，享受著適合季節的配色樂趣。

設計・製作／飯高悅子
47×47㎝　作法P.100

桔梗與濱梨玫瑰框飾

掌握花卉的特徵後，進而描繪，綠色的布條是以混染布製成。
即使是初學者也能輕鬆完成的框飾，亦可裝飾於狹小的空間裡。

設計・製作／前田景子　桔梗　內徑尺寸 19×24㎝
濱梨玫瑰　內徑尺寸 20×20㎝　作法P.97

混染布、右側飾框提供／金龜糸業株式會社

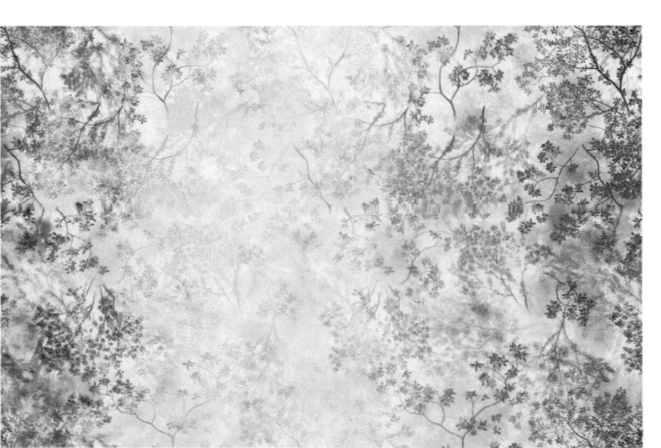

運用於P.24作品的樹木圖案印花布。將新綠的青翠綠到楓葉的漸層色彩，使用於背景，可創造出季節感。
布料提供／さららJAPAN moelan studio株式會社

蓮花＆牽牛花壁飾

宛如將花朵與葉子剪下來似的，進而特寫放大的構圖，令人印象深刻。色彩繽紛的飾邊，展現有如邊框般的效果。

設計・製作／庄司京子
蓮花 39.5×46.5㎝　牽牛花 29×29㎝　作法P.31

將接縫於脇邊上的固定用布
釦住固定，袋口即可縮小，
袋型變得更小巧精簡。

以MOLA貼布縫描繪
木槿手提袋

以MOLA貼布縫的手法，纖細地描繪出葉脈及圓弧形的花瓣。運用漸層設計呈現粉紅色與黃綠色的混染布，配置在花朵及葉片的部分。

設計・製作／飯田奈緒美
21×36㎝　作法P.103

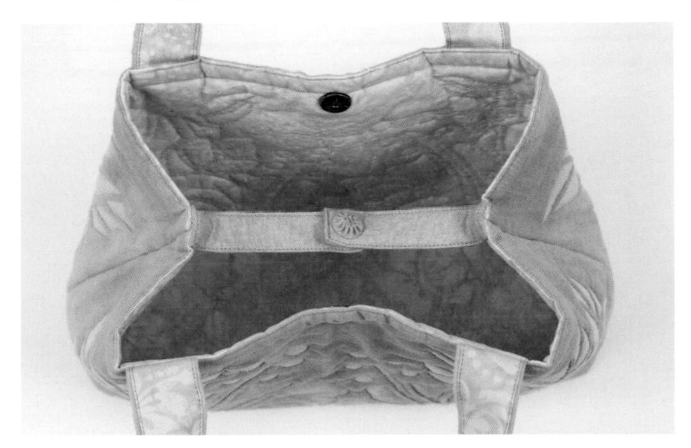

43

鴨跖草壁飾

配色布僅使用1片漸層印花布。閃耀在朝霞映照下的鴨跖草意象。

設計・製作／尾崎洋子　41×41㎝

作法P.93

描繪支架培育的牽牛花壁飾

運用寬4㎜的滾邊帶描繪而成的寫實風設計。由於使用窄版的滾邊帶，因此更能將花朵及葉子的弧線、纖細的支架作出漂亮的形狀。

設計・製作／嶋道子　62×44㎝

作法P.93

44

作品No. 43使用美麗的綠色至粉紅色漸層的布料。帶有纖細的紋路花樣，表情相當豐富。

布料提供／双日ファッション株式會社（Sojitz Fashion）

絢麗繽紛的花朵杯墊

將玫瑰、海芋、鬱金香以MOLA貼布縫進行描繪的大尺寸杯墊。餐桌上彷彿繁花盛開一般熱鬧非凡。

設計・製作／岩崎美由紀
12.5×15㎝

杯墊

●材料（1件的用量）

各式配色用布片　台布用薄型白色素布、黑色素布（黃色鬱金香為紫色素布）、鋪棉、胚布各20×15㎝　滾邊用寬3.5㎝斜布條50㎝

●作法順序

以MOLA貼布縫的手法製作表布，疊放上鋪棉與胚布之後，進行壓線→將周圍進行滾邊。

※原寸紙型B面⑦。

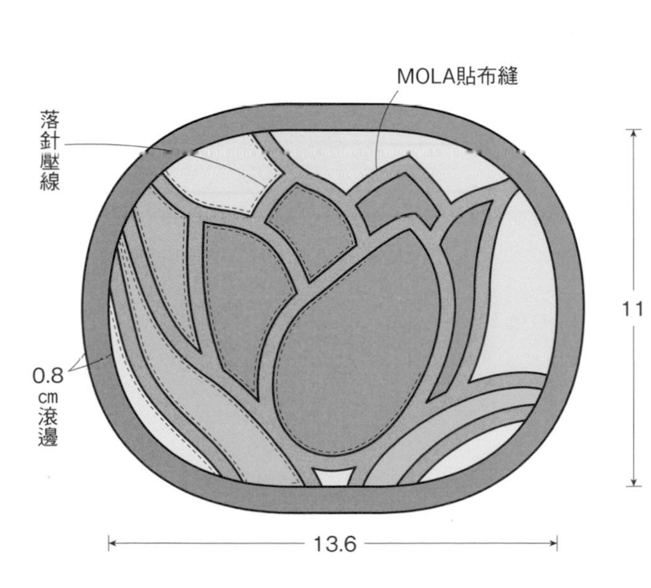

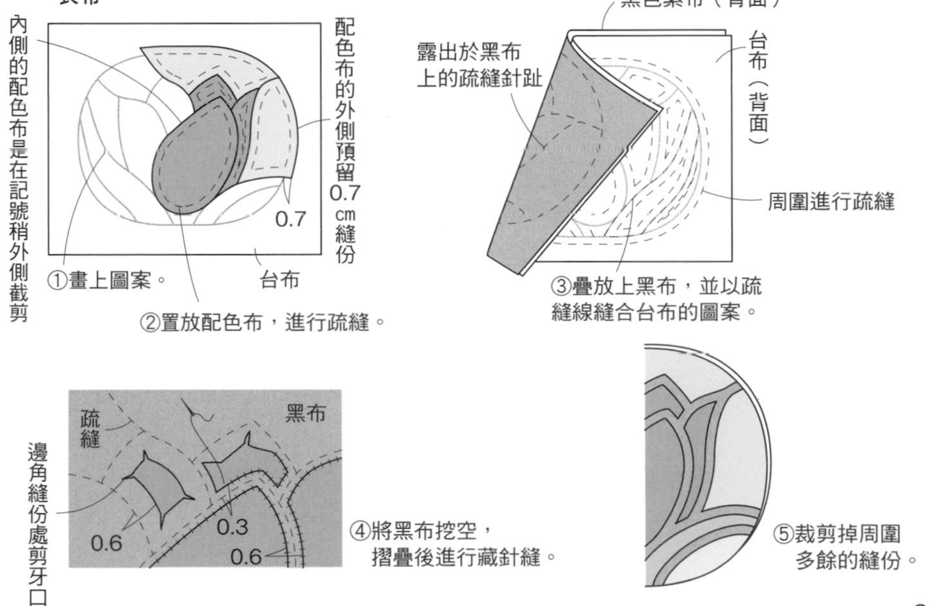

彩繪玻璃拼布（以P.26的牽牛花拼布為例進行解說。）……指導／庄司京子

將滾邊條藏針縫的方法

材 料

- 台布（薄型的白色或原色素布）
- 可使用熨斗燙貼的寬6mm黑色滾邊條
- 配色布
- 1條線的圖案（寫上布片的號碼）
- 配色布用的紙型（裁剪1條線的圖案，寫上布片的號碼）

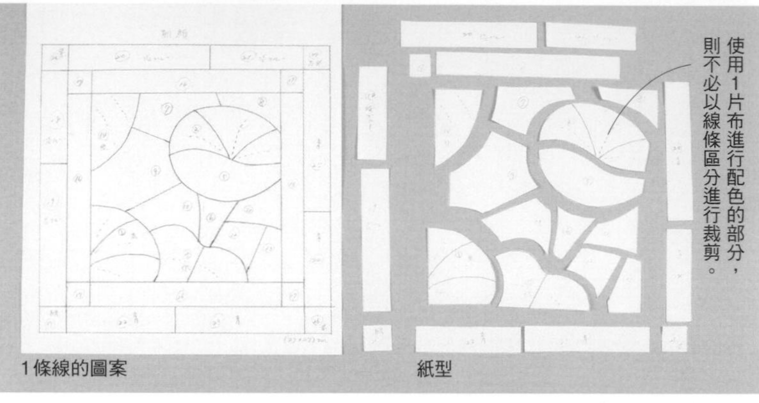

1條線的圖案　　紙型

不需在1片配色布上作置放滾邊條的記號線

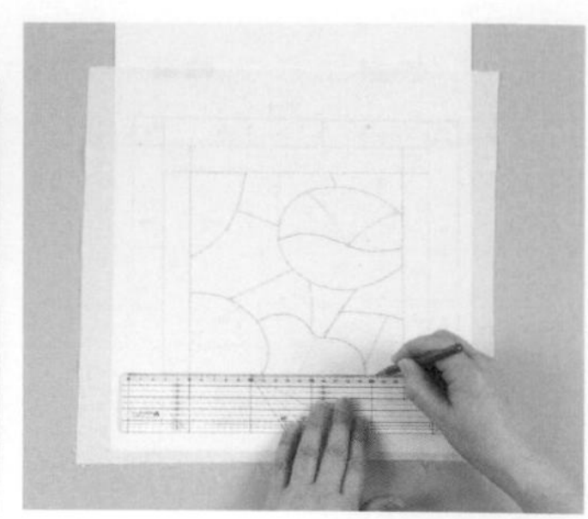

將台布置放於圖案上，以重物壓住以免移動，並以鉛筆描摹出透明可見的圖案。直線則以定規尺描畫。

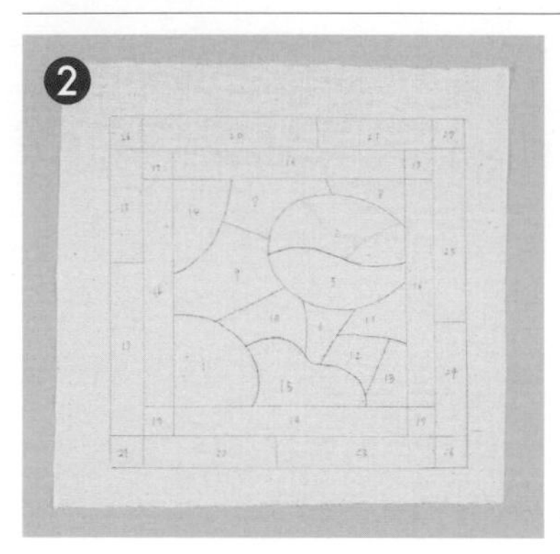

於台布上描繪圖案，寫上布片的號碼。

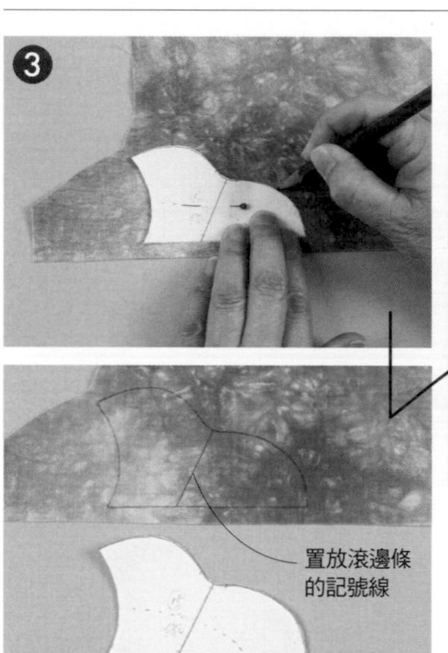

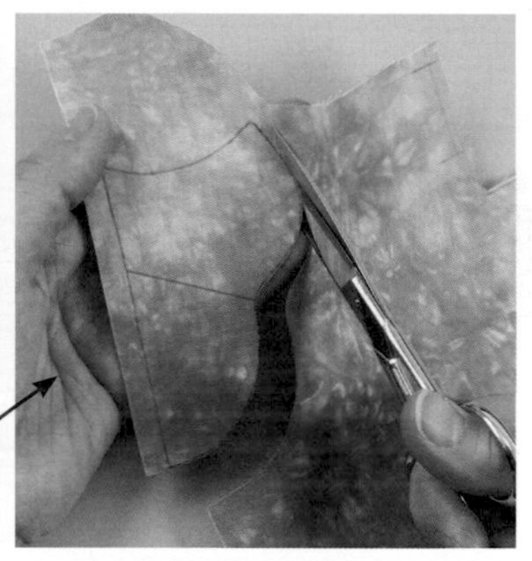

在混染布的正面放上紙型後，以珠針固定，並沿著紙型作記號（也一併作上放滾邊條的記號線）。
接下來，沿著記號裁剪，裁剪記號的稍微外側則為重點。

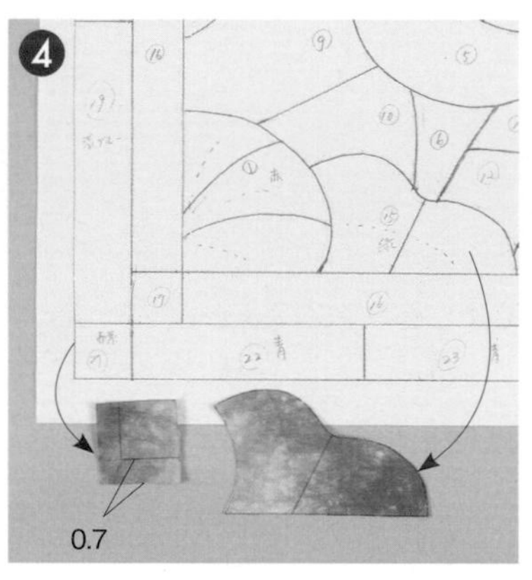

1號外側的布片附加0.7cm的縫份後，再行裁剪。

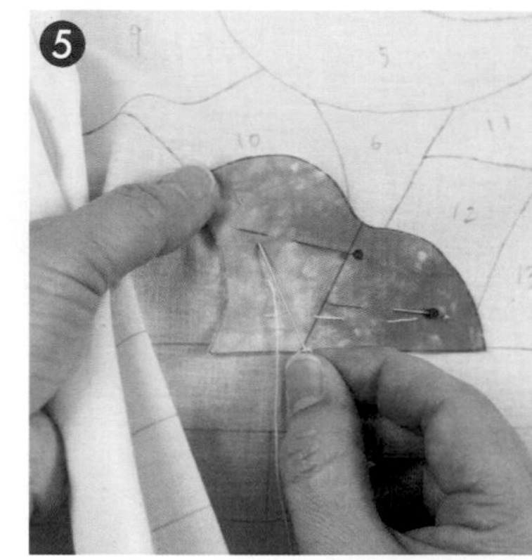

在台布放上紙型後，以珠針固定，並以疏縫線將1cm的內側進行粗縫。

將配色布全部配置完成的模樣。

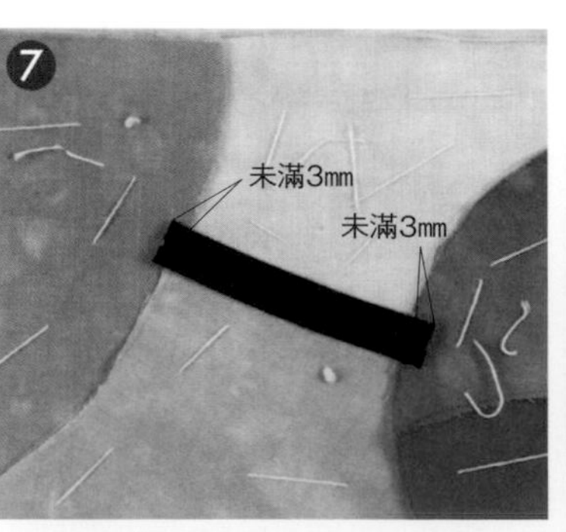

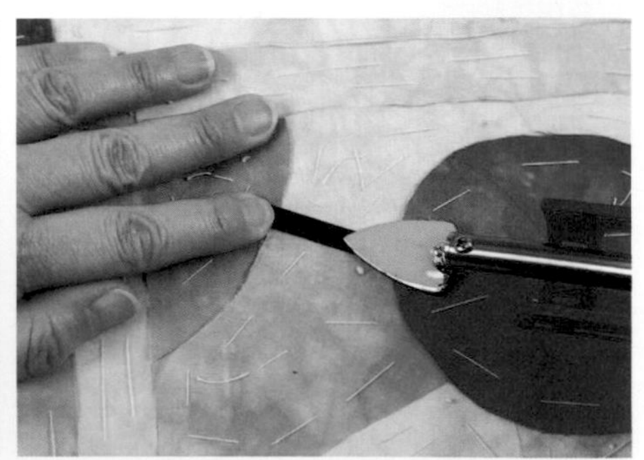

滾邊條請從下方的部分開始進行置放。以配色布的界線為中心置放，滾邊條的兩端則是從配色布的界線算起未滿3mm外側進行裁剪。接著，於滾邊條上以熨斗整燙黏貼。運用細部整燙小熨斗（參照P.32），即可於細節部分進行熨燙，黏貼出漂亮的線條。

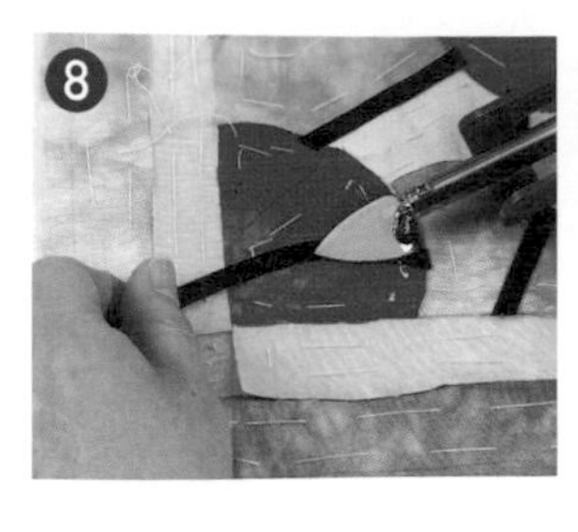
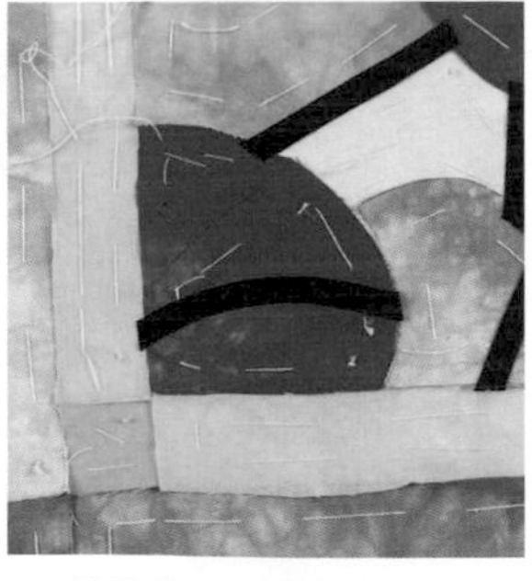

轉彎處一邊以小熨斗壓住滾邊條，一邊沿著圓弧線進行黏接，並裁剪掉多餘部分。將滾邊條黏貼於轉角處的方法請參照P.76。

下方滾邊條置放完成的模樣。由於滾邊條屬於暫時黏貼，請於黏貼數條之後，進行藏針縫固定。

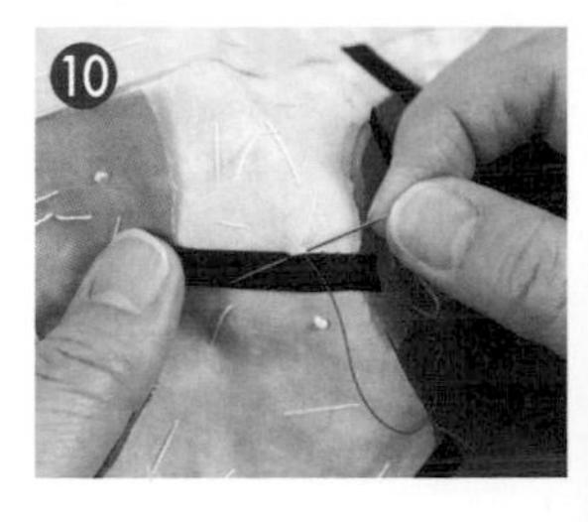
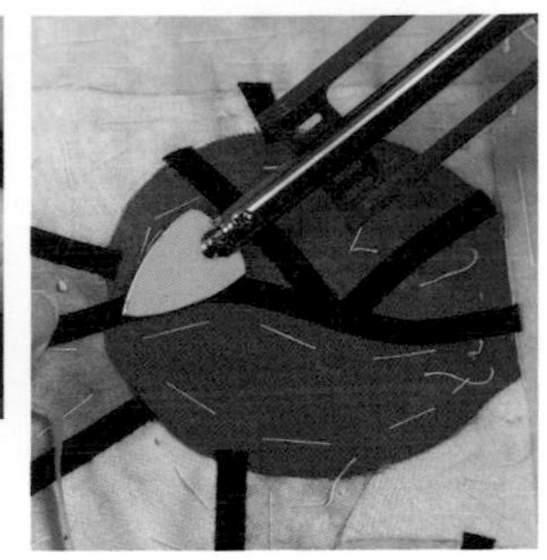

將滾邊條的兩側以立針縫方式進行藏針縫。待藏針縫完下側的滾邊條時，黏貼上側的滾邊條後，再進行藏針縫。

以雙膠棉襯黏貼配色布的方法

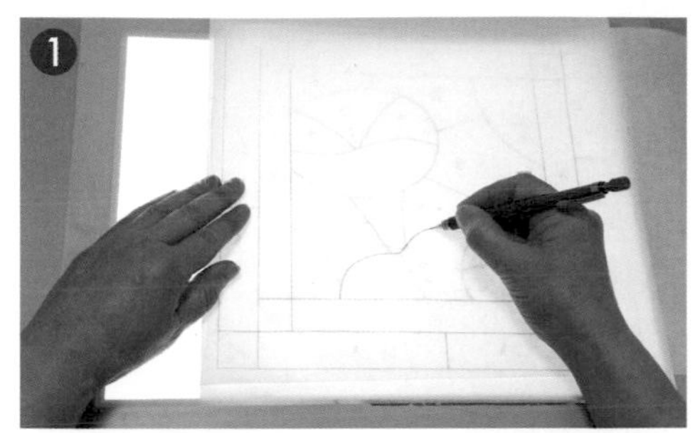
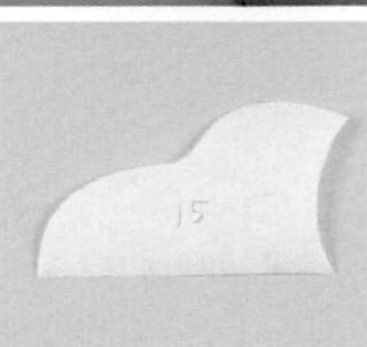

將1條線的圖案翻至背面後，使棉襯的光滑面朝上放置，使用燈箱透寫描繪。也請一併寫上號碼，裁剪接著棉襯，則不需要紙型。

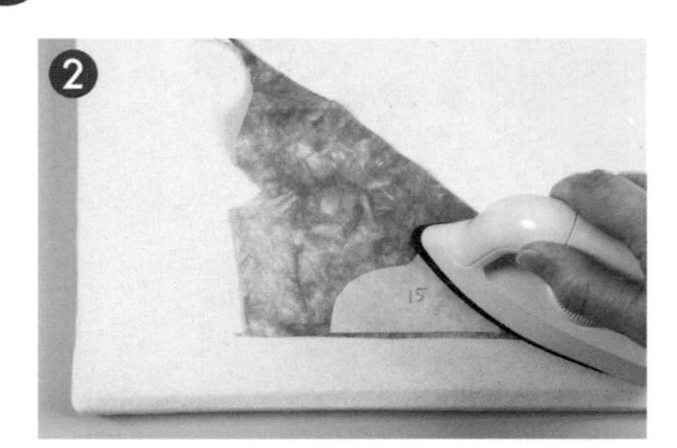
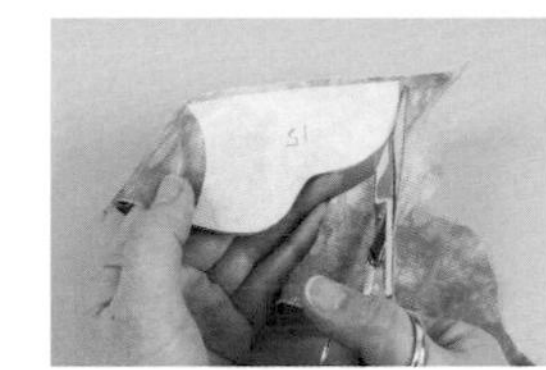

將接著棉襯置放於混染布的背面，以熨斗燙貼後，沿著棉襯進行裁剪。

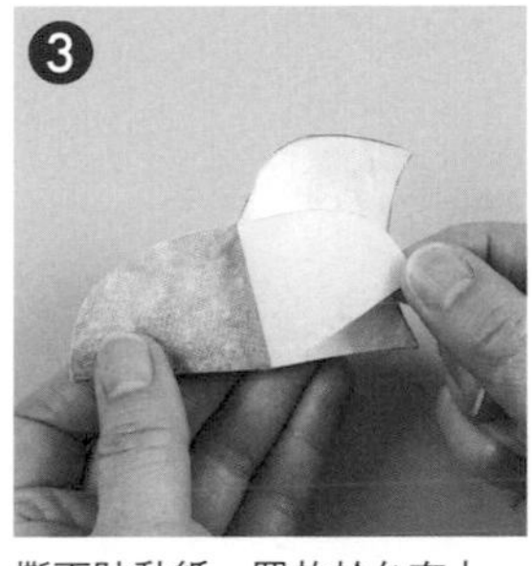
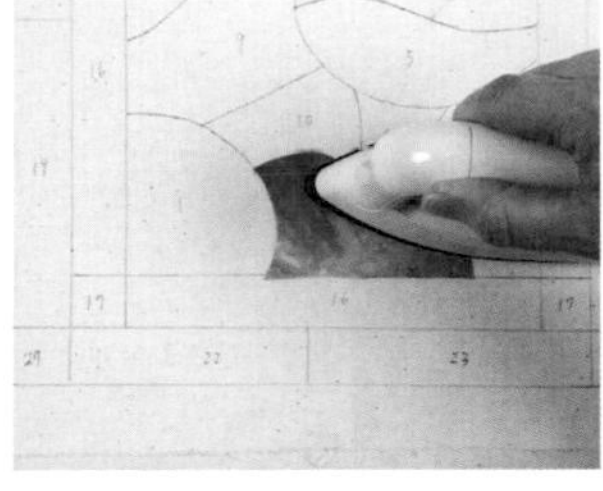
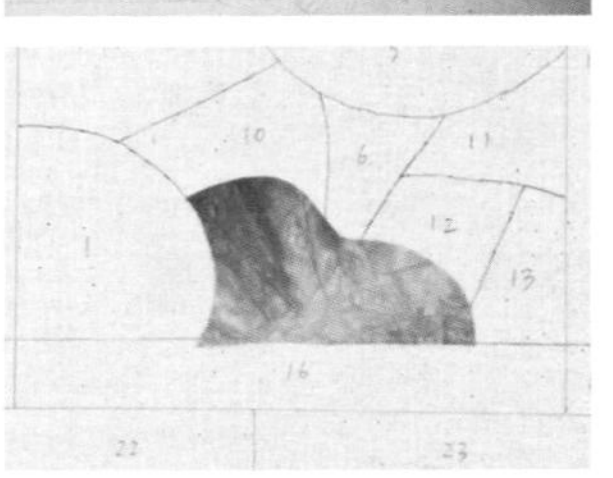

撕下防黏紙，置放於台布上，以熨斗燙貼。

蓮花&牽牛花壁飾

●材料 ※（ ）內為牽牛花

各式配色用布片 台布用薄型白色素布、鋪棉、胚布各50×45cm（35×35cm） 寬0.6cm接著滾邊條800cm（400cm） 滾邊用寬3.5cm斜布條180cm（120cm） 25號黃綠色（白色）繡線適量

●作法順序

參照P.30將配色布置放於台布上，並將滾邊條進行藏針縫後，製作表布→疊放上鋪棉與胚布之後，進行壓線→將周圍進行滾邊（參照P.82）。

●作法重點

○蓮花的刺繡請於疊放鋪棉之前進行。牽牛花的刺繡則是進行壓線之後，挑針至胚布再進行。基礎繡法請參照P.101。

※原寸紙型B面⑮

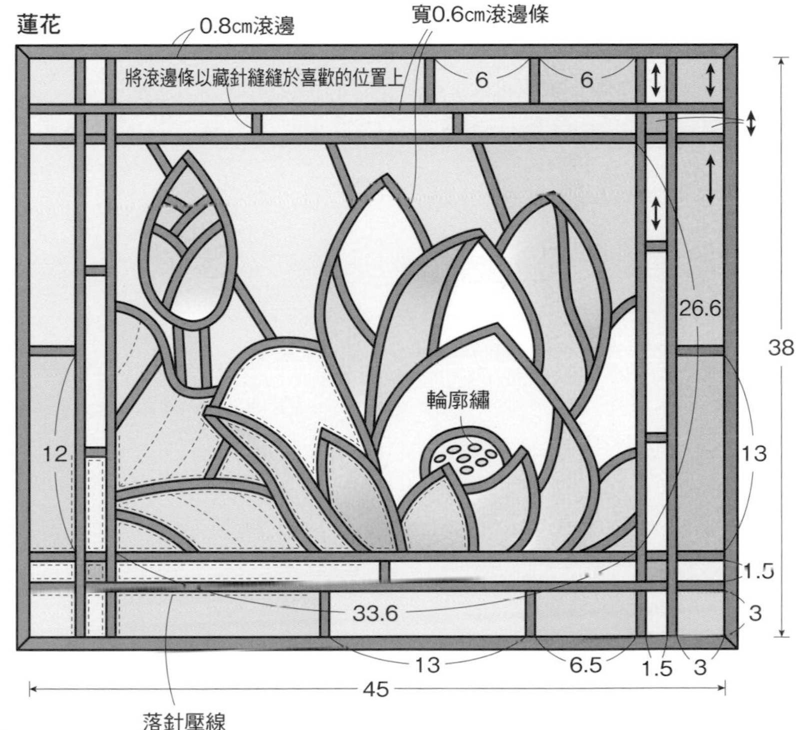

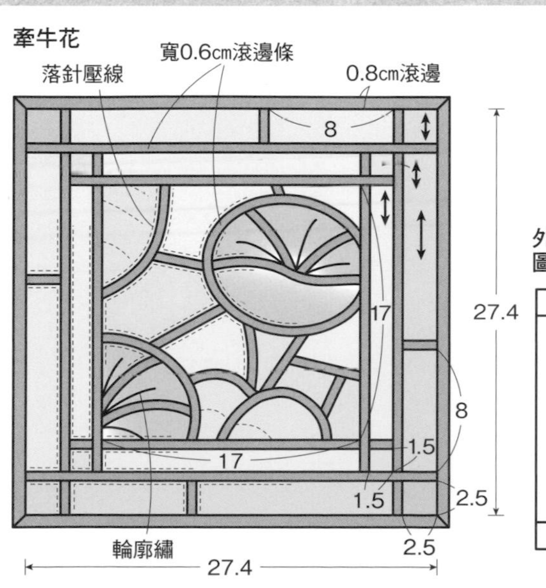

外側1條線圖案的畫法

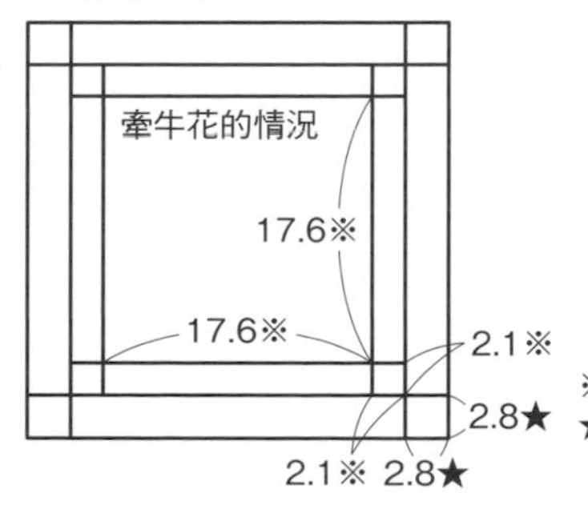

運用喜歡的布製作斜布條的方法

●使用便利的工具

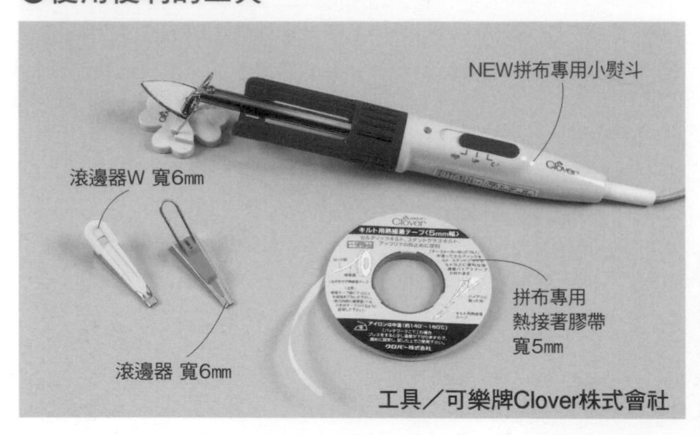

以喜歡的布料製作滾邊條時，只要使用市售的便利工具，就會變得輕鬆簡單。若使用滾邊器，即可依一定的寬度製作出寬6mm的雙摺斜布條。由於拼布小熨斗比熨斗更能整燙細節部分，建議使用於細布條的製作或是布條接著。

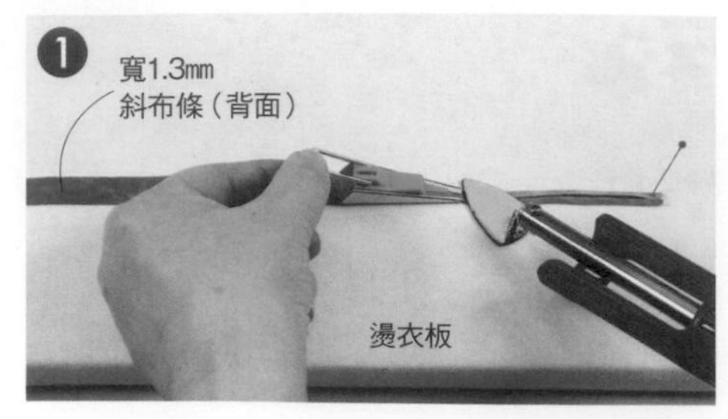

將已裁剪成寬1.3cm的斜布條穿入滾邊器，並將布條的邊端固定於燙衣板上。只要將滾邊器往左拉，布條就會以雙摺的狀態拉出，因此再以小熨斗燙平。

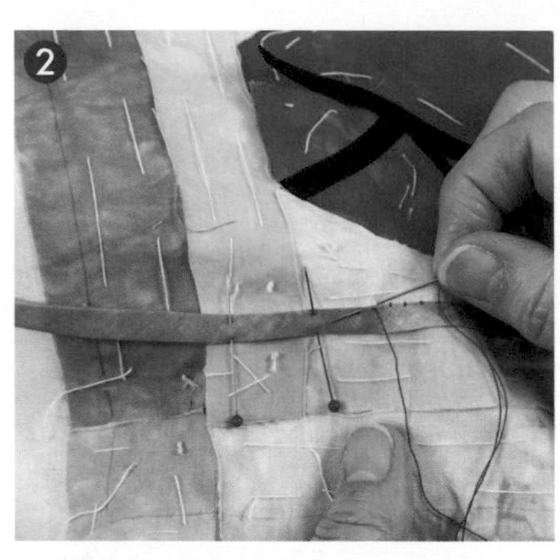

將雙摺的布條以珠針固定於配色布的界線上，並將兩側進行藏針縫。

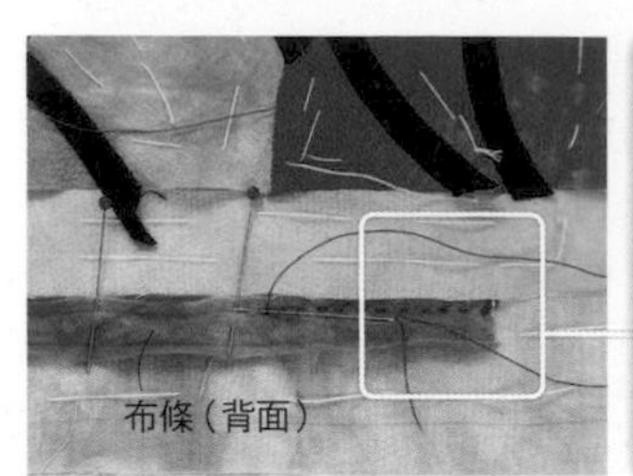

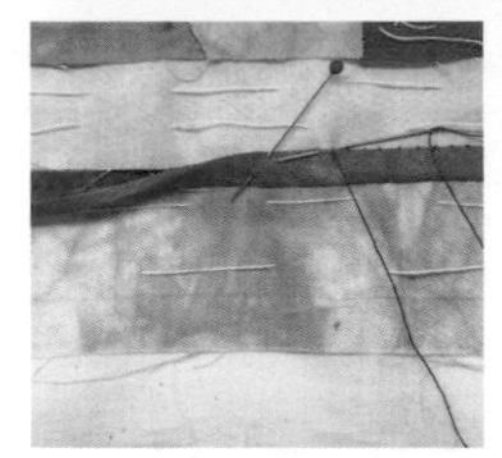

正面相對縫合固定時，打開布條的摺線，將配色布的界線與布條邊端對齊，以珠針固定，縫合摺線的上方。接著從針趾處反摺後，進行藏針縫。

製作接著布條的方法

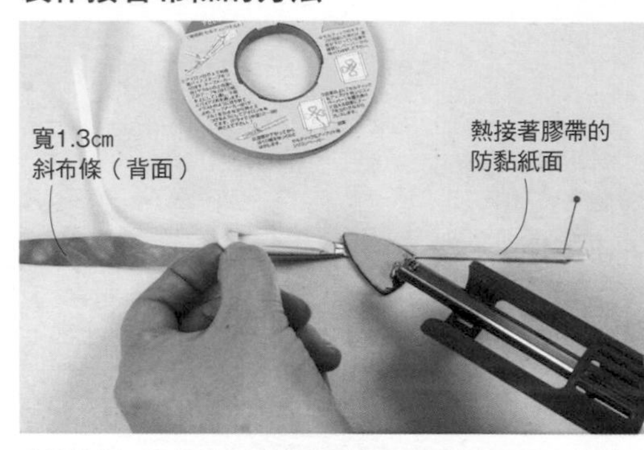

將滾邊器W與熱接著膠帶合併使用，製作可用熨斗接著的斜布條。依照上方步驟❶的相同方式，穿入斜布條，並將由上方穿入的熱接著膠帶置放於斜布條上，再以小熨斗燙平。

●將斜布條正面相對縫合固定的方法

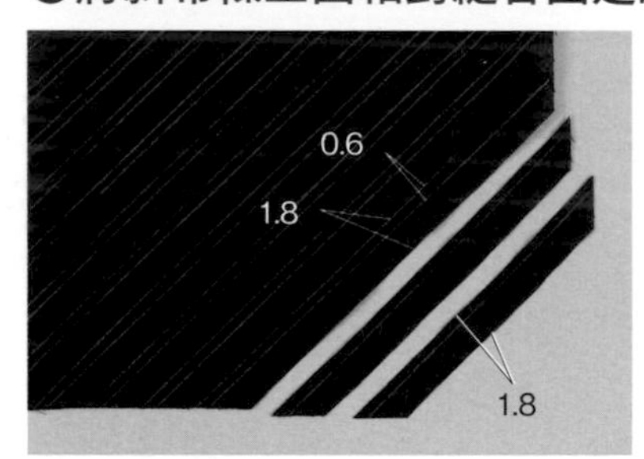

作上寬1.8cm斜布條的寬度記號與寬0.6cm的縫線記號，進行裁剪。

以配色布的界線作為縫份的中心，置放上斜布條，並以珠針固定。

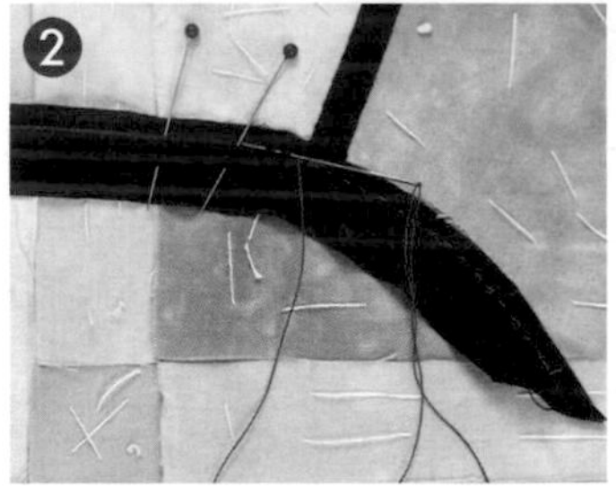

縫合縫線的上方，裁剪掉多餘部分。

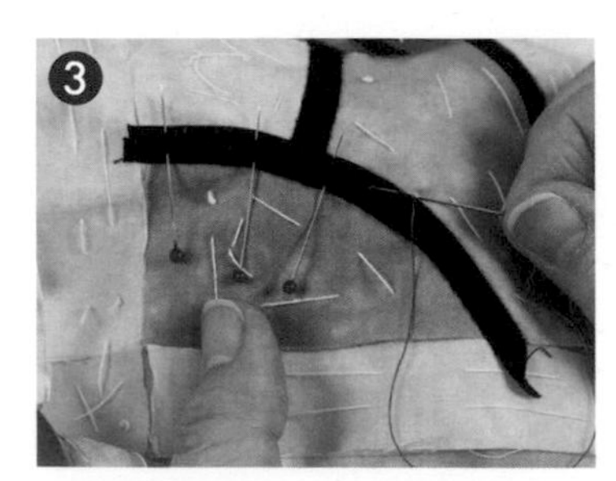

將布條由針趾處反摺，摺成0.6cm寬後，進行藏針縫。只要將布條的下端對齊針趾之後，再行摺疊，布條的寬度就會整齊一致。

●以雙斜布條縫合固定的方法

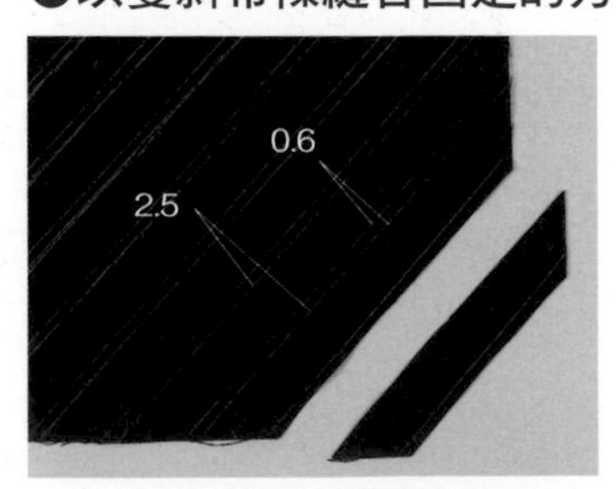

作上寬2.5cm斜布條的寬度記號與寬0.6cm的縫線記號，進行裁剪。

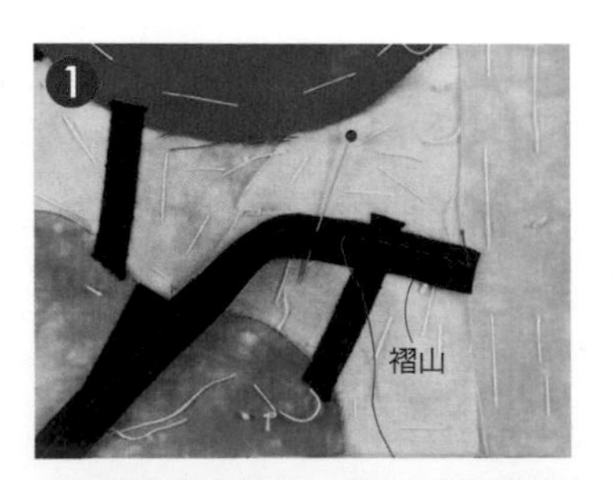

布條將寬度對摺後，事先以熨斗整燙（以縫線為正面）。依照上方步驟1的相同方式，置放於配色布的界線上，並以珠針固定，縫合縫線的上方。

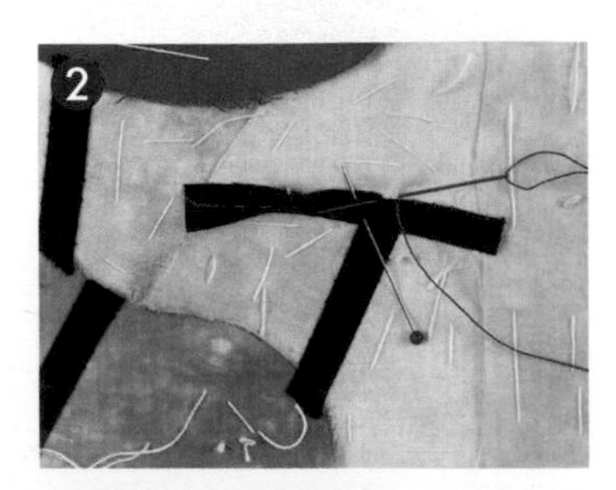

由針趾處反摺進行藏針縫。直接將摺山進行藏針縫，作法十分簡單。

製作MOLA貼布縫的方法

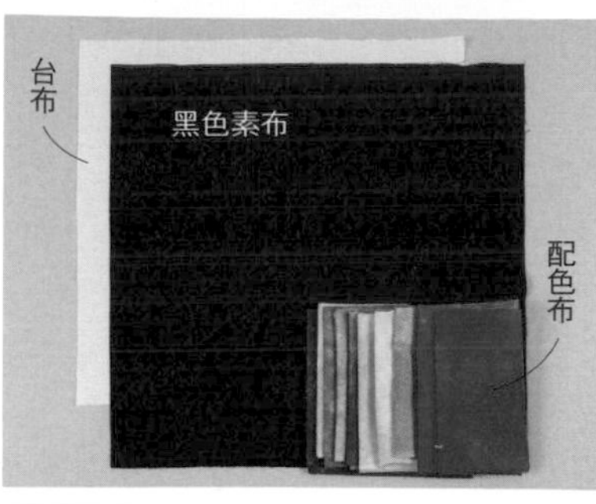

材料

- ●台布（薄型的白色或原色素布）
- ●黑色素布（織目密集的細平布較不易綻線，因此建議使用）
- ●配色布
- ●2條線的圖案（以1條線的圖案為中心，畫出2條線條）
- ●配色布用的紙型（裁剪1條線的圖案，寫上布片的號碼）

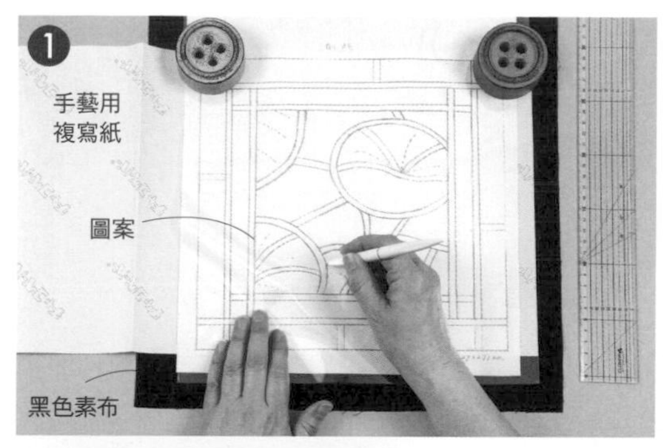

於黑色素布上描出2條線的圖案。依照黑色素布、粉筆面朝下的手藝用複寫紙、2條線的圖案、玻璃紙的順序疊放，並以重物壓住避免其移動。使用鐵筆或是沒墨水的原子筆描摹2條的線條，直線則貼放上定規尺描摹。

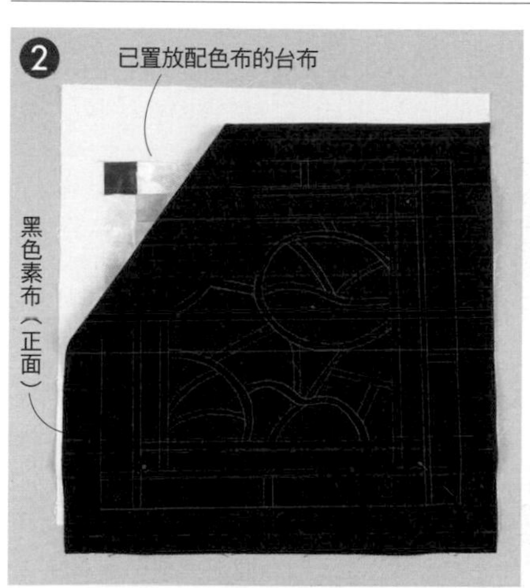

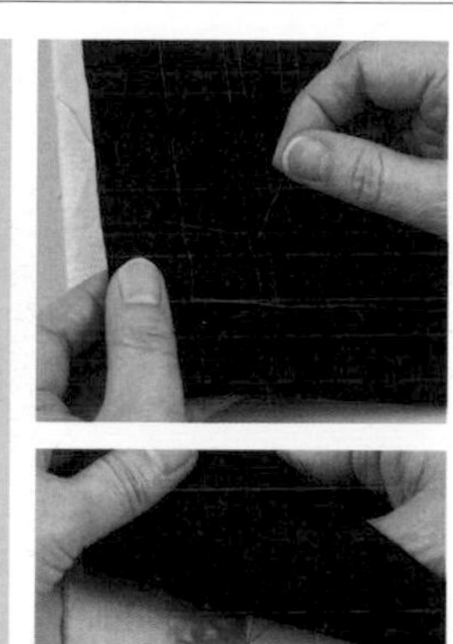

於已置放配色布的台布（請參照P.30）上，再疊放黑色素布，並依照右圖所示，於2條線交叉部分的中心處刺上珠針，並與配色布的界線對齊後固定。在牽牛花的設計中，則是固定四個角落的轉角處。

將2條線全部的中心皆以疏縫線縫合。

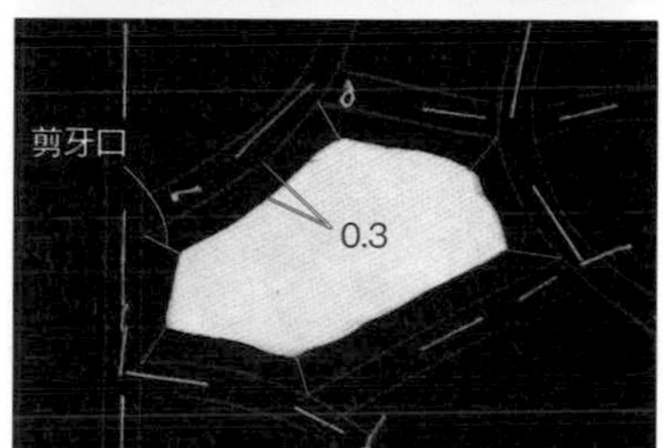

將黑色布片挖空。僅僅抓起黑色布，剪牙口，預留記號處算起大約0.3cm左右的縫份後，進行裁剪。凹入的邊角或弧線處，剪牙口至記號稍前側為止。

將縫份以針尖摺入，並以珠針固定後進行藏針縫。最好從直線及平緩的圓弧處開始進行藏針縫。

轉角處最容易進行不過於尖銳，縫上唯有逆向貼布縫才能呈現的平滑線條。以手指將縫份摺入，整理成稍微平緩的線條之後，再密集地進行藏針縫。

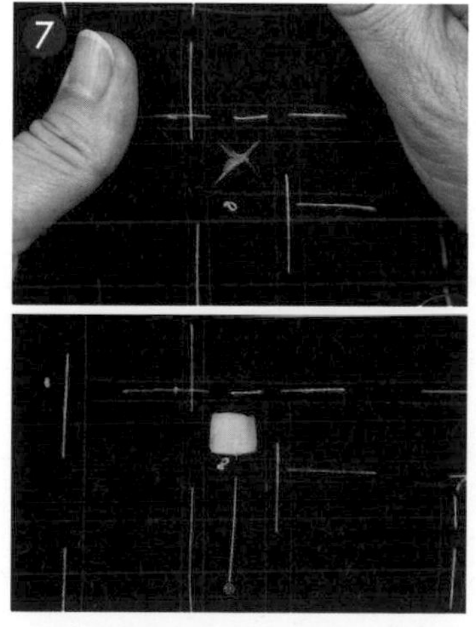

小小的正方形部分則如圖所示，呈×形剪牙口，將縫份摺入後進行藏針縫。

只要將相鄰的圖案進行藏針縫，黑色線條就會出現。依照相同作法，將其他的部分也挖空之後，進行藏針縫。

攝影／山本和正　插圖／木村倫子

連載

運用拼布搭配家飾

試著更加輕鬆地使用拼布裝飾居家吧！
本單元介紹由大畑美佳老師提案，
一同製作讓人感受到當季氛圍的拼布的美麗家飾。

設計／大畑美佳
製作／壁飾　福永真砂子
抱枕 加藤るり子
桌巾 大畑美佳
壁飾 151.5×141.5cm
抱枕 40×40cm
桌巾 54×54cm
作法 P.36、P.37

以白色與原色營造隨性悠閒風的夏日房間

夏季的居家擺飾，不妨運用能夠消暑解熱，帶來涼意的白色與原色為基調的清爽色調製作吧！摩登時尚的馬賽克圖案六角形壁飾，搭配深色海軍藍與米色營造雅緻的風情。
擺放上不同設計風格的抱枕，涼爽的夏日房間就完成囉！
小小的桌面上，鋪著一片四角形拼接的桌巾。

將原色、白色與米色併接而成的桌巾。花朵圖案及Dobby織物的緹花模樣使作品更顯柔和的風情。可用來作為包裹、覆蓋之用的多功能布巾。

抱枕上的玫瑰是運用混染布營造出帶有微妙差異的色調。

抱枕是用來展示季節性變化的小小單品。初夏盛開的玫瑰配置成花圈後，進行貼布縫。「法院的階梯」圖案是以米色為基調進行配色。以英文字母HOME為特色重點的抱枕，則是以淺灰色及蕾絲布、白色印花布為基底，縫製出清爽俐落的感覺。

壁飾

材料

各式拼接用布片 白色素布110×170cm B、C用布50×155cm
滾邊用寬5cm斜布條600cm 鋪棉、胚布各100×240cm

作法順序

使用六角形型板併接布片A→在已接縫布片B與C的邊框狀飾邊上，將已併接的布片A進行貼布縫之後，製作表布→疊放上鋪棉與胚布之後，進行壓線→將周圍進行滾邊（參照P.82）。

※白色素布A必須準備654片。
※原寸壓線圖案紙型B面⑤。

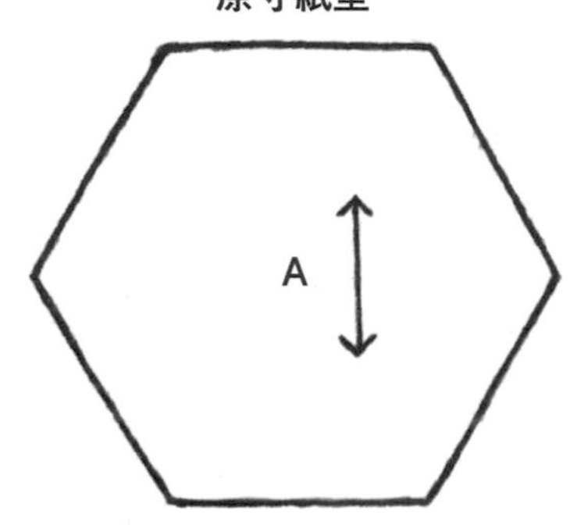

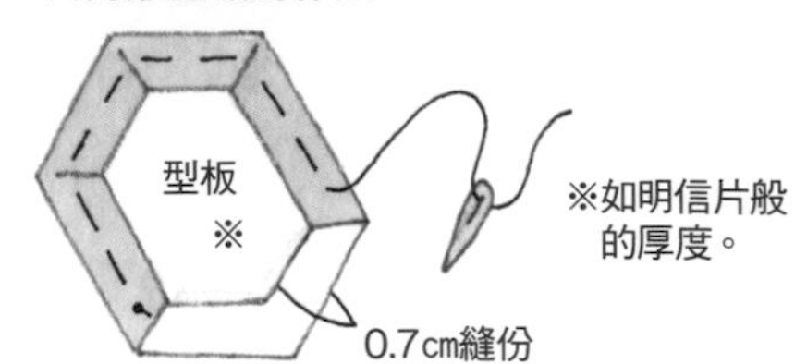

①將紙型疊放在布片的背面上，並將每1邊的縫份往內摺，再將每片紙型進行疏縫。

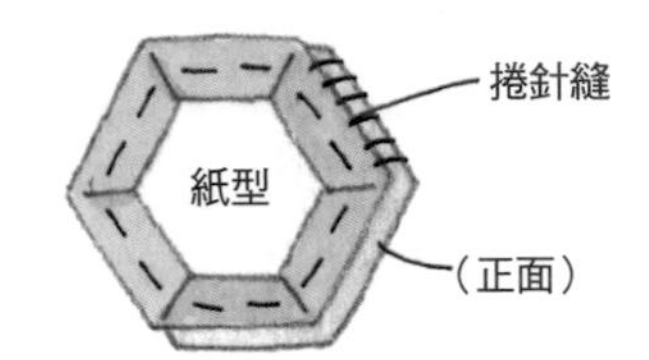

②將所有的布片正面相對疊合後，每1邊進行捲針縫，最後取下紙型。

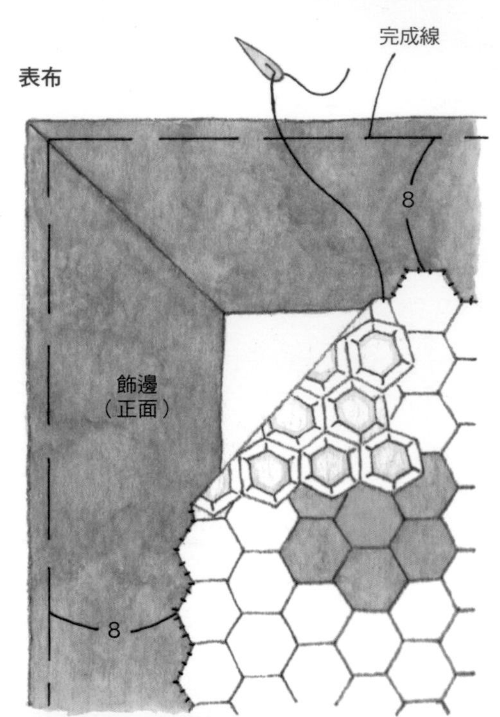

接縫布片後，以藏針縫縫於飾邊上。

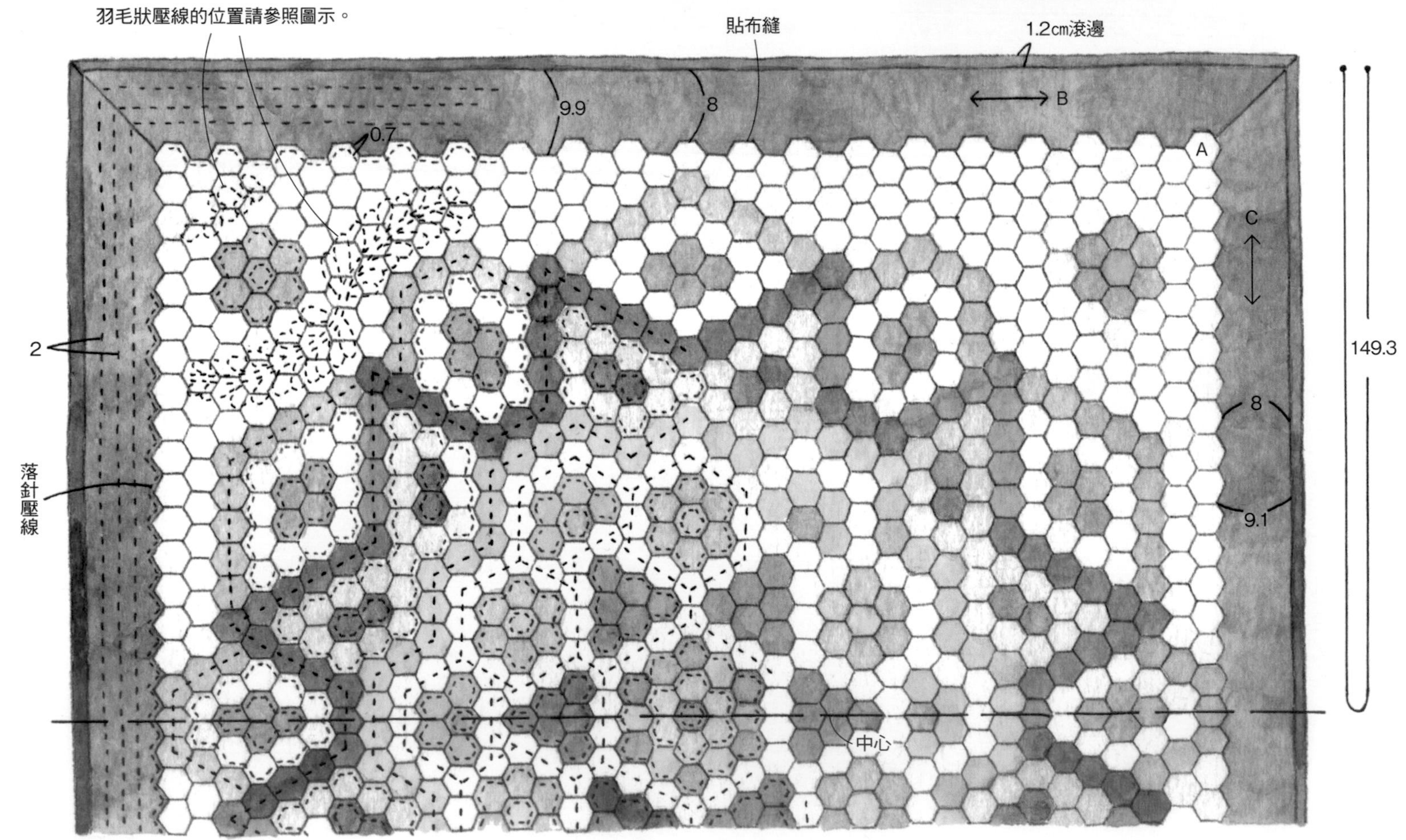

抱枕

材料

相同　鋪棉、胚布各45×45cm　裡布60×45cm

No.47　各式貼布縫用布片 台布45×45cm 25號繡線適量

No.48　各式拼接用布片

No.49　各式拼接用布片　貼布縫用布55×15cm

作法順序

No.47　各式貼布縫用布片 台布45×45cm 25號繡線適量

No.48　拼接布片A至I，製作4片表布圖案，接縫之後，製作表布→依照作品No.47相同作法製作。

No.49　併接布片A至F，將文字貼布縫之後，製作表布→依照作品No. 47相同作法製作。

※貼布縫是由位在下方的圖案開始依照順序進行。

※周圍的縫份可以捲針縫或Z字形車縫進行收邊處理。

※原寸紙型、貼布縫與刺繡圖案紙型A面⑫。

No.49　正面

落針壓線

13　15　12　A　B　C　1.5　2　2.5　20　40　D　E　F　3.5　2　2　20　貼布縫　1.5　15.5　14.5　10　40

No.47　正面

貼布縫　落針壓線　台布　刺繡　中心　2.5　40

裡布（3件相同）

（縫份3cm）　（縫份3cm）　40　30　20

No.48　正面

20　F　H　D　G　落針壓線　B　A　C　E　I　20　40　40

No.48 表布圖案的縫製順序

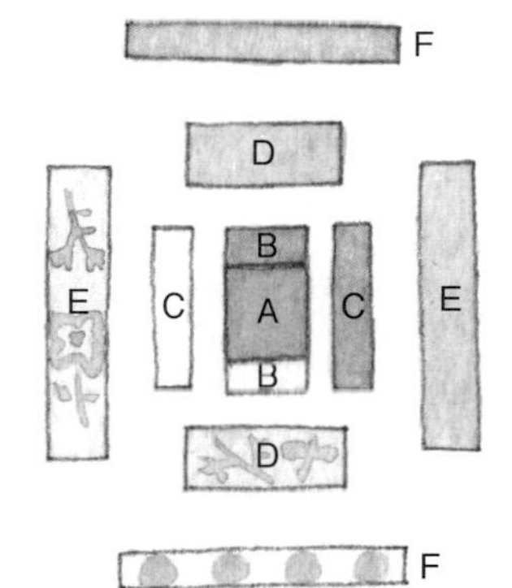

由中心開始依照上下左右的順序進行接縫，縫份倒向外側。

縫製方法

表布（正面）

裡布（背面）

①三摺邊之後，縫合。

2

②將裡布正面相對疊合於已壓線完成的表布上，再將周圍縫合。

桌巾

材料

各式拼接用布片 裡布60×60cm 直徑1cm珠子8顆 0.3cm珠子4顆

作法順序

將布片A併接成9 × 9列之後，製作表布→將相同尺寸的裡布正面相對疊合後，依照圖示進行縫製（可依喜好在布片邊緣進行刺繡）。

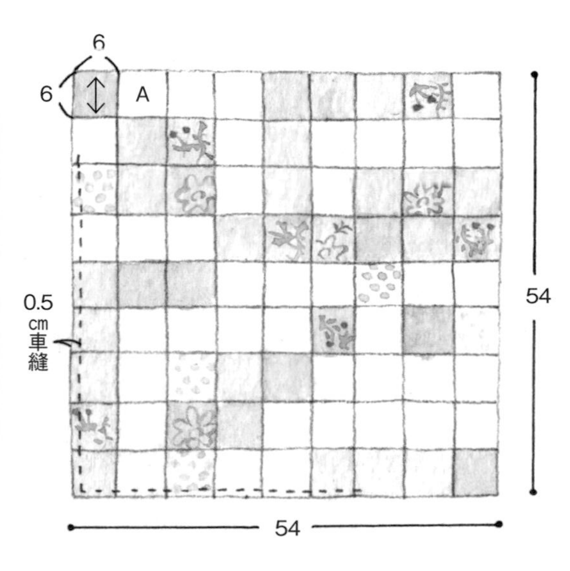

縫製方法

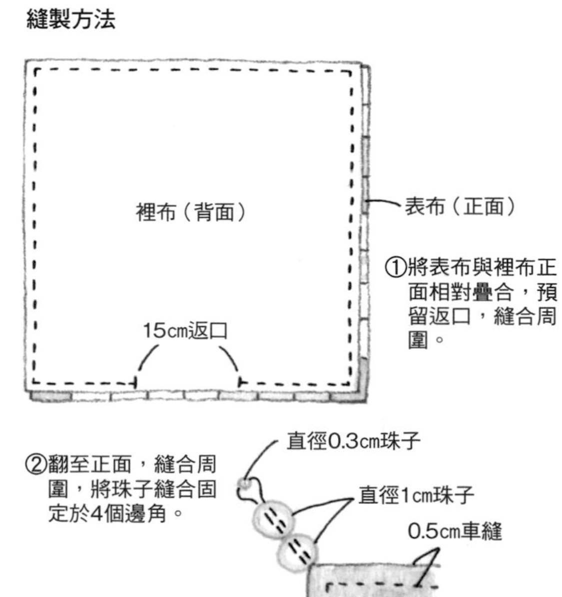

攝影／藤田律子

連載

想要製作、傳承的 傳統拼布

在此介紹長年以來一直持續鑽研拼布的有岡由利子老師，所製作的傳統圖案美式風格拼布。正因為我們身處於這個世代，更讓人想要返璞歸真，製作出懷舊且樸素的拼布。

51

52

「水手羅盤」

以尖角布片表現出船用羅盤的圓形表布圖案。壁飾是於中心處配置上大型圖案，並使用圖案間格狀長條與外框飾邊包圍在其周圍的傳統勳章造型。四個角落配置上4分之1圖案的扇形區塊。添加於外框飾邊上的羽毛狀壓線，作成了以海浪為概念的模樣。中心處添加圓形貼布縫圖案的布作框飾，就算僅有1片也是相當華麗出眾的小巧居家擺飾。

設計・製作／有岡由利子
壁飾 79.5×79.5cmcm　框飾 內徑尺寸 20×20cm　作法P.41

拼布的設計解說

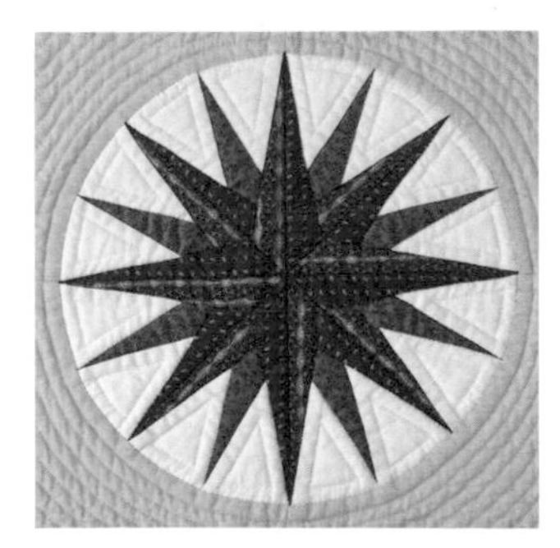

使16片的尖角狀布片更為醒目，進行配色。在十字、對角，以及之間的布片上，利用色彩與深淺作出差異的襯托，使其更顯立體。十字與對角是以2片布片構成，只要變換花樣，或作出深淺差異，就會相當出色。

框飾的表布圖案是將十字與對角作成1片布片，中心處則製作圓形的貼布縫。

在素布的飾邊上，添加了以海浪為概念的羽毛狀壓線。

將三角形布片進行與圖案相同的配色，使整體壓線保持一致的統一感。

沿著圖案的圓弧進行夏威夷波浪壓線

將添加於圖案間格狀長條與外框飾邊邊緣處的三角形，作成了高與寬為3cm的布片，並將圖案與飾邊的尺寸放大3倍。如此一來，三角形布片的數量就不會顯得尷尬，而是剛好都能夠收入空間裡。

享受以各種不同的概念進行鮮明強烈配色的樂趣

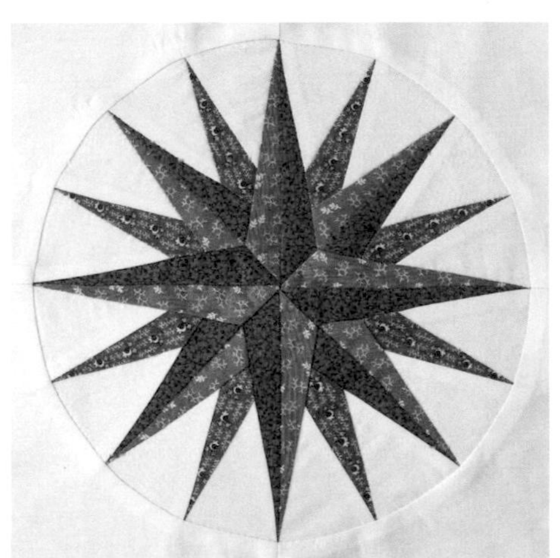

此作品是以藍色系進行配色。底色為白色的清爽大海概念。由於外側布片也作成白色的緣故，因此使得銳角的布片更顯突出。

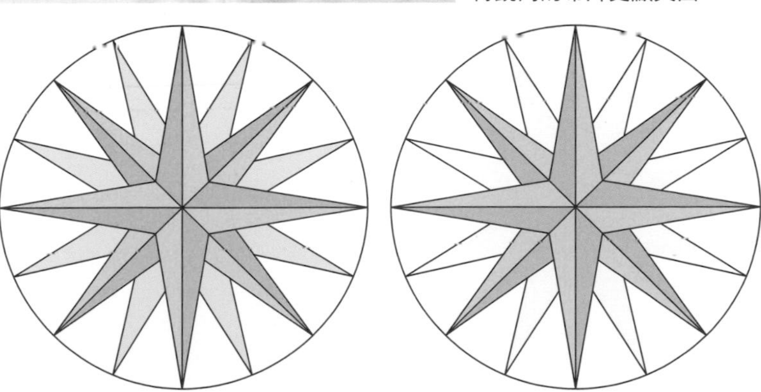

不拘泥於圖案名稱進行配色，效果也很出色。左圖是以粉紅色的花朵為概念，右圖則是以煙火為概念。

關於勳章拼布（Medallion Quilts）

關於勳章拼布的歷史要追溯到18世紀末。中央處使用大型布片，周圍添加大型星星或太陽光芒（旭日形狀）等的圖案，決定主題後再行製作，或是加上寬幅的飾邊。19世紀還演變成製作出為了能於中央處使用的特別布料，富裕的人們經常使用這種布料製作拼布。

各式各樣的設計

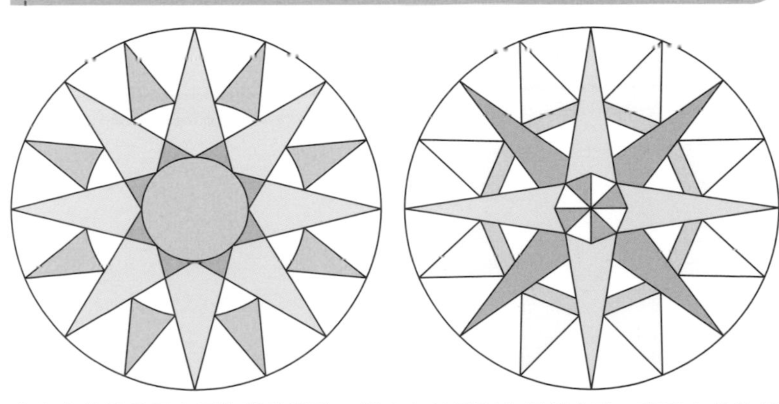

也有布片數量更多且複雜的設計。當中心的圓形作得越小時，表示方位的銳角布片也變得更加細緻。右圖為表示羅盤旋轉樣子的圖案，中心為八角形。

「水手羅盤」的縫法

製作已接縫布片A至D'的區塊及其對稱形的小區塊，並製作4片已接縫小區塊與布片E的正方形區塊之後，加以組合。為了避免布片的銳角縫成缺角，請以珠針準確地固定記號處，且所有弧線部分皆需對齊合印記號。在接縫4片正方形的區塊時，由於中心處容易偏移錯位，請帶著稍微拉線的感覺製作。在此一律於記號處縫合固定，為了避免縫份出現厚度，因此縫份單一倒向相同方向。

●縫份倒向

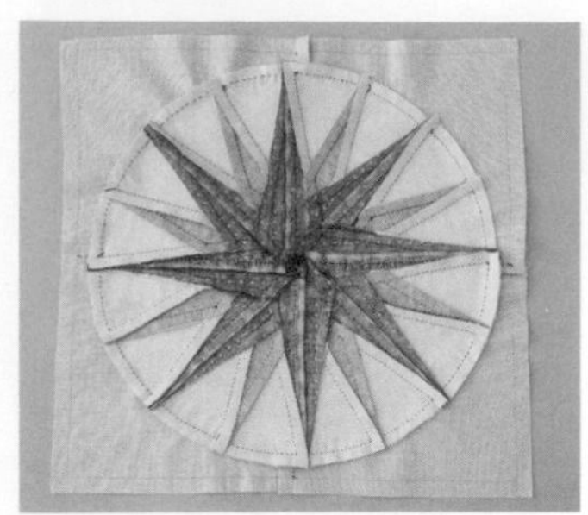

●製圖

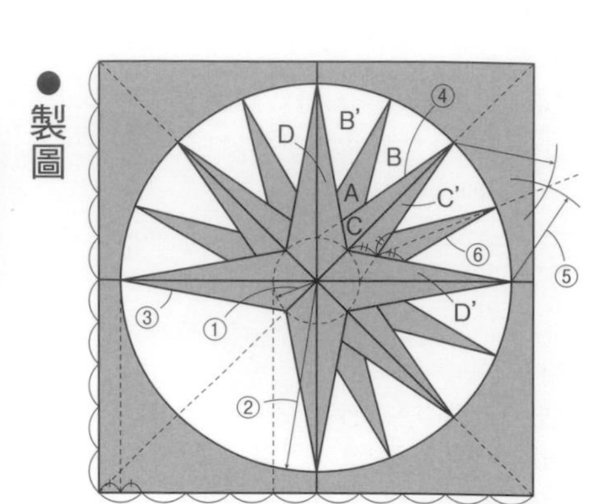

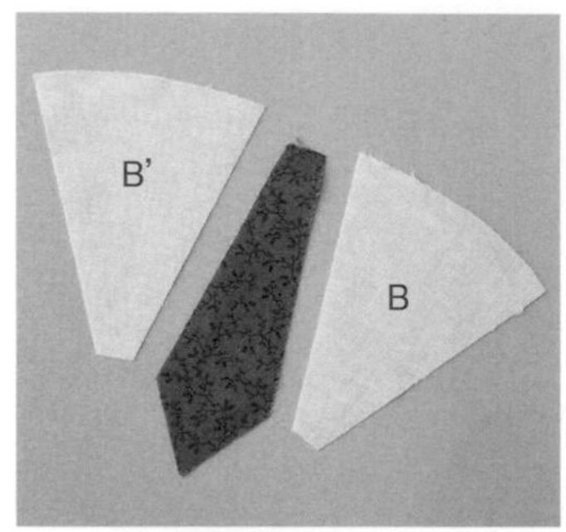

1 外加0.7㎝縫份後，裁剪布片A與B B'，並於布片A的左右接縫上布片B B'。由於布片B B'的方向很容易搞錯，因此事先於縫份上書寫布片的記號。

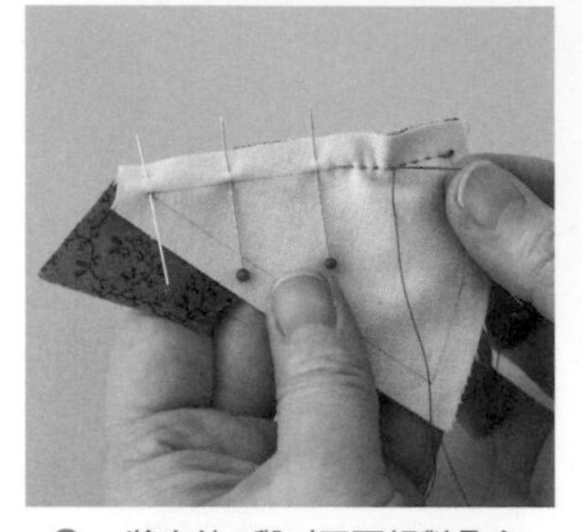

2 將布片A與B'正面相對疊合，對齊記號處之後，以珠針固定兩端、中心、其間。進行一針回針縫，再由記號處開始平針縫，縫合至記號處後，再進行一針回針縫。

3 布片B亦以相同方式接縫（避開步驟2的縫份縫合），縫份倒向箭頭指示的方向。依照右側併接布片C，左側併接布片D的順序接縫，並將縫份倒向箭頭指示的方向。

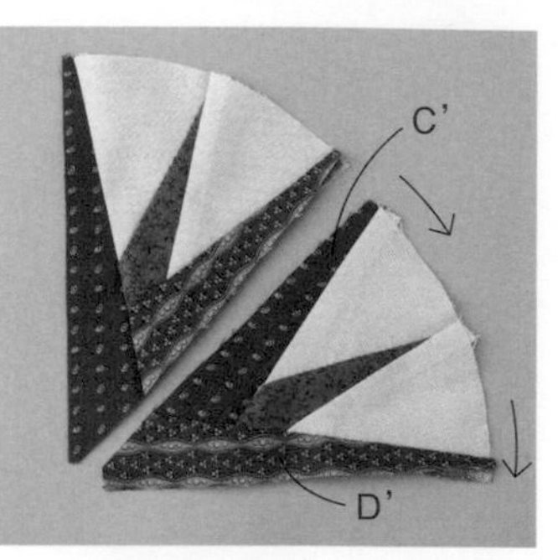

4 依照相同方式製作於布片A至B'的區塊上接縫布片C'與D'的對稱形小區塊（縫份倒向同一方向），並接縫全部的小區塊。

將針刺入右側布片的邊角，並於左側布片的邊角出針。

5 將2片正面相對疊合後，對齊記號處、兩端、接縫處以及其間，且避開縫份以珠針固定。由記號處縫合至記號處，在接縫處依照右圖所示，避開縫份進行一針回針縫。

6 於扇形區塊上接縫布片E。在布片E上作上與區塊的銳角布片對齊的合印記號。

7 在布片E的弧線縫份處剪開大約3㎜的牙口，並以珠針固定半邊。請將右端的記號與合印記號，以及其間密集地固定。固定合印記號時，為了避免造成缺角，請準確地對準。

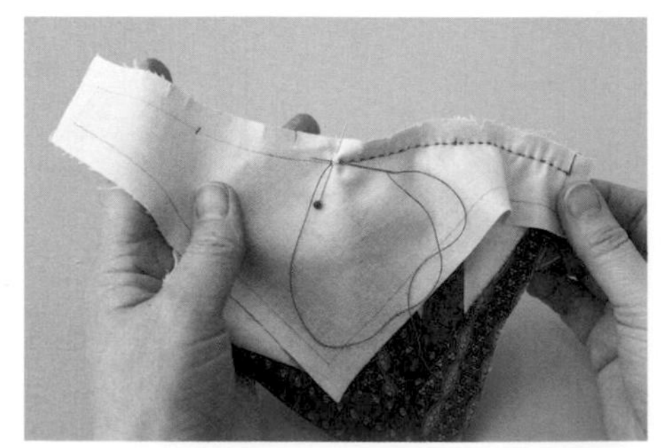

8 由記號處開始一邊避開縫份，一邊繼續往前縫合。待縫合至中心的合印記號時，進行一針回針縫。另外半邊亦以相同方式，以珠針固定後縫合。縫份單一倒向布片E側。

9 製作4片正方形區塊，每2片併接縫合。接縫處進行一針回針縫。

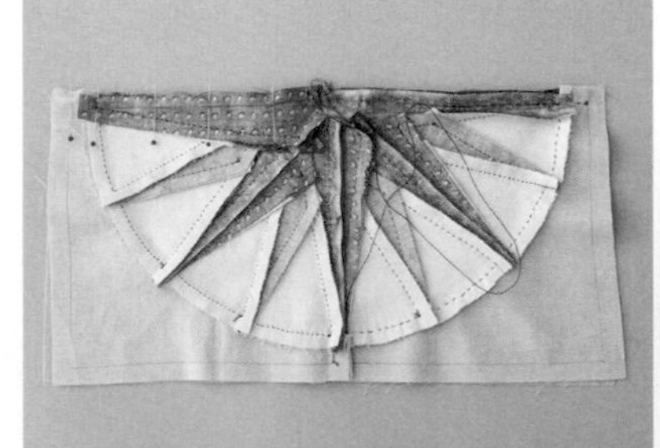

10 將2片長方形的區塊正面相對疊合，並以珠針固定於兩端、接縫處、其間之後，再由記號處縫合至記號處。接縫處進行一針回針縫。在中心的接縫處，則稍微用力拉線，並依照右下圖所示，於相鄰布片的邊角處出針。

壁飾＆框飾

●材料

壁飾 各式拼接用布片 原色素布110×30cm 黃褐色素布110×90cm（包含滾邊部分） 鋪棉、胚布各90×90cm

框飾 各式拼接用布片 原色素布30×15cm 黃褐色素布30×25cm 鋪棉、胚布各25×25cm 內徑尺寸20×20cm的相框

●作法順序

壁飾 分別拼接布片A至E、F至J之後，製作表布圖案→拼接布片K至M之後，製作帶狀布，並且接縫表布圖案與布片N之後，製作表布→疊放上鋪棉與胚布之後，進行壓線→將周圍進行滾邊（參照P.82）。

框飾 拼接布片a至e之後，製作表布→疊放上鋪棉與胚布之後，進行壓線→將於背面貼放上相框的背板後，包捲縫份進行收邊處理。

※表布圖案與布片N壓線圖案原寸紙型B面⑲。

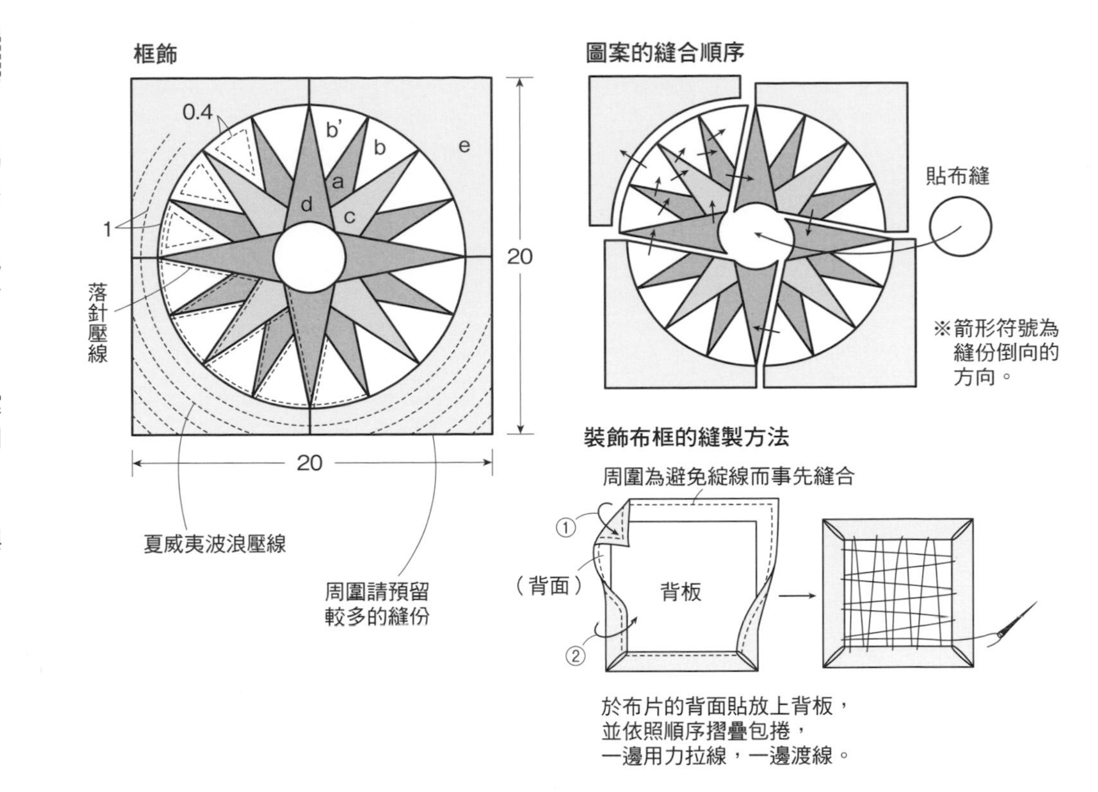

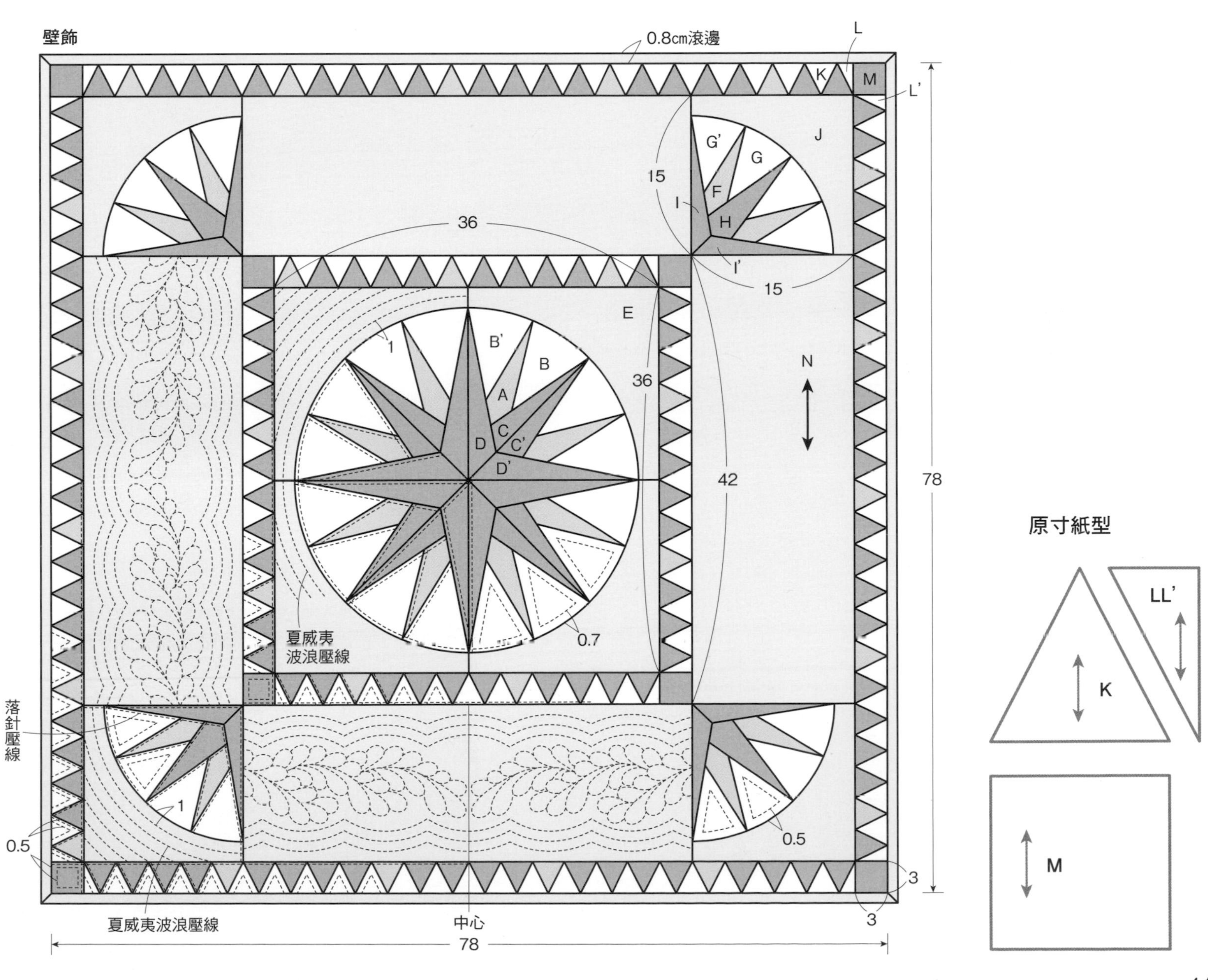

攝影／山本和正　插圖／三林よし子

藍色系手提袋&布小物

為您介紹使用符合夏日拼布風格，展現涼爽印象的藍色布料手作製品。

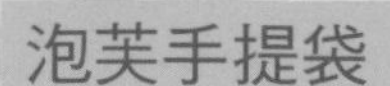

泡芙手提袋

以描繪各種繽紛花樣的拼貼印花布，製作而成的清爽風手提袋。將1個花樣分割成4等分，製作泡芙，花樣則有如接連似的進行排列。竹製提把完全符合夏日的風格。

設計・製作／鳴川さやか
24×32㎝　作法P.102

拼貼印花布提供／株式會社moda Japan

後側將泡芙的花樣隨機進行排列。

拼貼印花布的一片花樣約15.5×14.5㎝。具有大量的紮染花樣，作品製作的幅度也變大。

三角形拼接手提袋

以小紋柄的碎白花紋布及灰色的條紋布描繪的鋸齒狀花樣。摺疊完成壓線袋身，再製作袋底。

設計・製作／千石琴美
21.5×36cm　作法P.101

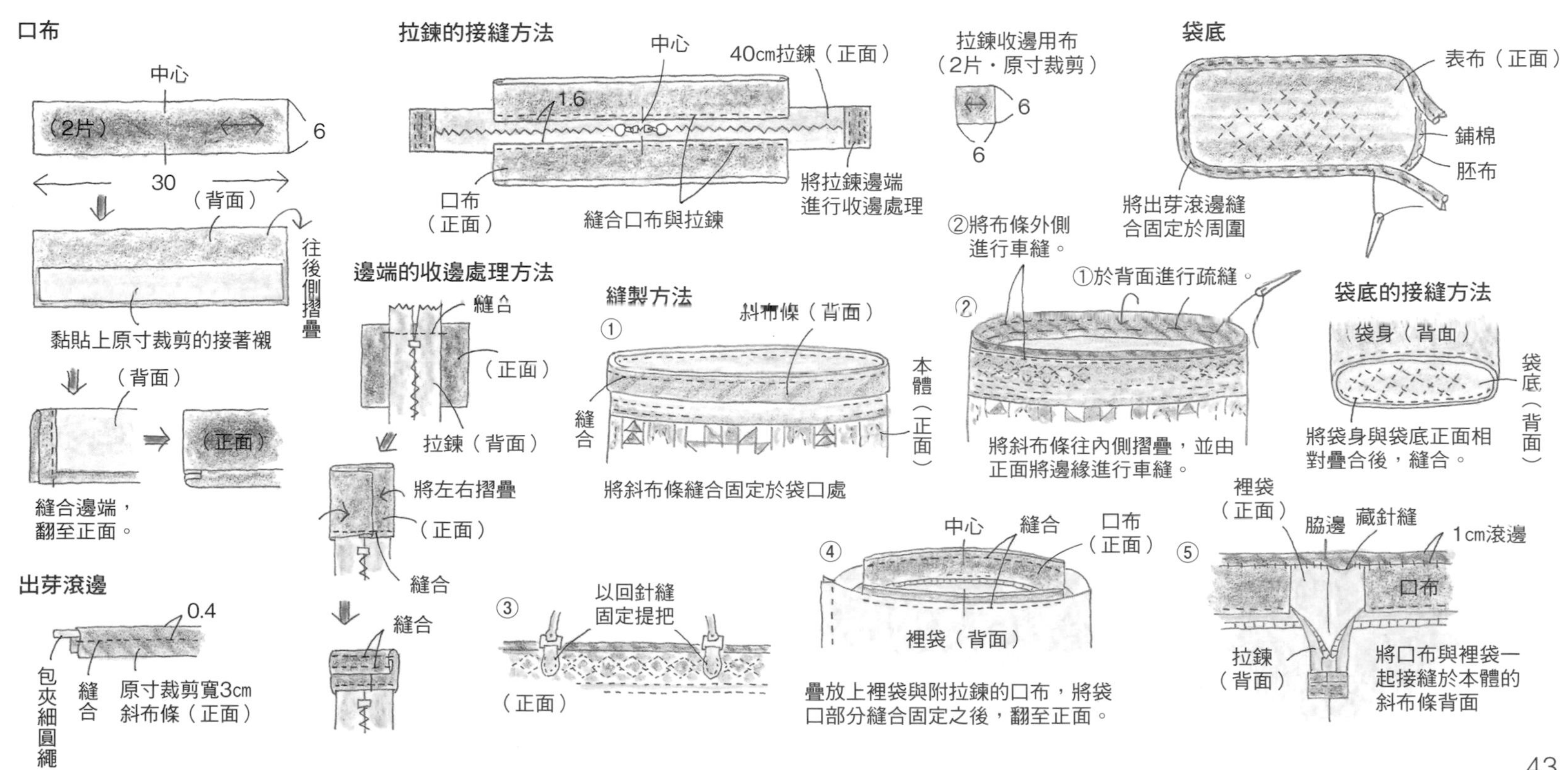

向日葵波奇包

以碎白花紋布及條紋布製作向日葵圖案，將整體進行自然融合的配色，是一款能夠恣意享受花朵圖案樂趣的設計。

設計・製作／酒井まゆみ
9.5×17㎝

波奇包

●材料

布片A至C、各式拉鍊裝飾用布片 後片用布20×15㎝ 側身用布30×10㎝ 滾邊用寬4㎝斜布條40㎝ 鋪棉、胚布 各45×25㎝ 長15㎝ 拉鍊1條

●作法順序

製作前片、後片、側身→參照圖示進行縫製→接縫上拉鍊裝飾。

●作法重點

· 側身的脇邊側請預留較多的縫份。
· 請於針趾邊緣裁剪鋪棉。

※原寸紙型B面⑳（布片A至C、後片、側身）。

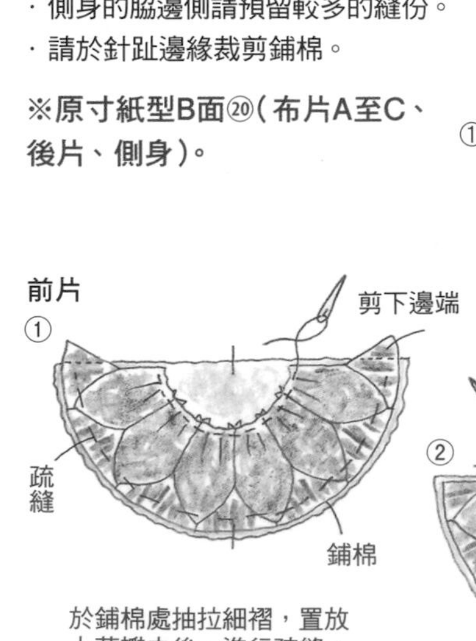

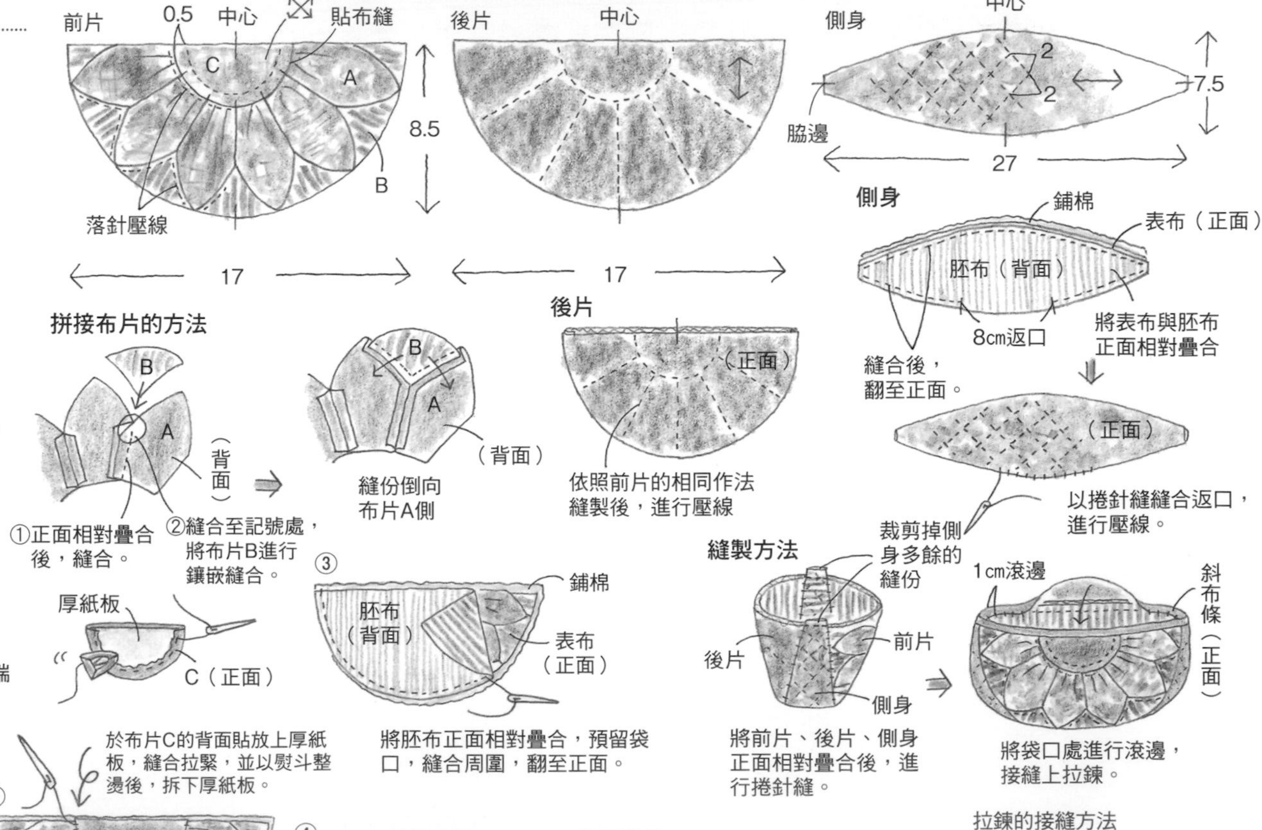

用藥紀錄本收納袋&
附袖珍面紙套波奇包

用藥紀錄本收納袋是將繡有口罩、體溫計、藥物的布片進行貼布縫。
以白色為基調的清爽配色進而組合，並附有方便隨身攜帶的提把。
彷彿將手提袋化為迷你尺寸般的形狀，顯得十分可愛的波奇包，
將圓形的圖案進行貼布縫，並於袋口處接縫拉鍊。

設計・製作／横山幸美
No.56 21.5×17.5㎝ No.57～No.59 12.5×12.5㎝ 作法P.94・P.95

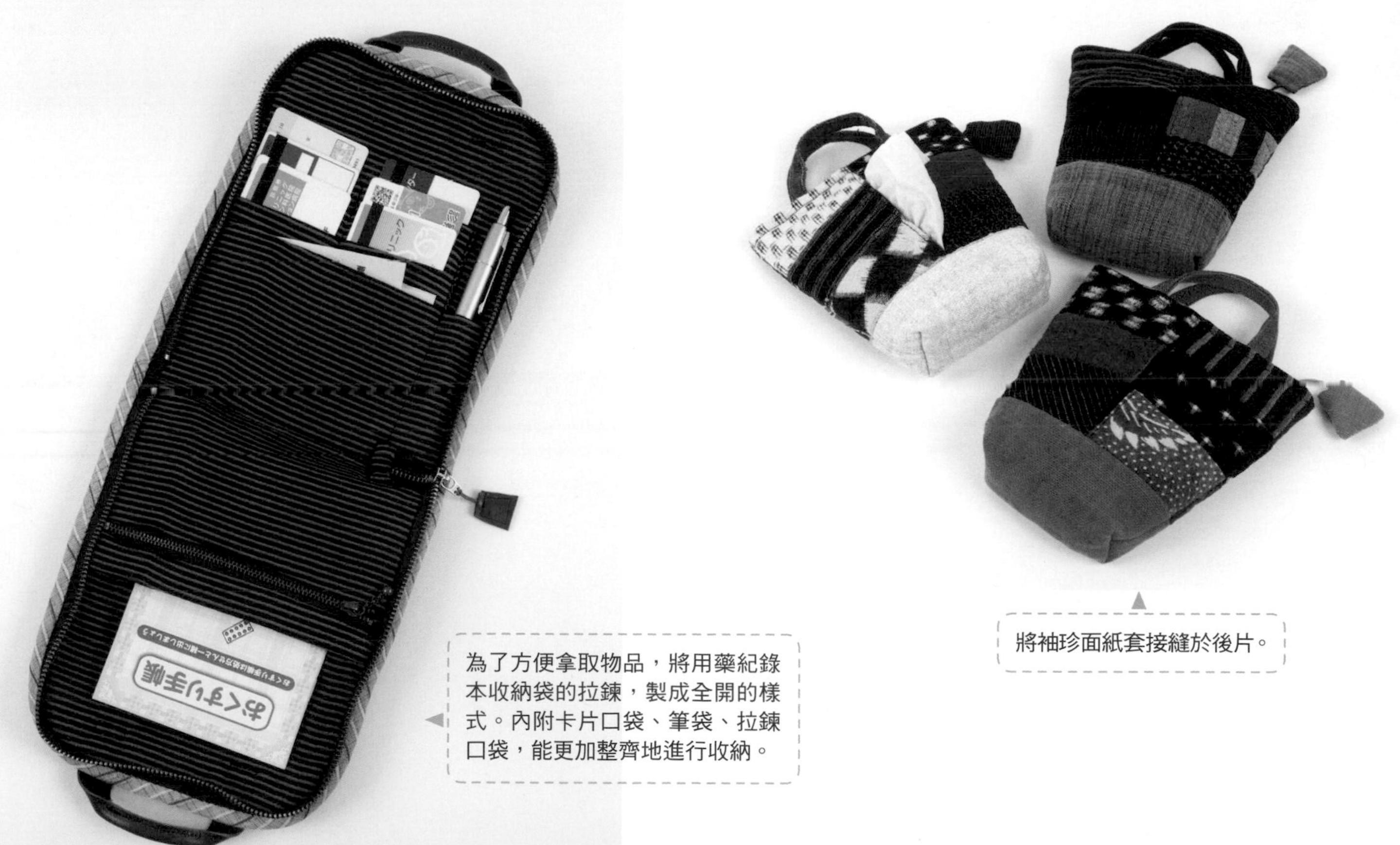

◀ 為了方便拿取物品，將用藥紀錄本收納袋的拉鍊，製成全開的樣式。內附卡片口袋、筆袋、拉鍊口袋，能更加整齊地進行收納。

▲ 將袖珍面紙套接縫於後片。

攝影／藤田律子（P. 47 下圖）山本和正
設計・製作・指導／平澤由美子

併接布片描繪出的水彩畫

水彩拼布

接續前篇單元中解說之配色基礎的陰影明暗技法，
後篇將為讀者們解說花朵的配置。
試著像是插上真正的花卉般，將以花朵圖案製成的花朵，
插飾於花瓶及花籃裡吧！

【後篇】花朵配置

花瓶壁飾

醒目的大花玫瑰，帶有豐沛感的瓶插花藝。周圍添加了葉子及小花，讓整體看起來顯得更輕盈碩大。只要將花瓶的顏色作成無彩色，即可襯托出花色的美麗。
44×44cm　作法 P.111

使用的印花布。

藉由沿著花朵圖案進行的壓線，賦予花朵更多的表情。

將葉子圖案添加於猶如從花籃中掉落出來似的位置，或是剪下葉子圖案後，再進行貼布縫，即可呈現動態感。

白玫瑰花籃壁飾

於白色與米色的玫瑰花上，搭配藍色小花或中型花，完成減少配色數量的高貴花籃。由於整體屬於淺色調，因此將花籃作成深色，作一收束統整之效。

66×59㎝　作法 P.111

62

粉彩色花朵手機包

淡淡的粉紅色與水藍色的花朵為柔和優美的色調。僅以5種花朵圖案製成。

製作協力／梨木昭子
13×21㎝　作法 P.110

大花樣則使用了上圖中的大花印花布。

花朵配置的解說

事先準備的花朵圖案

將適合運用在花朵配置上必備的大花樣、中型花、小碎花的花朵圖案，依照深色、中間色、淺色準備。

大花樣

只要花朵圖案的大小有8至10㎝左右之大，在組合3至4片布片製成一朵大花樣時，就恰好能夠派上用場。如右圖所示，當花色有數種顏色之多時，較容易將其他花色的花朵圖案排列在相鄰的布片旁。

中型花

為3.5㎝正方形中大約容納一朵花程度的大小。有著適當2、3色花朵與葉子的圖案較容易使用。

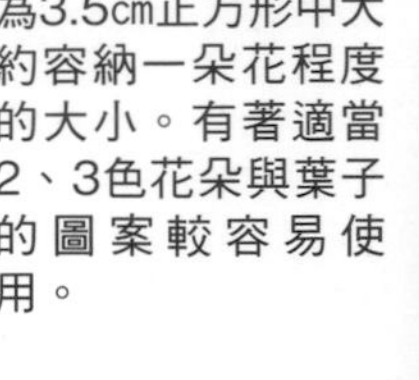

若包含各色各樣不同的花卉，更有助於使用。

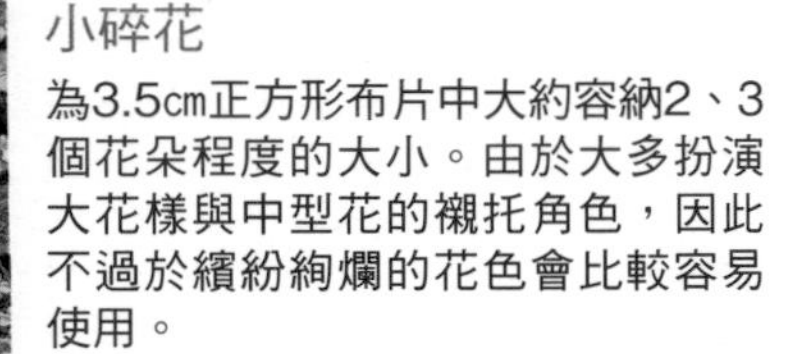

小碎花

為3.5㎝正方形布片中大約容納2、3個花朵程度的大小。由於大多扮演大花樣與中型花的襯托角色，因此不過於繽紛絢爛的花色會比較容易使用。

使用於花朵配置外側的花樣

彷彿融入背景般的淺色圖案印花布，葉子圖案特別實用。

花枝或花莖前端的花樣方便用來創造律動感。

葉子圖案

只要添加於花朵之間，就會變得更像插花的樣子。深色最好添加在內側或下側的位置。

大花樣製作的技法範例

從一朵花開始製作

將花朵分成4片布片後，再加以接縫。建議使用10㎝的花朵圖案。

在1片花朵圖案之中進行組合

避免破壞花朵原有的樣子，請注意花的方向裁剪布片。不必在意布紋，而是以花朵的方向為優先考慮。

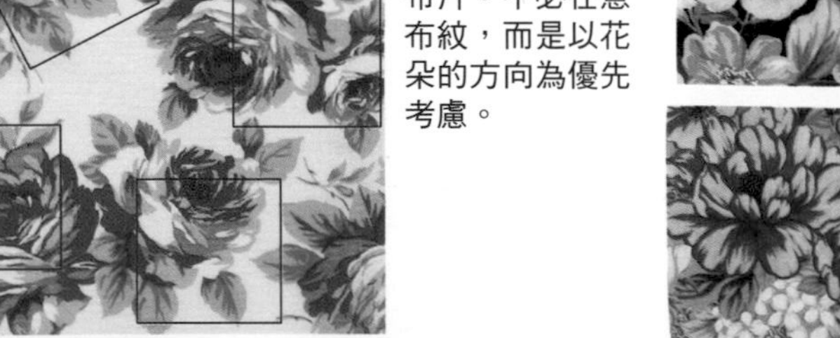

組合各自不同的花朵圖案

將4種同樣調性的花朵圖案組合後，作成一朵花。即便花的種類不同，只要是相同顏色，就沒問題。

配色順序

使用P.46的作品進行解說。在畫上10×10列5cm格子線的拼布配色黏貼布上排列布片※。

※在原寸裁剪5cm的正方形上作上3.5cm正方形的記號。

①將大花樣進行配置。

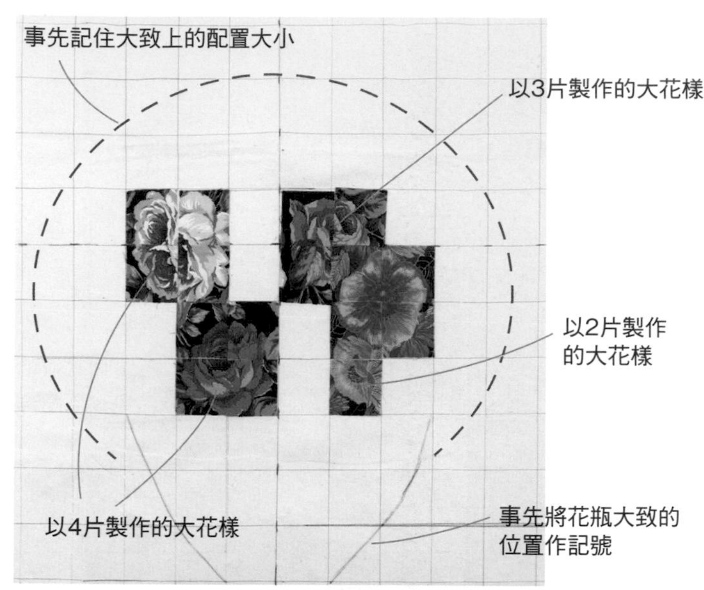

於中心附近配置上依照P.46的大花樣製作技法製作的深色大花樣。適當地添加上葉子，使其與相鄰排列的花朵圖案保持連貫性。

②配置中型花與小碎花。

將中型花配置於大花樣之間及外側。請注意「深色配置在下側與內側，淺色配置在上側與外側」。外側也配置上小碎花。

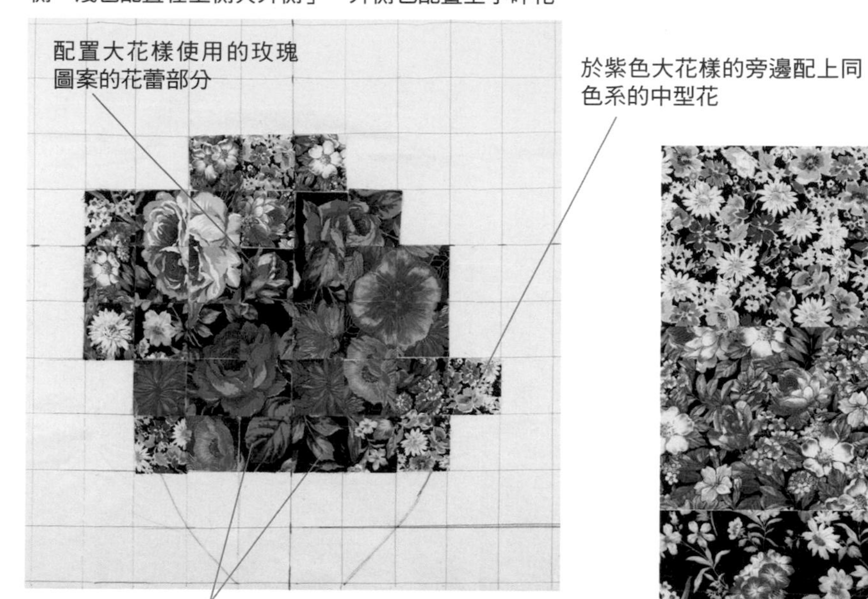

搭配上添加於大花樣中的紅色、紫色、黃色的花朵圖案，完成雅緻的花朵配置。

③將葉尖、綻放於花莖上的中型花及小碎花配置於周圍。

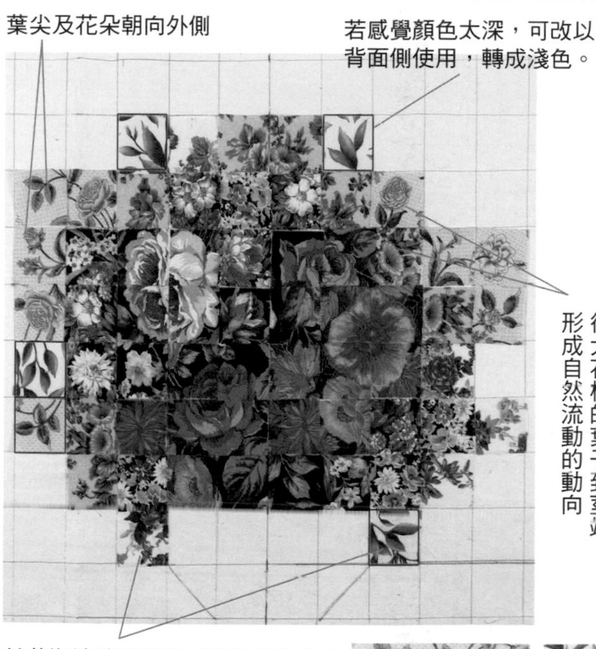

將底色較多的葉子圖案，以及綻放在花莖上的花朵進行配置。底色則挑選與米色背景色屬於相同色系的淺色。由於關鍵在於營造出輕盈蓬鬆的感覺，因此不妨配合需要，使用布片的背面，將花色暈染轉淡。

④配置上背景的布片。

挑選淺米色的暈染花樣，若感覺顏色太深，不妨使用背面吧！

花瓶的大小及形狀可於布片的配置結束之後，再視整體的均衡感加以決定。

前篇的複習

陰影明暗技法

從一處角落開始朝向外側，一邊將色彩漸漸地轉淡，一邊逐一改變顏色的配色技法。即為水彩拼布的配色基礎。詳細解說請參照前期單元（請見拼布教室NO.22）。

抱枕

●材料

各式拼接用布片　C用布95×50cm（包含裡布部分）　鋪棉、胚布各50×50cm

●作法重點

拼接布片A與B，並於周圍接縫上布片C之後，製作正面的表布→疊放上鋪棉與胚布之後，進行壓線→將裡布的開口處進行三摺邊車縫，依照圖示進行縫製（周圍的縫份請以捲針縫或機縫的Z字形車縫進行收邊處理）。

※壓線圖案原寸紙型A面⑥。

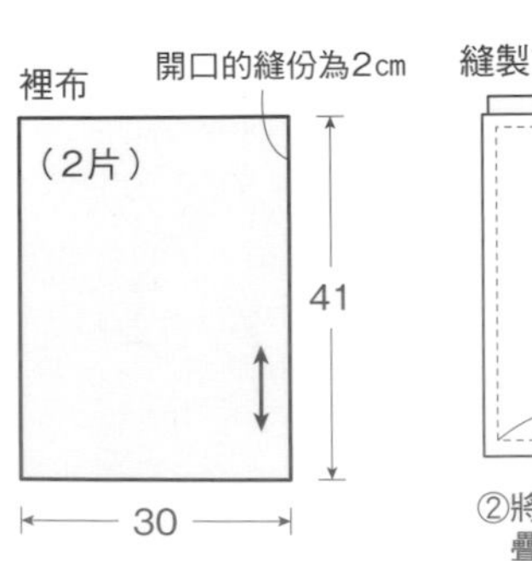

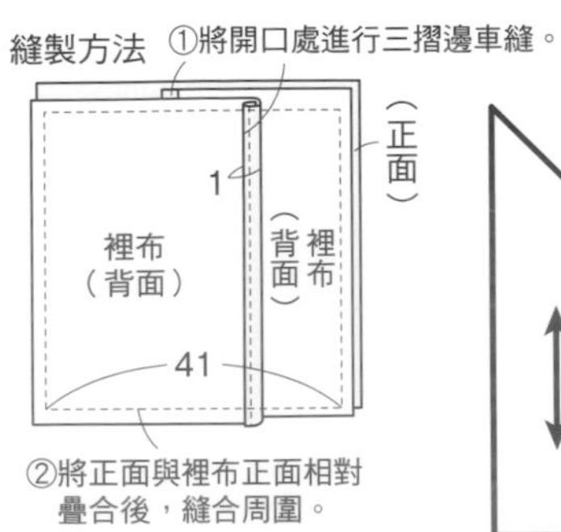

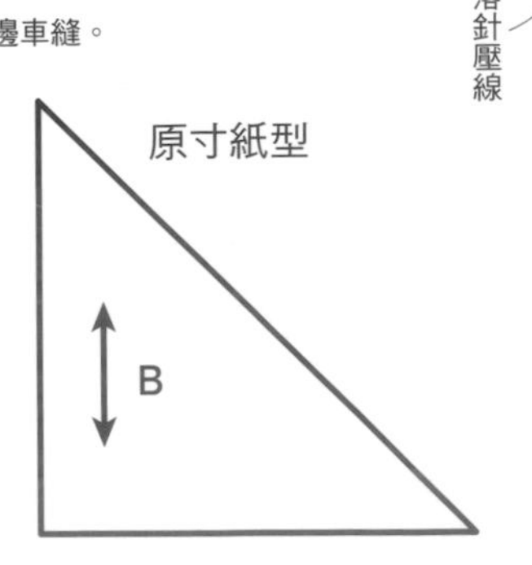

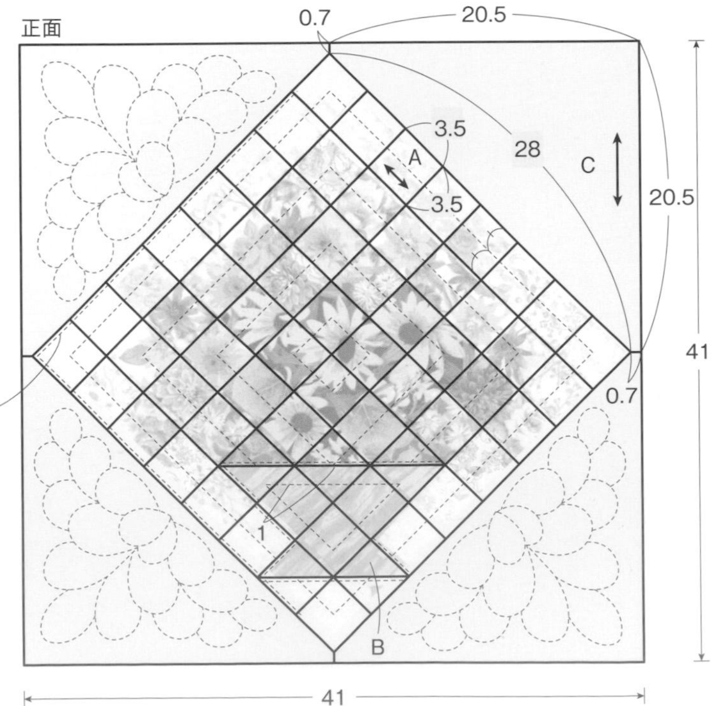

配色順序

使用的印花布

作為大花樣使用的向日葵圖案，為了易於與葉子圖樣搭配，因此挑選帶有葉子的印花布樣式。中型花則挑選了右下圖的向日葵圖案、適合與黃色搭配的藍色花朵圖案，以及內有粉紅色與黃色花朵的圖案。

花朵朝向各種方向的圖案賦予配置上更多的律動感。

4種作出深淺色差的葉子圖案。同時也挑選了帶有白色小碎花的樣式，看起來比較不會顯得單調。

因為是在8×8列滿滿的大空間上進行配置，所以背景也混合了淺色的小碎花。使用正面與背面的正反兩面。

①依照向日葵的大花樣→葉子圖樣的順序進行配置。

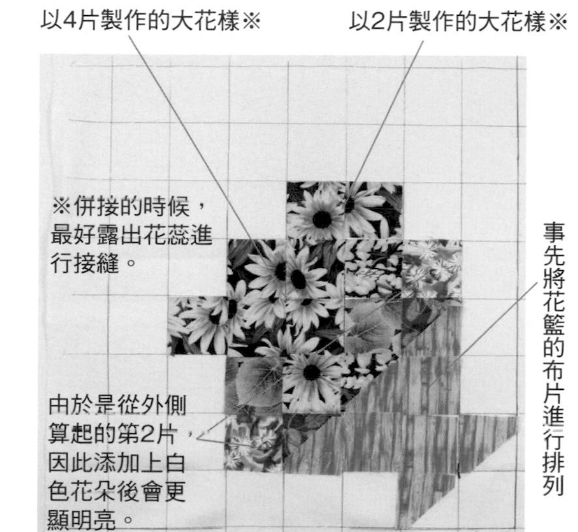

因為是在8×8列的少量空間中進行配置，所以請避免配置上太多的大花樣。葉子圖樣配置在下側。

②配置中型花。

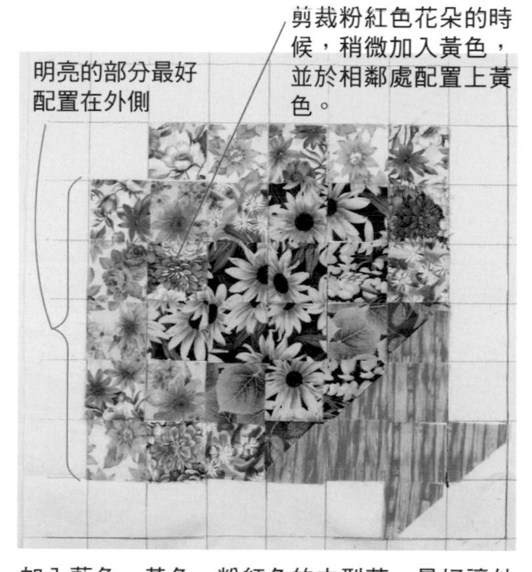

加入藍色、黃色、粉紅色的中型花。最好讓外側顯得更加明亮地進行配置。

③配置小碎花與背景。

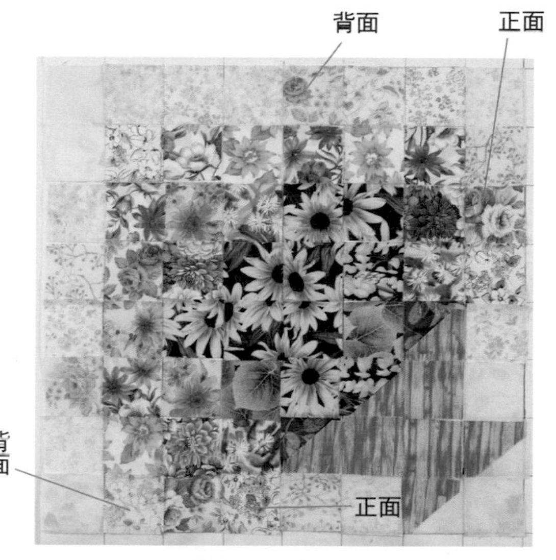

由於在外側1列配置上背景與小碎花，因此暈染花樣則放在角落附近，其他使用小碎花的正面與背面的正反兩面，營造出輕盈蓬鬆的感覺。

關於壓線線條

水彩拼布的壓線，幾乎都沒有添加令人熟悉的菱格線條。依據陰影明暗技法、花朵配置、心形、景色等描繪設計的不同，而以其概念添加斜線、曲線、自由壓線等的線條。

沿著圖案進行的壓線，襯托出花朵及葉子的形狀。非常適合運用在花朵配置上。

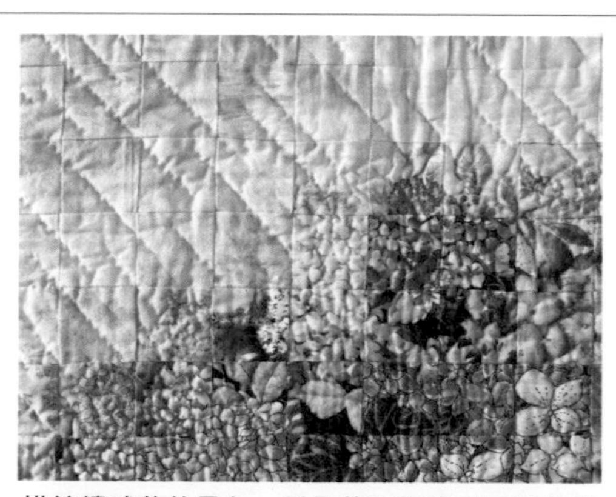

描繪繡球花的景色，則是將天空降下雨滴的模樣以壓線方式表現。

塑造主題的設計，藉由沿著形狀進行的壓線襯托配色。

應用篇……描繪景色

以橫長型的袋身製作的束口袋，可享受到花色變化的樂趣。側邊的藍色花朵為主角。

使用繡球花圖案、紫丁香圖案，以及藍色與紫色的小碎花描繪被雨淋濕的繡球花模樣。花朵與天空的界線則以淺色的小碎花及葉子圖樣加以暈染，作出看起來像是遙遠的景色。束口袋是以作品No.66壁飾的相同印花布進行配色。

束口袋的製作協力／梨木昭子

壁飾 47×54cm 作法 P.111

束口袋 23×24.5cm 作法 P.112

以細膩色彩描繪繡球花盛開的風景

添加上黃色及紫紅色的繡球花，就會給人與上方作品截然不同的印象。轉換成沐浴在柔和陽光下綻放的印象。

39.5×62cm 作法 P.53

景色的配色重點

活用花朵配置與陰影明暗的技法，營造遠近的層次感。不妨事先將大花樣、中型花、小碎花的花朵圖案，分別依照深色、中間色、淺色作準備吧！

使用的印花布

大花樣挑選繡球花圖案及看起來有如繡球花模樣的花朵圖案。小碎花則以藍色系作為統一。底色為深色系的黑色花樣。

用來襯托花朵的葉子圖樣，以及帶有綠色繡球花朵的圖案。

背景的天空是水藍色的暈染花樣。葉尖的印花布也同樣選擇了水藍色布片。使用正面與背面的正反兩面。

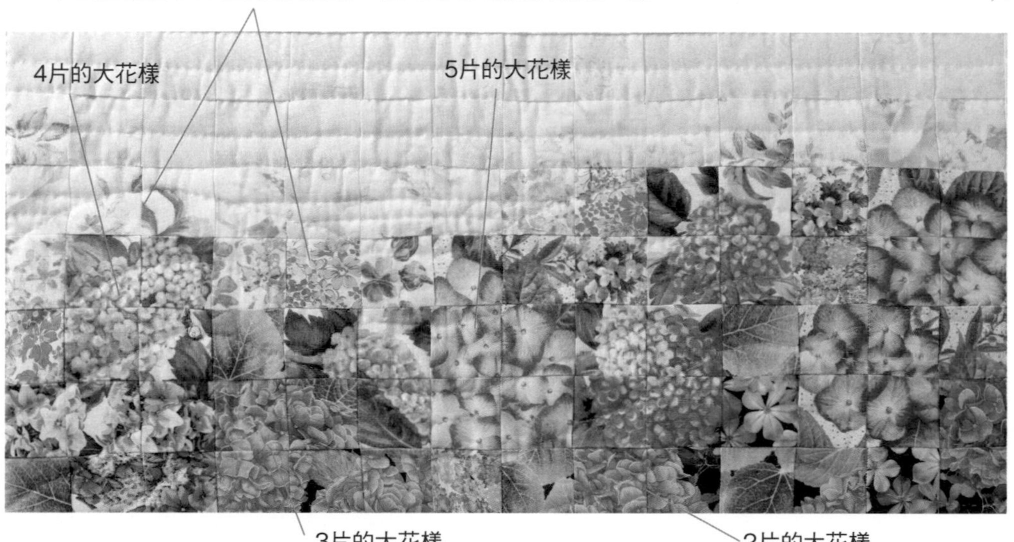

將蝸牛圖案剪下後，再以貼布縫縫於葉子上。這般俏皮的感覺，正是描繪景色的拼布特有的樂趣。

繡球花的大花樣是用2片至5片的布片製作，在花朵的大小上施以變化。下方配置上較多的黑底及深色的圖案，顏色隨著逐漸往上移而漸漸變淡。讓內側的花朵清晰可見，並透過將上方顏色轉淡的手法，創造出遠近的層次感。

繡球花壁飾

●材料

各式拼接用布片 B、C用布55×15cm D、E用布55×30cm 滾邊用寬4cm斜布條210cm 鋪棉、胚布各70×45cm

●作法順序

將布片A拼接成14×7列，並於周圍接縫上布片B至E之後，製作表布→疊放上鋪棉與胚布之後，進行壓線→將周圍進行滾邊（參照P.82）。

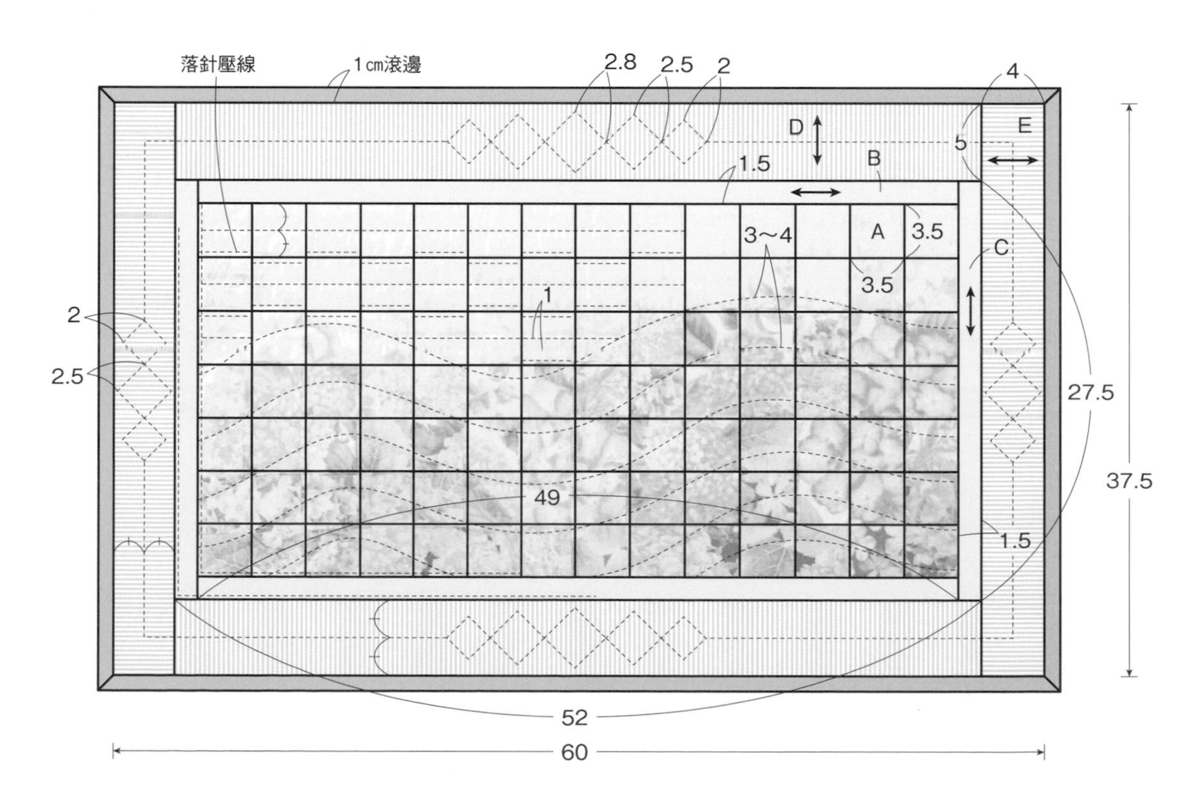

心形花朵壁飾

使用花朵圖案及葉子圖樣，華麗填滿的多彩愛心圖案浮現於壁飾。配置較多的深色布片，使主題更加清晰可見。白色大花樣則是以梔子花圖案的印花布製作。

45.5 × 49㎝ 作法 P.111

配色順序

①將大花樣與中型花的一部分進行配置。

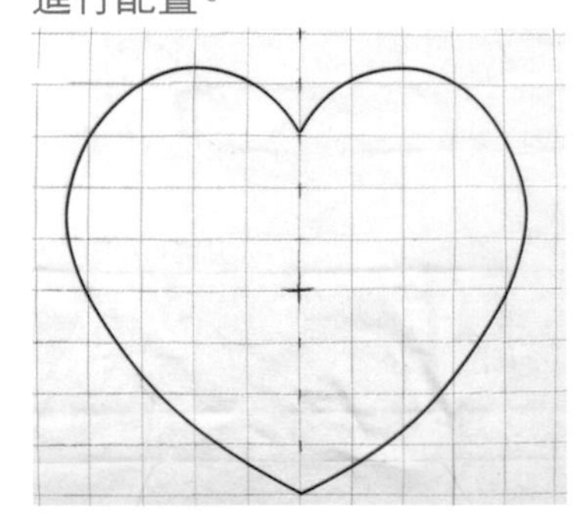

在10×9列的格子上描繪心形線條，將大花樣進行配置。梔子花則配置上以4片布片製作的大花樣與2片製作的大花樣，以及納入1片布片大小的中型花。

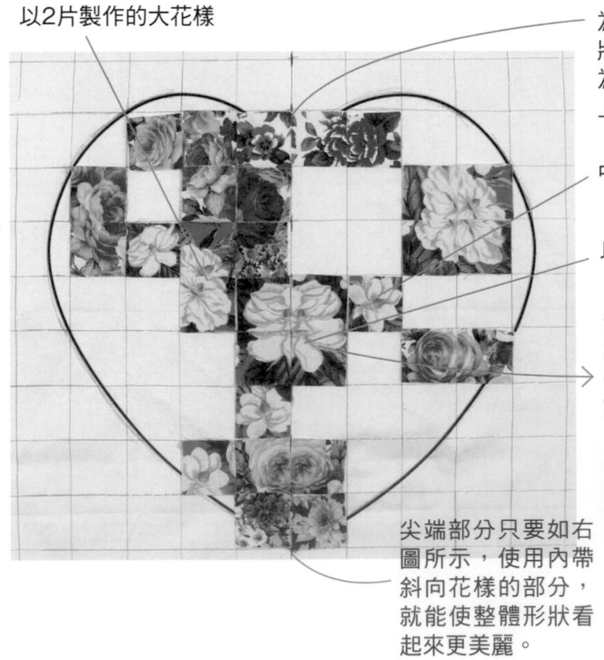

大花樣為色彩繽紛的花朵圖案及梔子花圖案2款。梔子花盡量裁剪帶有花蕊圖案的布片。

花圈抱枕

使屋內變得明亮的華麗設計。圖左使用色彩繽紛的花朵圖案，圖右則以紫色與綠色為主進行配色。因為是以3、4片的布片描繪出花圈的寬幅，所以一邊隨時注意與相鄰布片之間的連貫性，再一邊進行配色。

44×44㎝　作法 P.110

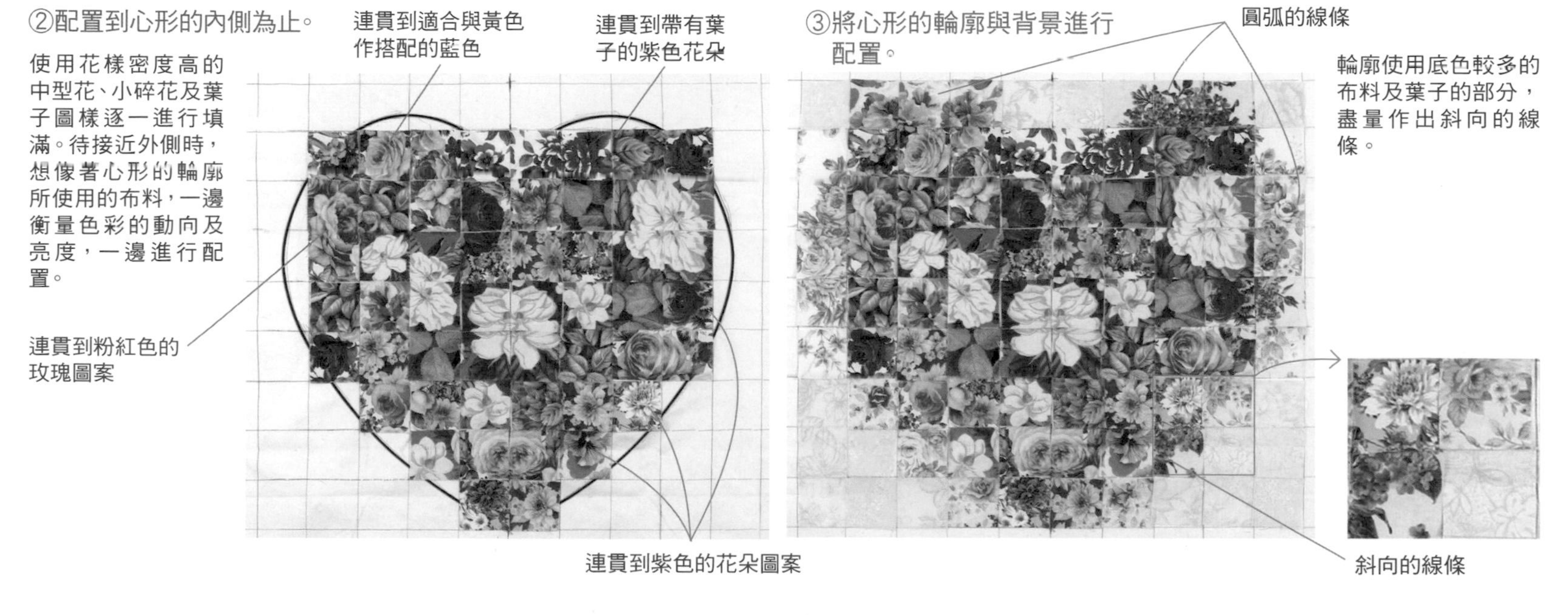

第17回 基礎配色講座の

配色教學

一邊學習基礎的配色技巧，一邊熟悉拼布特有的配色方法。第17回在於學習簡單清爽的配色方法。對於太過於想要將自己喜愛的布片全部用上，因而容易陷入複雜又難以統一配色的讀者必讀的單元。

指導／大本京子

簡單又清爽的配色

海洋藍、耀眼白、太陽橘等，一邊意識著適合夏天的顏色，一邊試著將這些色彩統一收束成洋溢著清涼感的配色。祕訣在於大膽減少色彩數量，以及高明地運用白色。就算加入白色，色彩數量也並沒有增加，若想呈現清爽色調，是極為重要的技巧。

單色素布＋印花布

以素布為背景

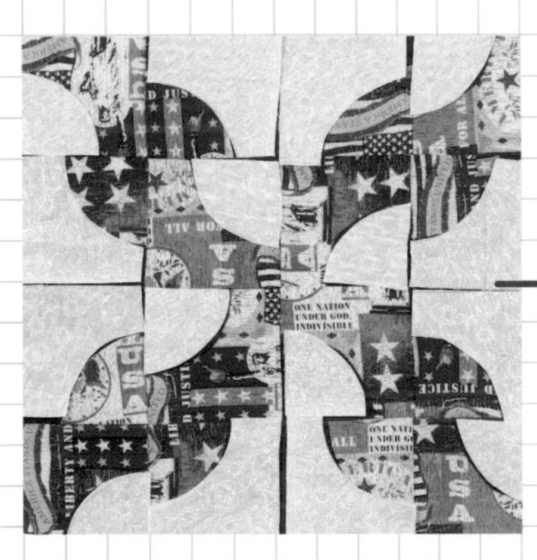

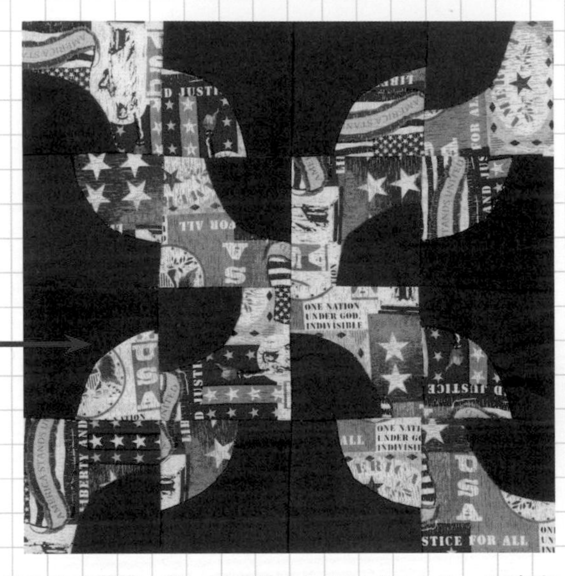

使紅・白・藍三色的大花樣印花布視覺上就像是布片運用一般。若是將底色配製成白色布，圖案容易顯得模糊不清，因此改成深藍色，以便讓圖案清晰浮現。（醉漢之路）

大花樣印花布的使用方法

刻意挑選較多的紅色部分、較多的白色部分進行剪裁。英文字樣的部分則不必在意上下方向，隨機使用反而能夠營造熱鬧的印象。

以白色演繹連貫的感覺

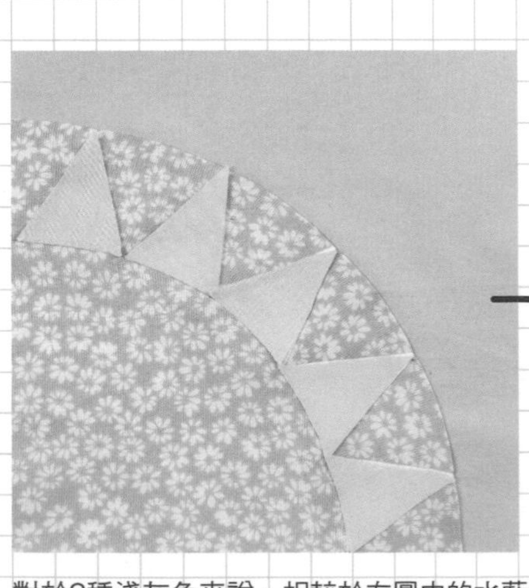

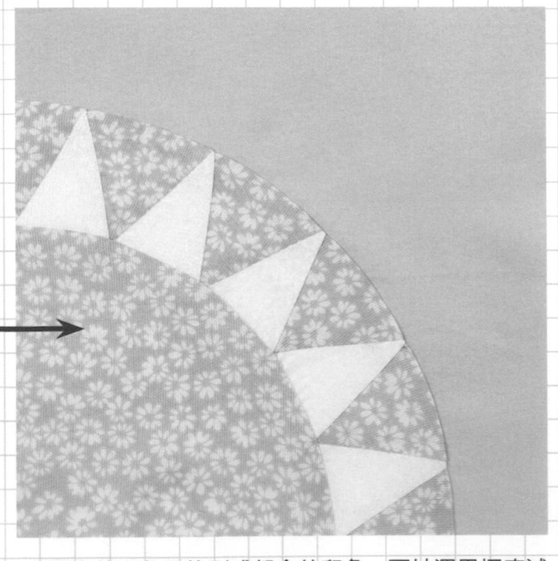

對於2種淺灰色來說，相較於左圖中的水藍色，右圖中的白色更能形成都會的印象。不妨運用極度減少色彩數量的單一色調，使之看起來更顯清爽俐落。（中國扇子）

從主角用布中挑選

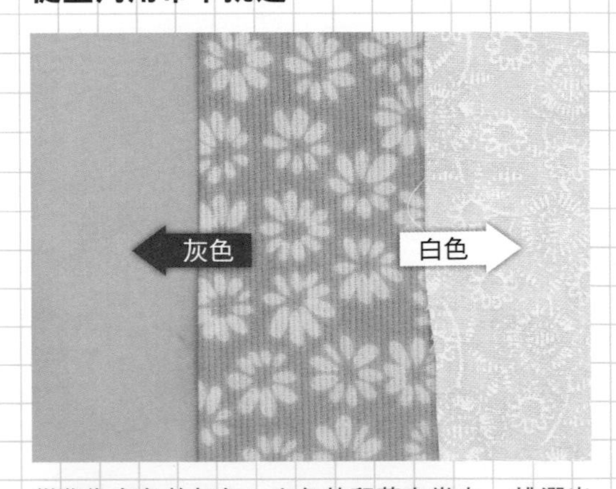

從作為主色的灰色×白色的印花布當中，挑選出灰色的素布與白色的印花布。因為想作出明暗色調的差異，所以灰色的素布會比主角用布的顏色更淺一些。

雙色素布＋印花布

以大花樣為背景

將極富個性的大花樣運用在底色上。由於左圖的水藍色完全融入了背景之中，因此挑選更深的藍色素布，使圖案更加鮮明醒目。（連鎖廣場）

使用大花樣印花布的一部分

透過僅使用多色印花布之單色部分的方式，可以減少色彩數量。這是大花樣才有的布片運用方法。

掌握明暗技巧

藉由作出明色、中間色、暗色之差異的手法，使其看起來更顯立體的圖案。左圖乍看之下，雖然看起來有明暗色調的不同，但是因為2色的明色太過接近，所以進而改善成右圖的模樣。（大都會）

各種作出明暗色調差異的方法

當3階段的明暗色調不一致的時候，像是花樣部分較少、白底較多的左側印花布，也可以作為明色使用。

確認明暗色調差異的方法

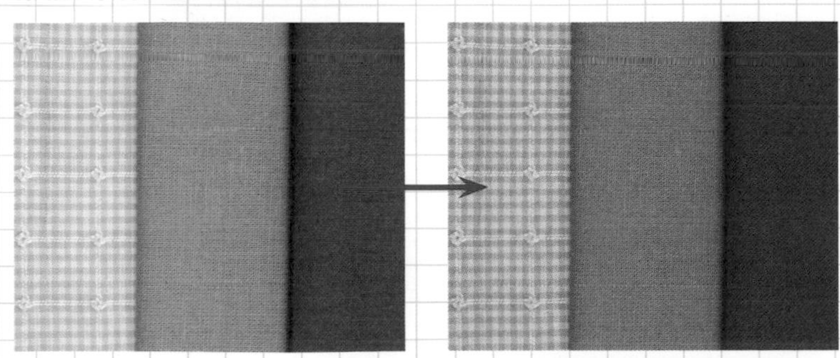

當難以理解是否作出明暗色調差異的時候，不妨試著以黑白兩色複印。以這3色來看，2色明亮的顏色當中並沒有多大的差別。

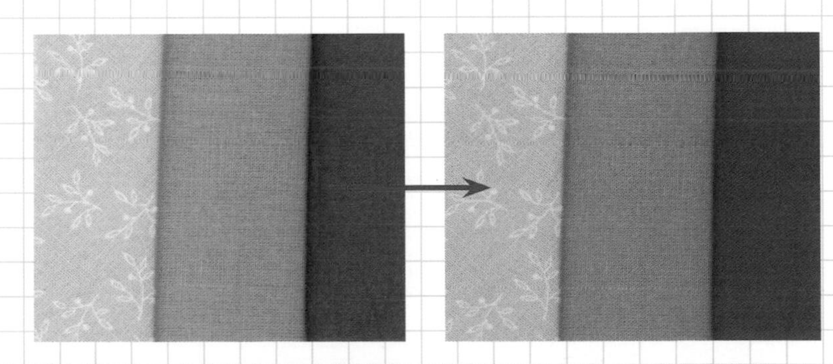

將左圖2色之中的其中1色改變成底色較淺的印花布時，就能作出差異。在沒有影印機的情況下，不妨試著以黑白模式拍張照片確認。

將底色配置成白底印花布

白色是萬能的工具

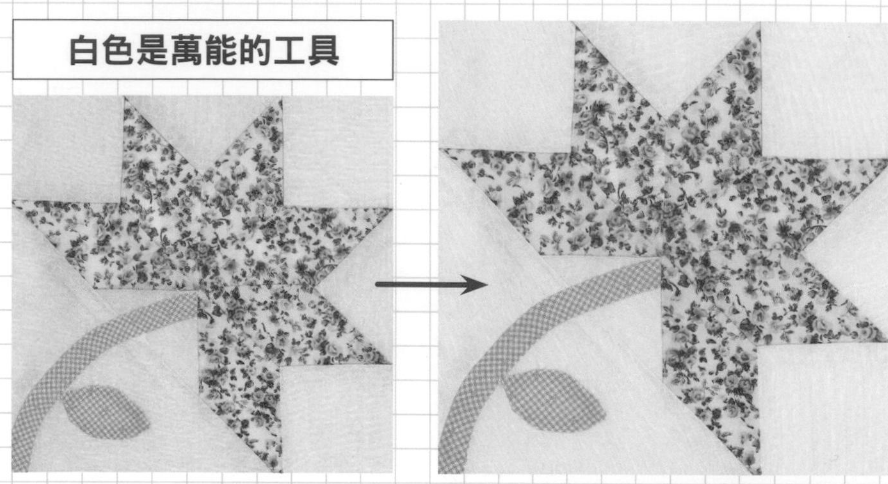

說到花朵圖案，若配置成粉紅色底色，會稍微有點過度甜美的感覺，因此乾脆配置成白色。若想作成清爽的配色，而感到猶豫不決時，選擇白色也是萬無一失的作法。（牡丹）

以噴漆印花布營造清涼感

以白色染料印刷而成的白色噴漆印花布，是想要在白色素布上再添加些微華麗感的時候特別好用的選擇。

清爽俐落地運用布片

為能更加活用圖案的花朵印花，因此底色配置成改變花樣的英文字樣印花布。雖然中心的圓使用水藍色素布比較保險，但是使用鮮豔的綠色，增添特色韻味也有不錯的表現。（德勒斯登圓盤）

英文字樣的大圖案印花布

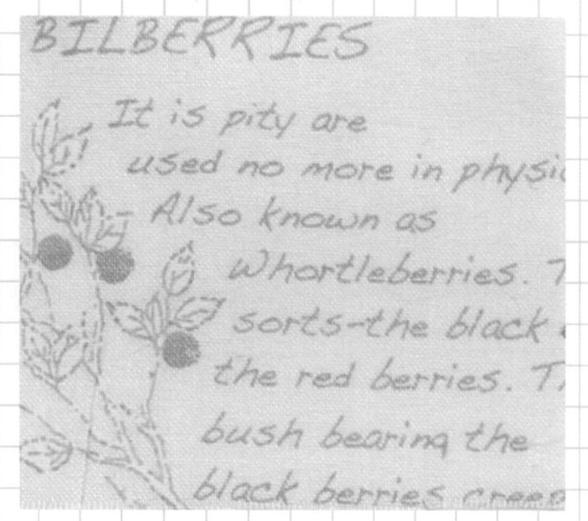

將也能運用在胚布上的白底淺色單色印花布配置成底色。由於英文字樣印花布為橫向的動向，因此非常方便用於營造律動感。

使用近似素布的小花菱紋布

2種不同圖案的布片，為了避免花樣混雜不清，因此將其中一方配置成素色部分較多的小花菱紋布。因為在小花菱紋布之中帶有綠色，所以成為了搭配性極佳的組合。（旋轉星）

小花菱紋的活用法

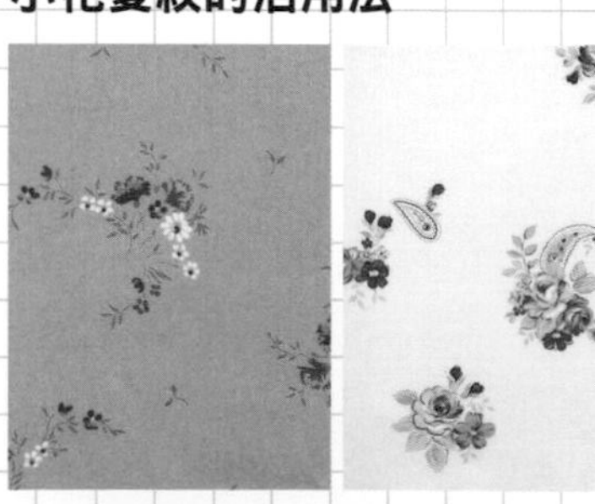

花紋飛躍四散的小花菱紋，素色的部分較多，可使整體看起來更為簡單。也可以僅挑選出花紋的部分作剪裁，是一款用途相當廣泛的布材。

想要事先備齊的點點花樣

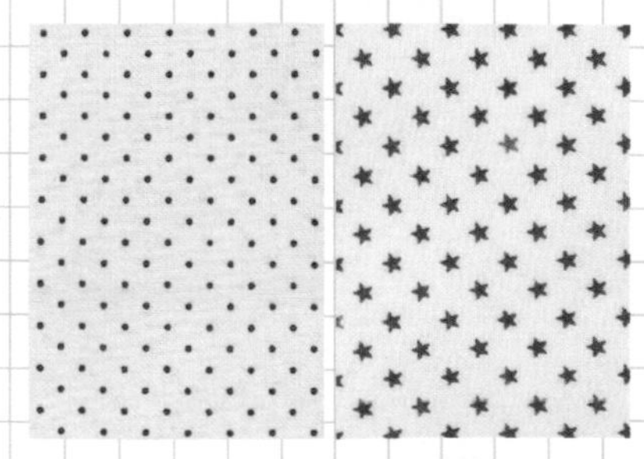

雖然使用素布顯得有些空虛冷清，但是其他的花樣又過於熱鬧繁雜時，水玉點點花樣是最好的選擇。右側的星星花樣也算是點點花樣的同類。

減少配色數量

使用多色印花布

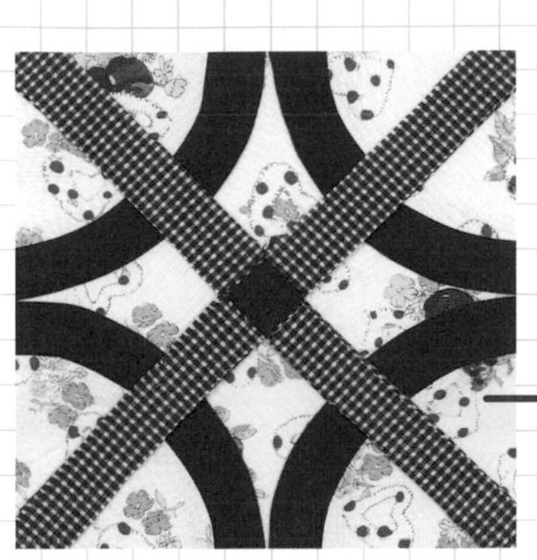

底色挑選大花樣的多色印花布，圖案僅以單色的紅色構成。左圖是將格紋布作直布紋裁剪，使其更為俐落有型。右圖則透過斜紋布裁剪的方式，營造整體柔和雅緻的印象。（十字路口）

從印花布之中挑選

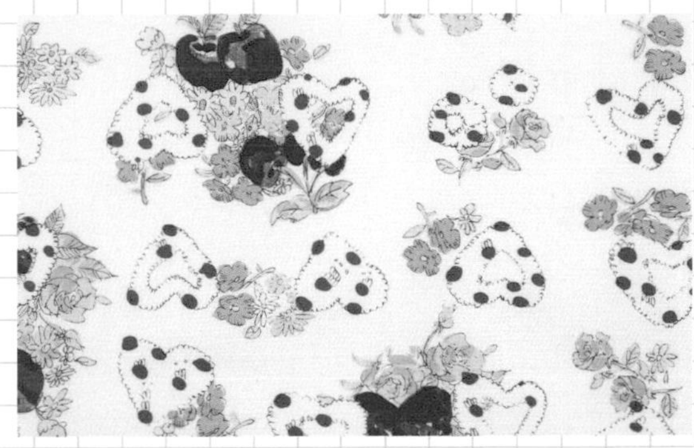

當使用內含大量色彩的印花布時，從當中的顏色中挑選出1色即可。在此情況下，僅僅選擇紅色，並以素布與格紋布構成。

運用三色拼布營造活潑感

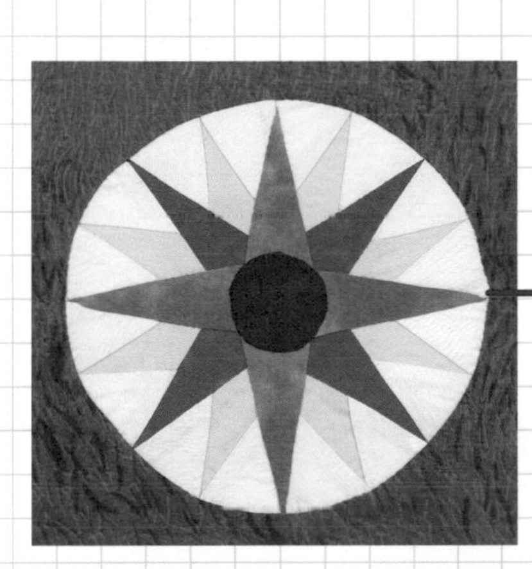

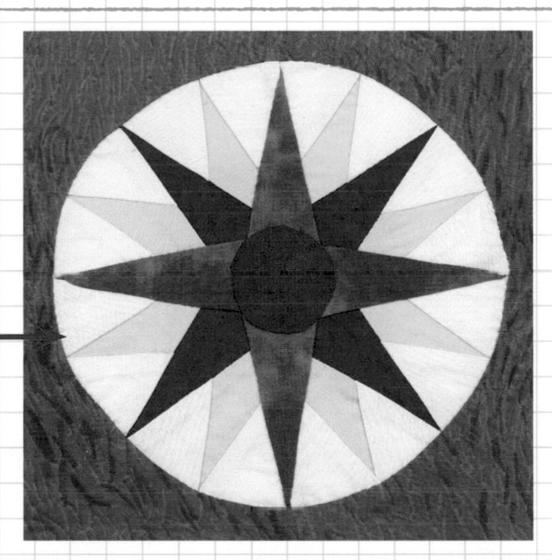

讓人意識到海洋風色彩的藍色，再搭配上紅色及白色等3色，顯得更加清楚簡潔。紅色與藍色比起淺色調，運用深色，可使羅盤的尖端更加清晰可見。（水手羅盤）

近似素布的單色布

從遠處看，彷彿就像是素布一樣的花樣布，是一款便於作為單色使用的布材。左側為藍色基底上帶有同色系的深藍色與綠色花樣，右側則是紅底上帶有深紅色的花樣。

利用花紋的疏密作出差異

透過將深色運用在圖案的中心及外側的手法，使星星的尖角部分顯得更為清楚明確。右圖為了更加強調出星星的形狀，因此將中間色改換成白底部分較多的格紋布。（晨曦之星）

花紋的疏密

相對於底色而言，左側為花樣的比例較少的例子，右側則為較多的例子。若這之間的差距越大，即便是全部同色的單色，花樣也越不容易混淆在一起。

攝影／腰塚良彥　藤田律子　山本和正

牽牛花

圖案難易度

依序拼接曲線狀布片，彙整成八角形區塊，生動地描繪牽牛花的圖案。最大特徵是宛如由中心的菱形布片展開花瓣的圖案設計。組合同色系深淺顏色布片，構成配色以增添層次感，營造出透明感，看起來更像牽牛花。

指導／滝下千鶴子

精巧時尚的船形袋底手提袋

以灰藍色與碳灰色等顏色構成圖案配色，完成精巧實用又好搭配的手提袋。中心接縫色澤明亮的淺色布片，進行壓線完成花蕾模様，形成視線焦點，再以牽牛花刺繡圖案裝飾側身。縮小袋底側身幅寬，外形精巧，但很方便裝入書籍等物品。

設計／滝下千鶴子　30×42cm　作法P.63

詳細解說製作步驟

70

YOYO 球拼布滾邊的沙發套

拼接布片完成9片圖案，接縫成6個區塊後，以YOYO球拼布彙整完成。以深淺顏色布片構成層次分明的配色，突顯曲線狀布片，襯托圖案設計。愛拼幾片就拼幾片，一起隨心所欲地漂亮的沙發套吧！

設計／滝下千鶴子　製作／塚本洋江　155×105cm

作法P.112

區塊的縫法

拼接A至C布片完成2個小區塊，接縫D布片構成1個大區塊，接著拼接A至C與E布片，完成2個大區塊，將兩個大區塊彙整成圖案。接縫曲線部位時，對齊合印記號，細密地固定珠針，完成的線條更加漂亮。縫份自然地倒向凸側。接縫縫份較厚部位時，縫針垂直穿入穿出，以上下穿縫法完成縫製。

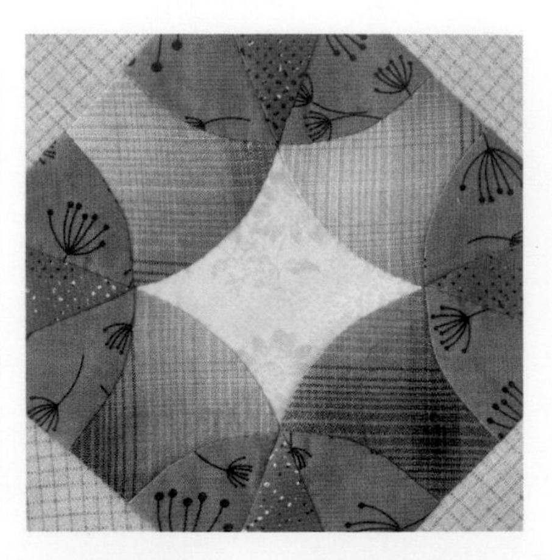

＊縫份倒向

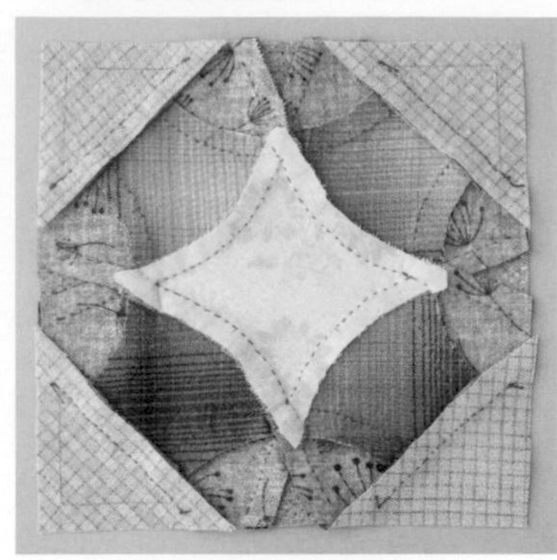

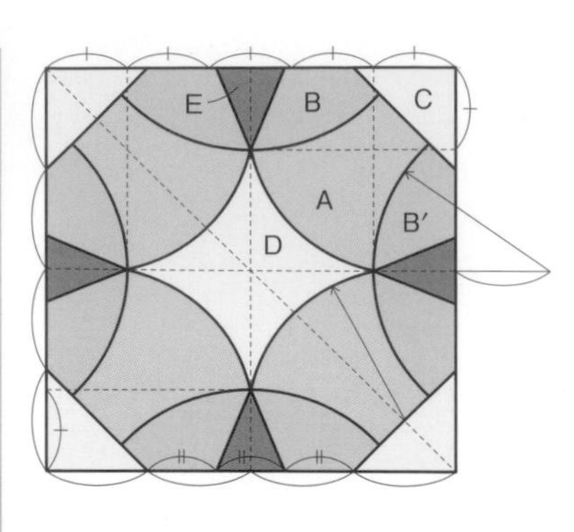

※箭頭為縫份倒向。

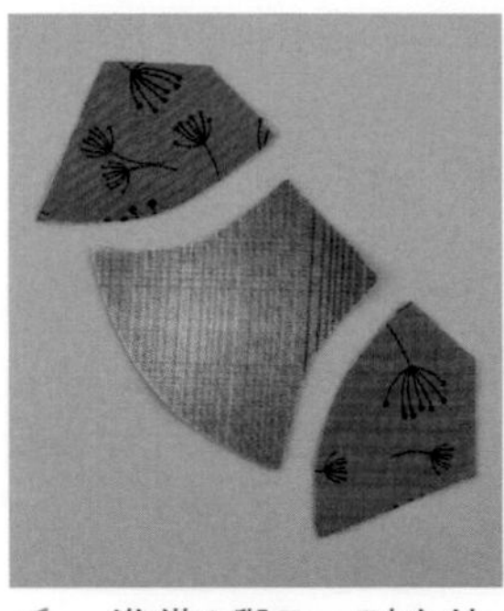

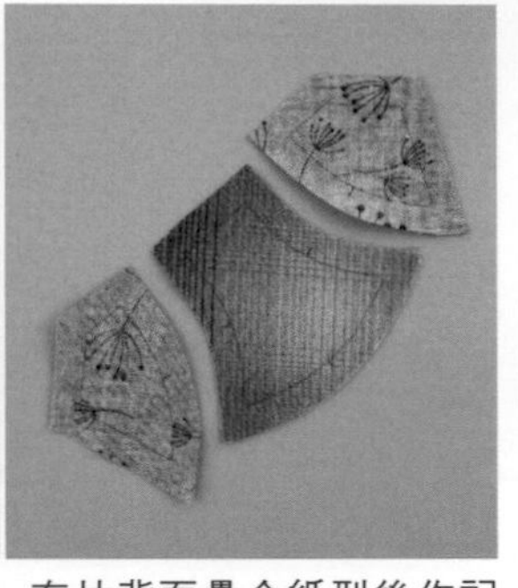

1 準備A與B、B'布片。布片背面疊合紙型後作記號，預留縫份0.7cm，進行裁布。曲線邊與布片A直線邊的中心，分別作合印記號。

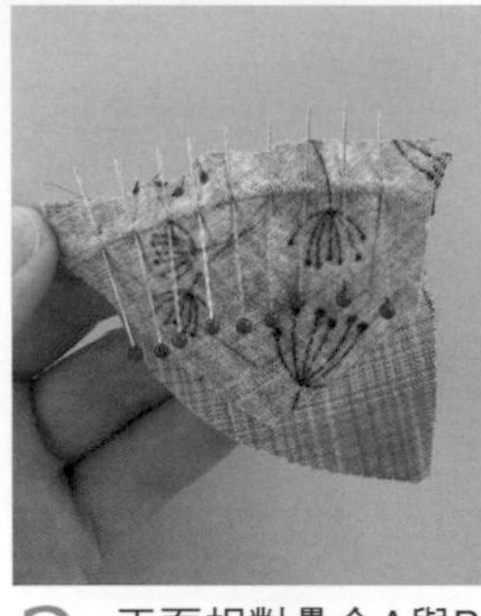

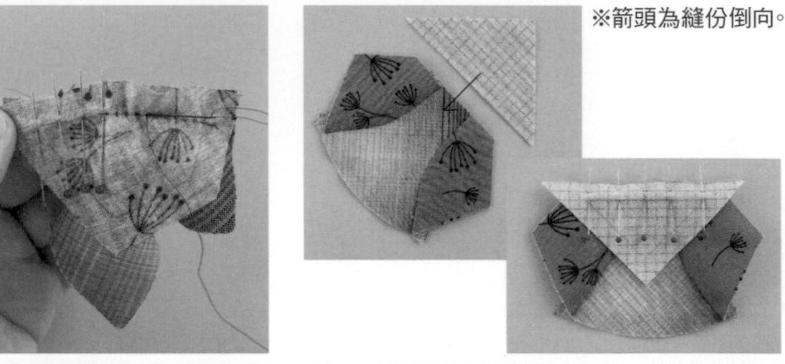

2 正面相對疊合A與B布片，對齊記號，以珠針細密地固定兩端、合印記號、兩者間。由布端開始拼接，進行一針回針縫後，進行平針縫，縫至布端，再進行一針回針縫。

3 以相同作法拼接B'布片，縫份整齊地修剪成0.6cm左右後，倒向BB'布片側，完成小區塊。此小區塊正面相對疊合C布片，以珠針固定兩端、合印記號、兩者間後，進行縫合。

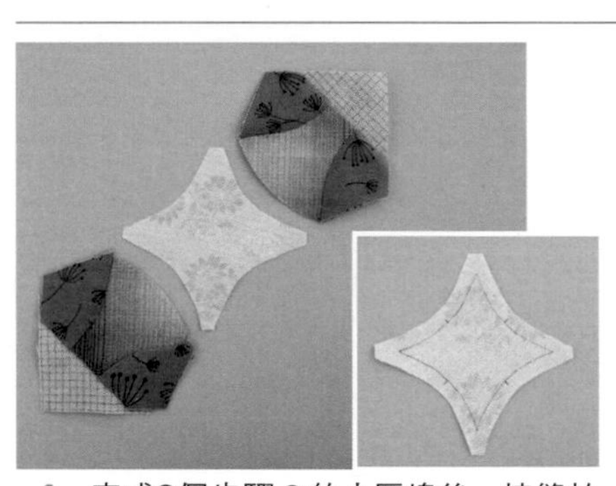

4 完成2個步驟3的小區塊後，接縫於D布片兩側。D布片各邊的中心作合印記號。D布片的記號作法請參照P.76。

5 正面相對疊合D布片與小區塊，以珠針細密地固定兩端、合印記號、兩者間。縫份倒向小區塊側。

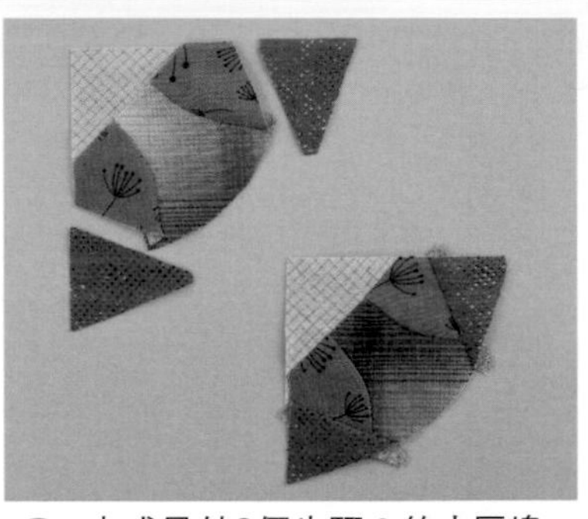

6 完成另外2個步驟3的小區塊，接縫2片E布片。縫份一起倒向E布片側。

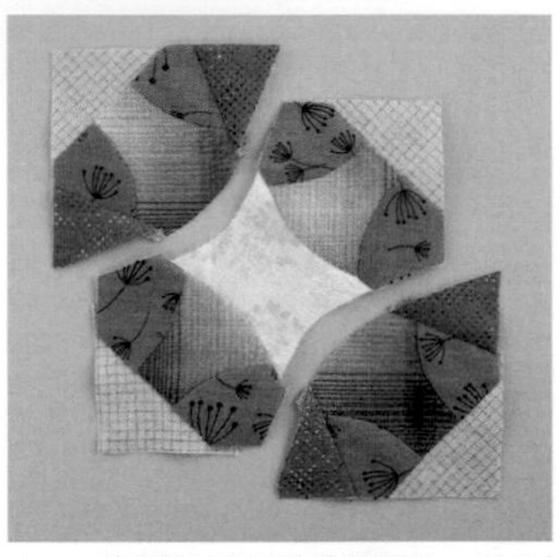

7 步驟5的區塊兩側，分別接縫步驟6的區塊，共接縫2片。

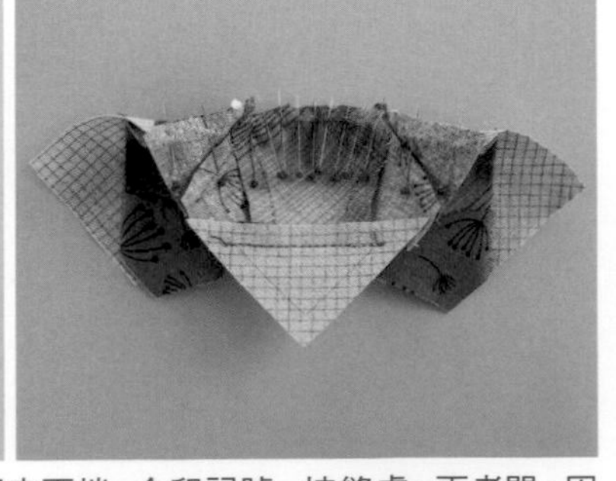

8 正面相對疊合2個區塊，以珠針固定兩端、合印記號、接縫處、兩者間。固定接縫處時，如左圖作法，穿入珠針時也看著正面，就不會錯開。

9 由布端開始接縫，接縫處進行一針回針縫，即可避免綻開。接縫縫份較厚部位時，縫針垂直穿入穿出，以上下穿縫法完成縫製。

避開縫份厚度的縫法

步驟9是沿著縫份進行縫合，實際作業時，可避開縫份進行縫合，較厚部位不縫也沒關係。

P.60 手提袋

裁布圖（單位：cm）
※除了註記為原寸裁剪外，其餘皆需外加縫份。

● 材料

各式拼接用布片　C、F至H用布110×50cm（包含後片、袋底、提把、袋口裡側貼邊部分）　單膠鋪棉50×35cm　雙面接著鋪棉100×35cm　胚布100×50cm（包含內底、內口袋部分）　袋底用胚布45×10cm　厚接著襯40×10cm　中厚接著襯45×10cm　刺繡用繡花線深綠色　藍色各適量

※原寸刺繡圖案紙型B面⑧。

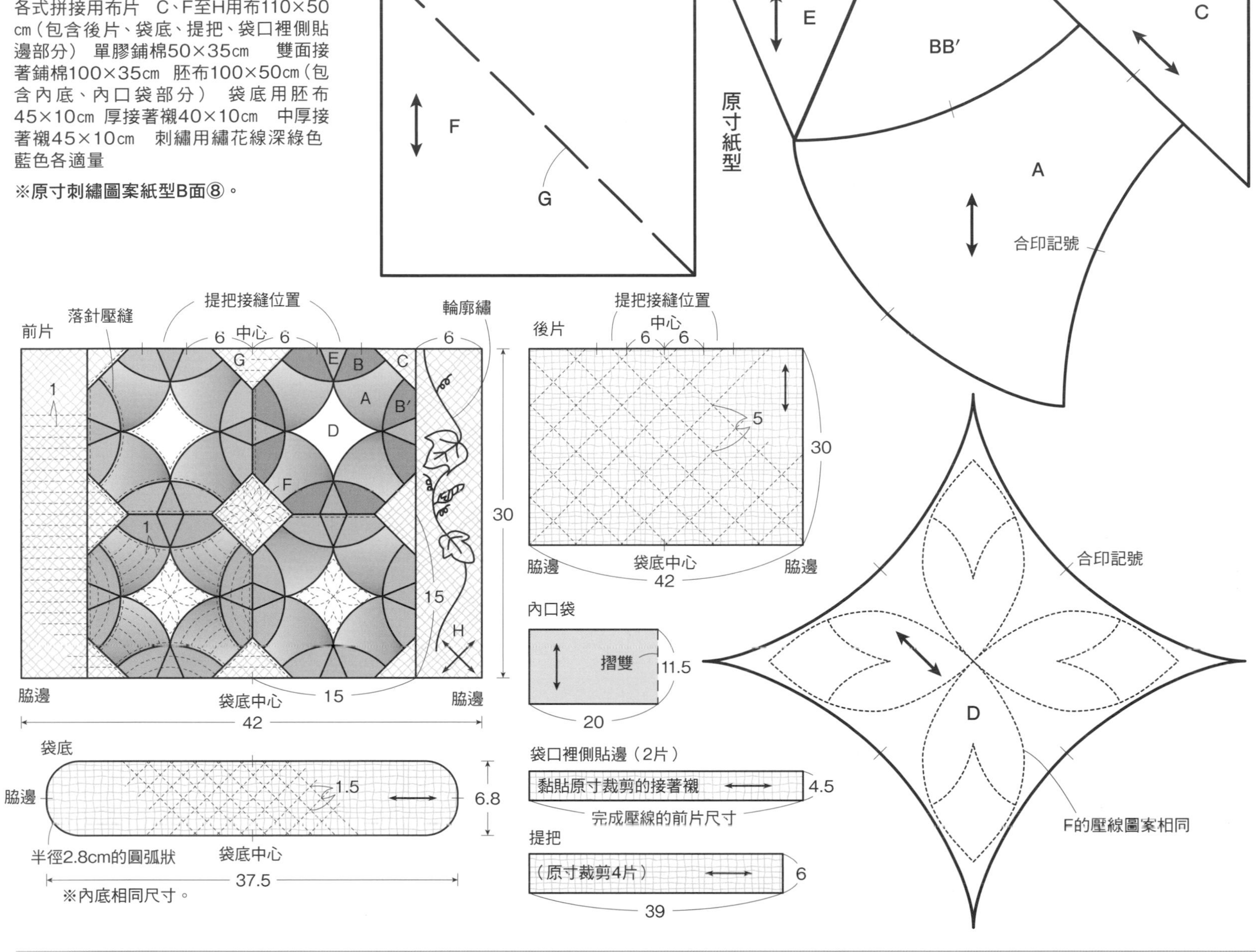

1 接縫前片袋身圖案。

拼接A至B′、D、E布片後，接縫1片C布片，完成4個區塊，2個區塊之間接縫D布片，由記號接縫至記號。另外2個區塊進行鑲嵌拼縫。

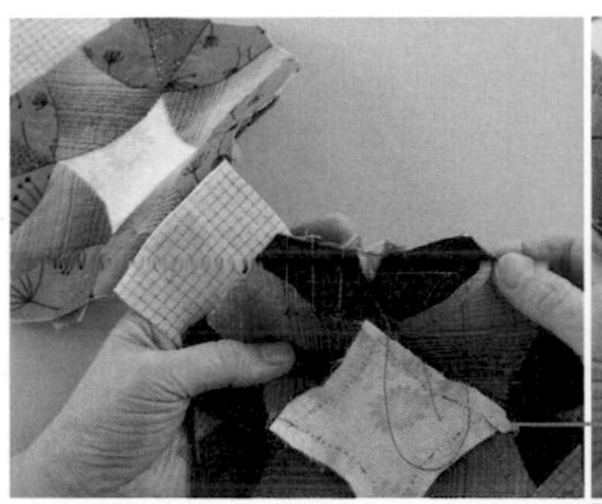

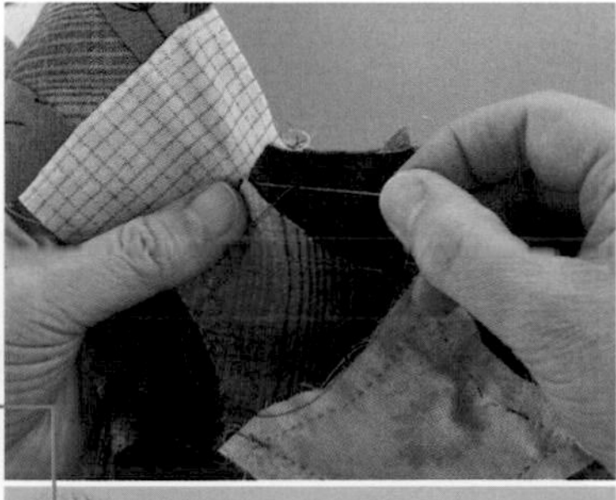

正面相對疊合第1邊，以珠針固定兩端、中心、兩者間，由記號縫至記號（上）。縫至角上部位，進行一針回針縫後（右上）暫休針，疊合第2邊，以珠針固定，縫至角上為止。以相同作法接縫第3邊，縫至記號。

凹處分別進行鑲嵌拼縫，以相同方法拼縫4片G布片。拼縫F、G布片後，縫份皆倒向圖案側。

2 圖案兩側接縫H布片。

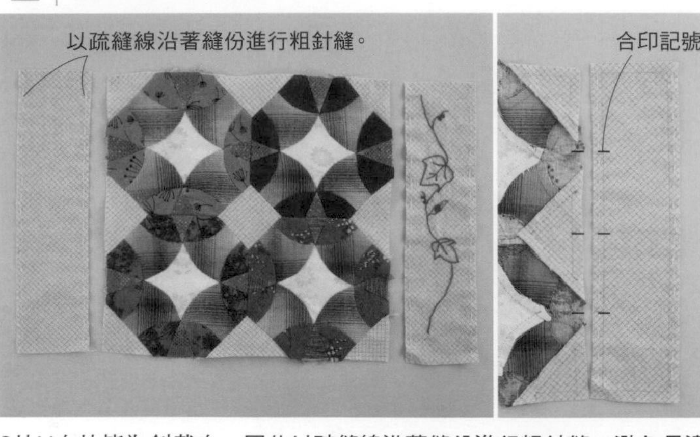

2片H布片皆為斜裁布，因此以疏縫線沿著縫份進行粗針縫，避免長邊延展。需要接縫長邊，因此分別作上四等份的合印記號（右）。其中1片進行刺繡。

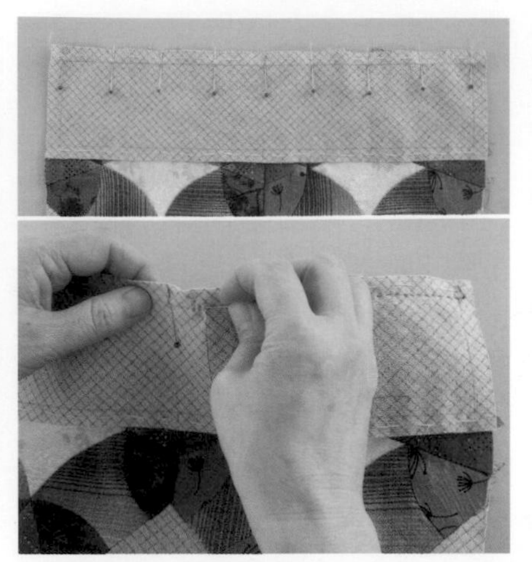

完成圖案後，正面相對疊合H布片，以珠針固定兩端、合印記號、兩者間，進行接縫。縫份倒向H布片側。

3 描畫壓縫線。

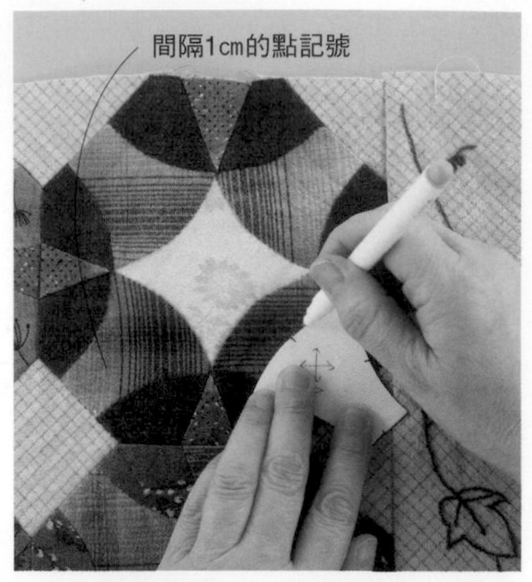

A布片疊合紙型後，描畫間隔1㎝的曲線。完成間隔1㎝的點記號後，疊合紙型，描畫曲線。B布片也以相同作法描畫間隔1㎝的曲線。

製作紙型後，在D布片上描畫花蕾模樣的線條。一邊看著紙型，一邊手繪完成其中的線條。右下圖為完成壓線後模樣。

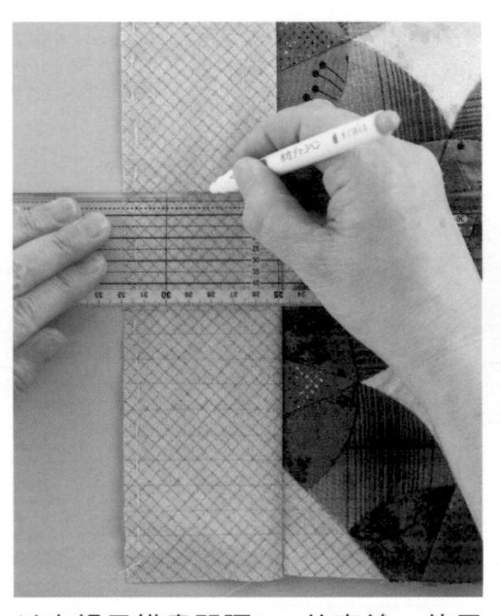

以定規尺描畫間隔1㎝的直線。使用尺面印上平行線的定規尺，更容易描畫直線。

4 進行疏縫。

胚布裁大一點，黏貼單膠鋪棉（兩脇邊微微黏貼）後，疊合表布，進行疏縫。由中心朝向外側，一邊挑縫3層，一邊以十字形→對角線→兩者間順序，依序完成疏縫。

5 進行壓線。

由中心附近開始，挑縫3層，進行壓線。慣用手中指套上頂針器，一邊推壓縫針，一邊挑縫2、3針，更容易縫出整齊漂亮的針目。

6 後片進行車縫壓線。

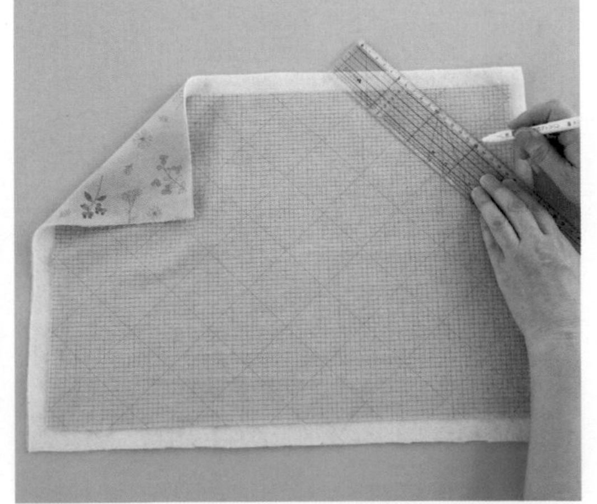

胚布與表布分別燙黏雙面接著鋪棉後，描畫方格狀壓縫線。

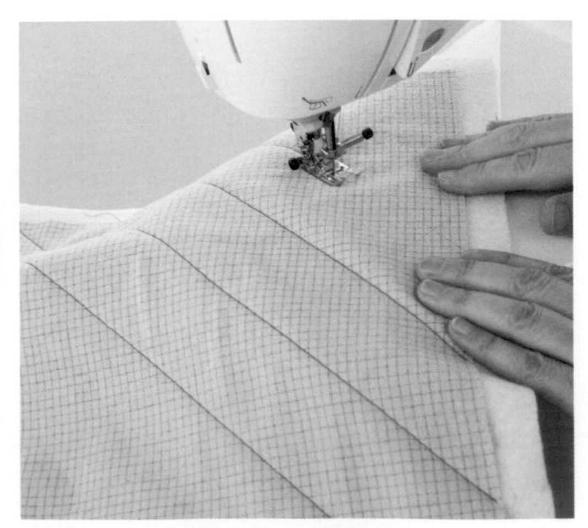

沿著方格狀壓縫線，進行車縫壓線。

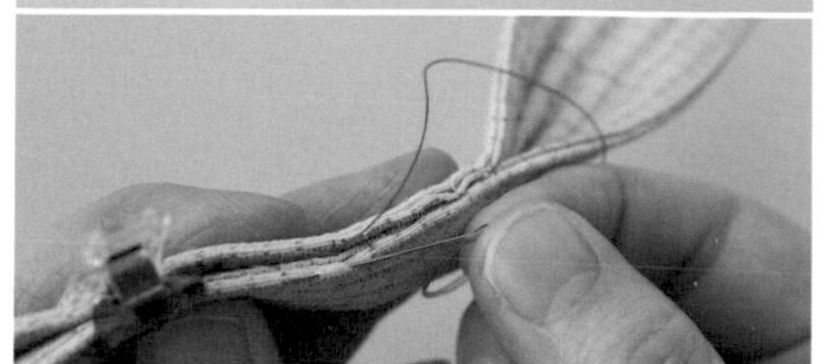

提把中心與距離中心5cm處分別作記號後，對摺寬邊，暫時固定。對摺部位進行梯形藏針縫10cm。

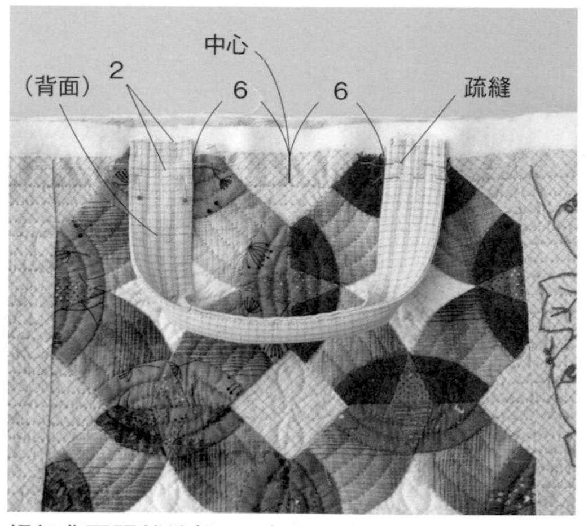

提把背面距離端部2cm處作記號後，對齊袋口的記號，將提把疊合於本體，以珠針固定。然後沿著記號上下進行疏縫。

15 製作袋口裡側貼邊。

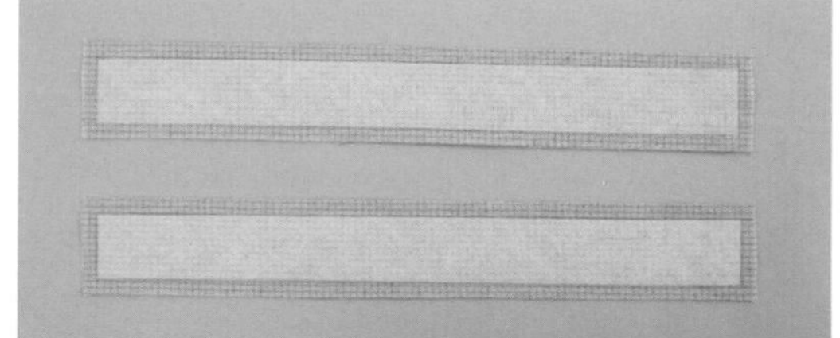

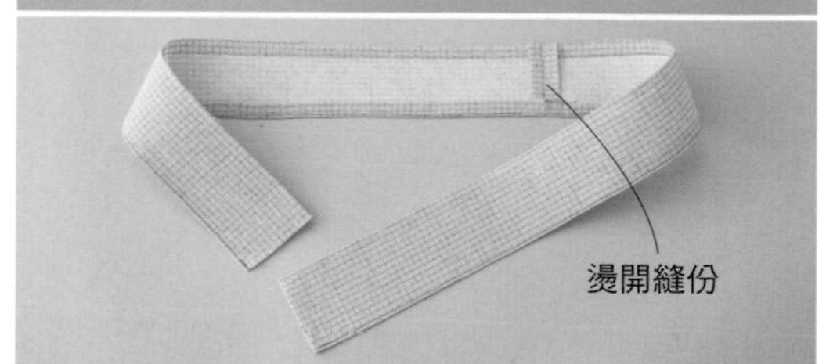

2片袋口裡側貼邊背面分別黏貼中厚接著襯，正面相對進行縫合後，燙開縫份。摺疊下部縫份，沿著邊端進行車縫。

16 本體接縫袋口裡側貼邊後沿著袋口縫合。

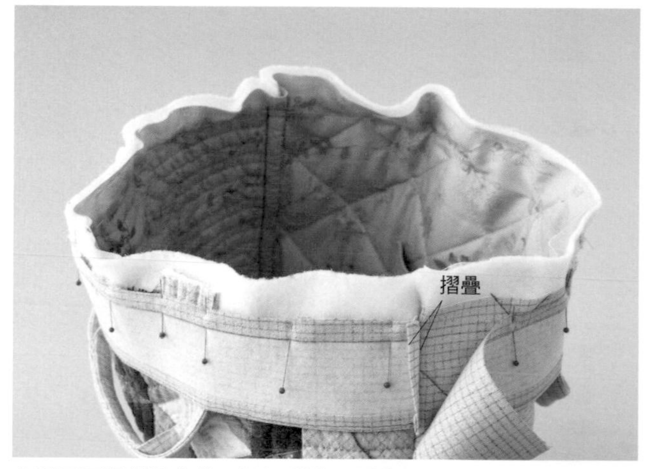

本體正面相對疊合袋口裡側貼邊，對齊袋口的記號，以珠針固定。由脇邊開始，摺疊邊端縫份。縫合一圈後，重疊縫份部位。

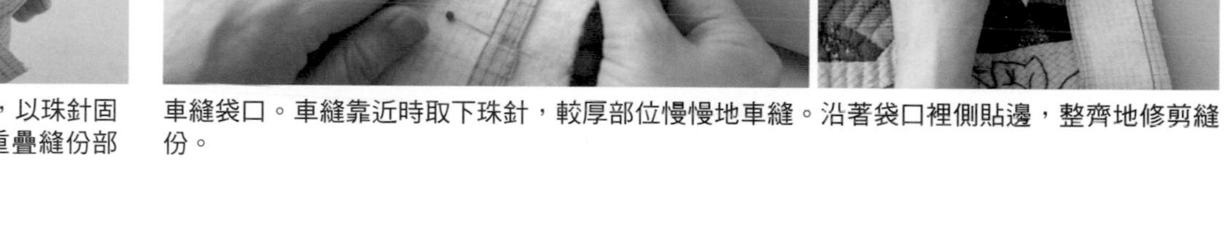

車縫袋口。車縫靠近時取下珠針，較厚部位慢慢地車縫。沿著袋口裡側貼邊，整齊地修剪縫份。

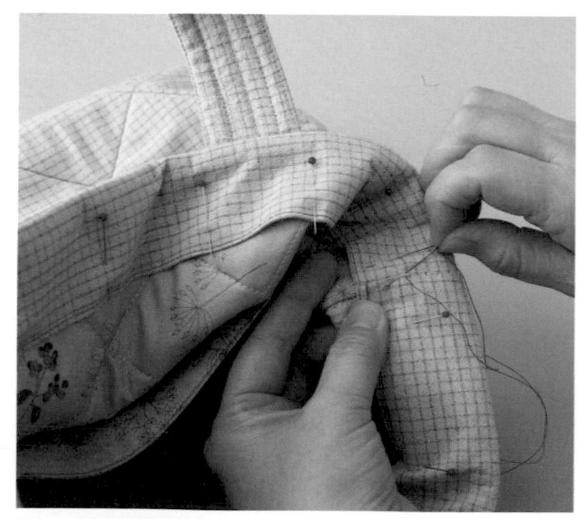

摺入袋口裡側貼邊，以珠針固定於內側，袋口裡側貼邊重疊部位進行藏針縫。

袋口裡側貼邊進行藏針縫，縫於袋口裡側。避免縫合針目影響正面美觀。

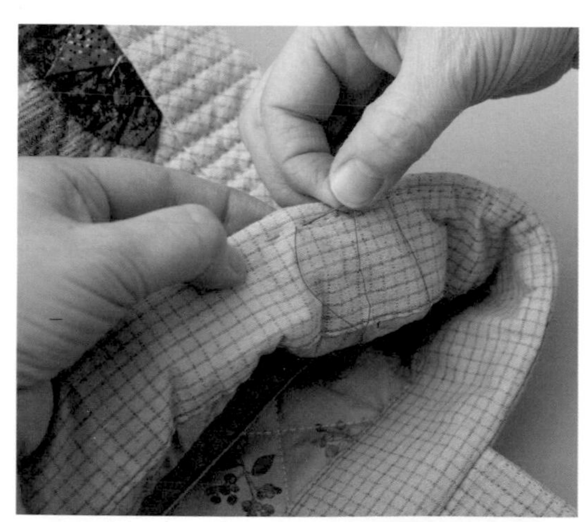

由背面側進行星止縫，將袋口縫份處理得更服貼。沿著袋口下方0.5cm處，挑縫至本體鋪棉為止。

攝影／腰塚良彥　藤田律子　山本和正

冰淇淋

以裝在杯裡的冰淇淋為主題，非常具體的圖案。拼接三角形與五角形布片，進行配色時，腦海裡想像著冰淇淋的甜美滋味更有趣。杯子部分以2種顏色布片構成深淺配色，營造立體感。

指導／中山しげ代

充滿普普風情的夏日色彩壁飾

導入正方向概念的圖案方向配置，以洋溢普普風情、充滿夏日舒爽感覺的配色彙整圖案。冰淇淋部分加上圓形小布片，表現柳橙、巧克力、草莓，杯子部分以藍色與綠色布片進行配色而充滿清涼感。

設計／中山しげ代　製作／今井節子　26×51cm

作法P.102

72

愉快地背著出門吧！
小型隨身肩背包

袋身圖案配置成對稱形，環繞周圍接縫側身。考量使用方便性，不採用具體配色，以典雅色彩彙整圖案。下部側身較短，拉鍊可以一直拉到最底下。

設計／中山しげ代　製作／久保珠代　14.5×21㎝

作法P.71

後片組合口袋，口袋口安裝磁釦。擺放物品隨手取用十分便利。

拉鍊口袋、卡片夾等，包包裡配置6個兼具區隔功能的夾層。接縫側身而空間十足，連手機、小手冊、環保袋都擺進去也沒問題。

區塊的縫法

拼接A至C布片，完成三角形小區塊，接著拼接D至F布片，完成三角形小區塊。分別接縫2片F布片與G至J、G至J'布片，完成正方形區塊後，彙整成圖案。三角形布片數量較多，容易弄錯方向，布片縫份作記號後並排，一邊確認，一邊完成拼接。

＊縫份倒向

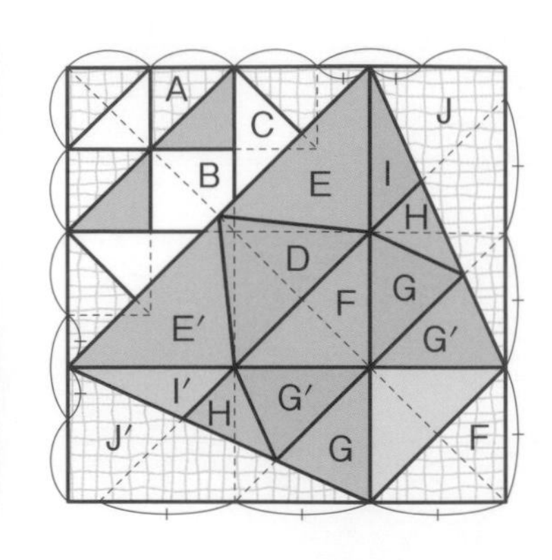

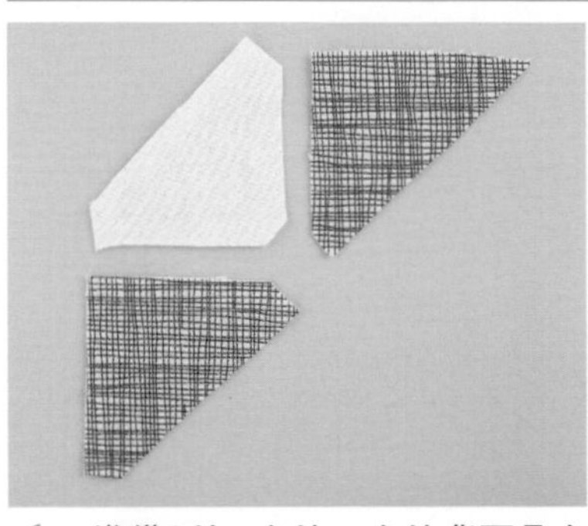

1 準備3片A布片。布片背面疊合紙型，以2B鉛筆或手藝用筆等作記號，預留縫份0.7cm，進行裁布。布片方向別弄錯喔！

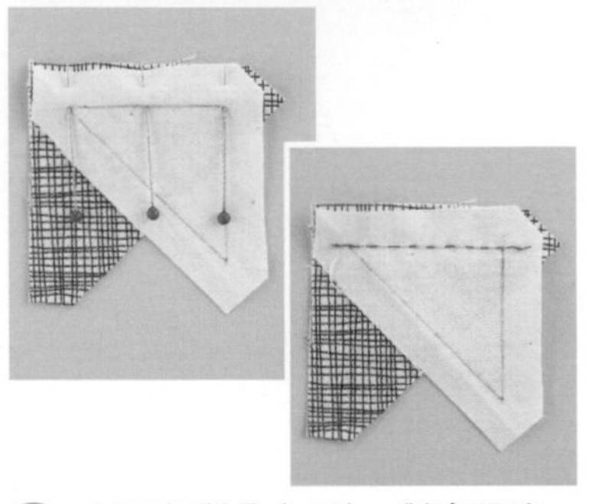

2 正面相對疊合2片，對齊記號，以珠針固定兩端與中心。由布端開始拼接，進行一針回針縫後，進行平針縫，縫至布端，再進行一針回針縫。

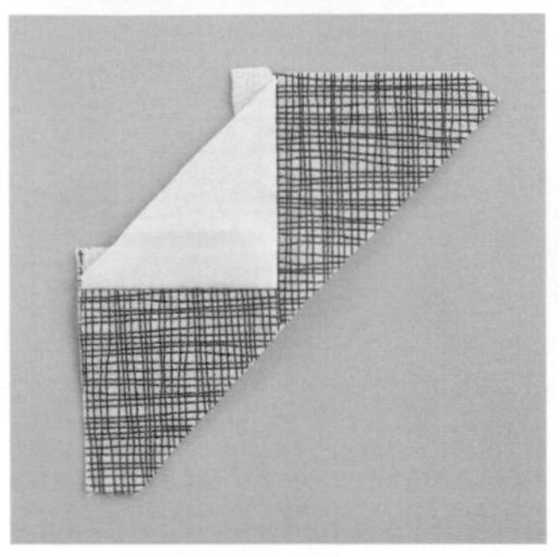

3 縫份修剪至0.6cm，沿著縫合針目摺疊後，一起倒向中心的A布片側。正面相對疊合另1片A布片，以相同作法完成拼接。

※箭頭為縫份倒向。

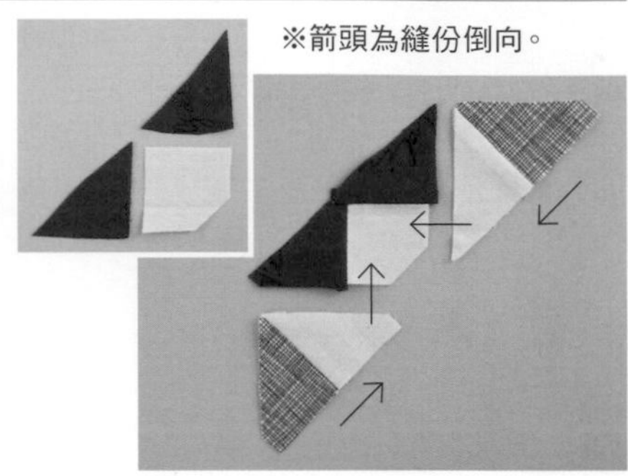

4 準備2片A布片，正面相對疊合，以珠針固定，由布端縫至布端。縫份一起倒向A布片側，拼接2片C布片，完成2個小區塊，接縫於兩邊，完成帶狀區塊。

5 接縫1片A布片與步驟3&4的帶狀區塊，並排確認方向。正面相對疊合2個帶狀區塊，對齊記號，以珠針依序固定兩端、接縫處、兩者間，一邊看著正面側，一邊穿入珠針確實地固定。

6 由布端開始縫起，接縫處進行一針回針縫。接縫縫份較厚部位時，縫針一針一針地垂直穿入穿出，以上下穿縫法完成縫製。角上接縫A布片，完成三角形區塊。

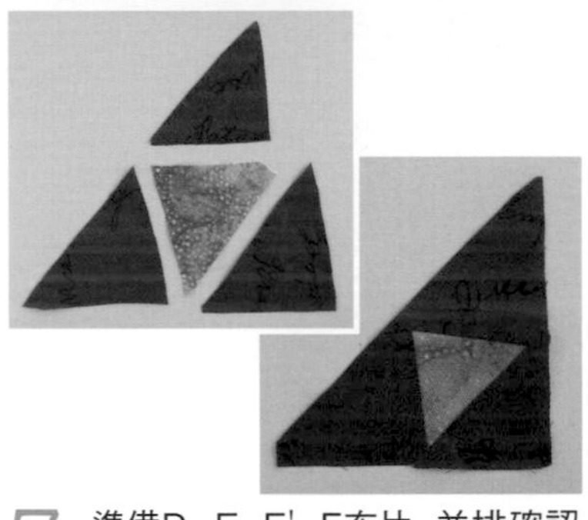

7 準備D、E、E'、F布片，並排確認布片方向以免弄錯。皆由布端縫至布端，縫份一起倒向外側。完成三角形區塊。

8 接縫步驟6與7的三角形區塊，完成正方形區塊。正面相對疊合，以珠針固定兩端、中心、兩者間，由布端縫至布端。

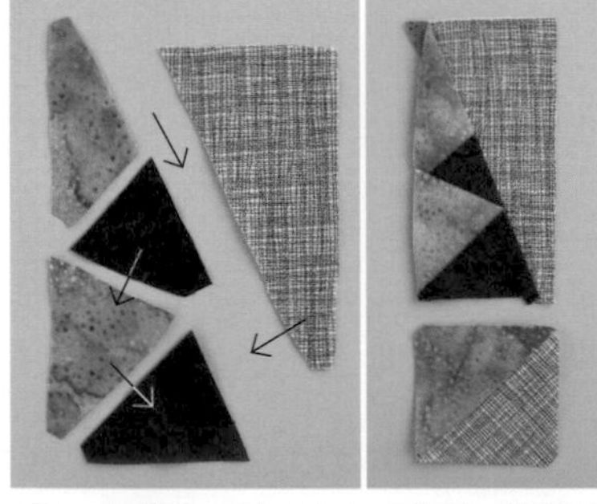

9 準備G、G'、H、I、J布片，並排確認避免弄錯布片方向。首先拼接G至I布片，接縫J布片。接著拼接2片F布片準備正方形區塊，進行接縫完成長方形區塊。

10 拼接G、G'、H、I'、J'布片，完成長方形區塊，接縫正方形、步驟9的區塊。

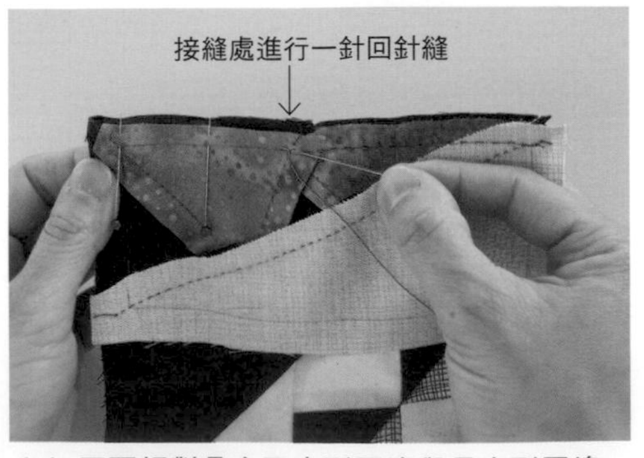

11 正面相對疊合正方形區塊與長方形區塊，對齊記號，以珠針固定後進行接縫。接縫步驟9的區塊，確實對齊接縫處，以珠針固定，將布片的角上部位漂亮地接縫。

P.69 小型隨身肩背包

裁布圖（單位：cm）
※除了註記為原寸裁剪外，其餘皆需外加縫份。

● 材料

各式拼接用布片 J至K用布35×25cm （包含後片、吊耳部分） 後片口袋用布25×25cm 側身用布70×10cm 胚布65×60cm（包含卡片夾、蛇腹狀側身、拉鍊口袋部分） 單膠鋪棉60×20cm 薄接著襯棉25×15cm 隱藏式拉鍊23cm 拉鍊頭1個 組合式拉鍊58cm 拉鍊頭2個 內尺寸1.1cm D型環2個 直徑1cm 磁釦1組（縫式） 長140cm 肩背帶1條

※圖案原寸紙型B面⑭。

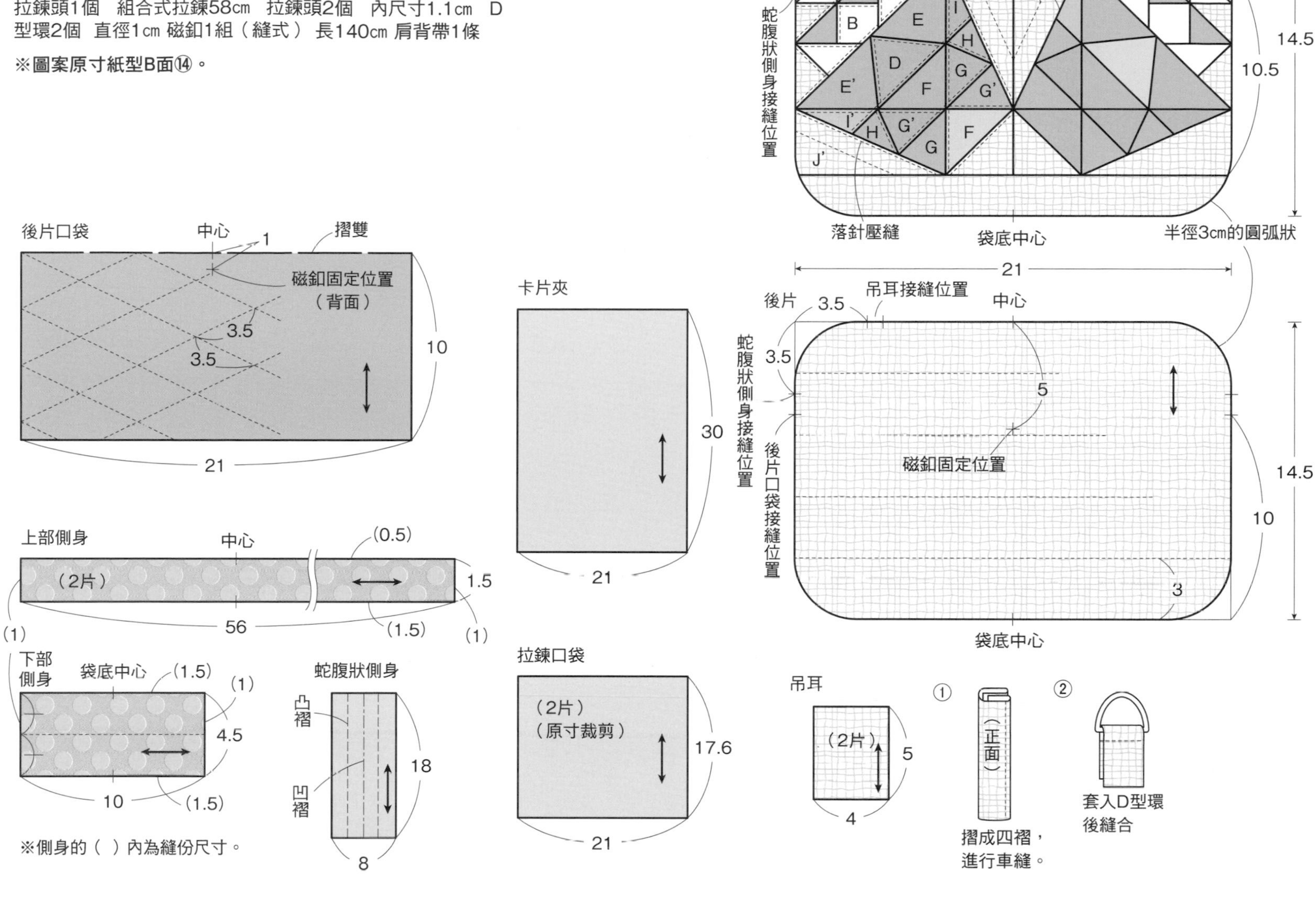

1 製作前片表布

拼接布片完成2片圖案，並排接縫成對稱形，上、下接縫K布片。圖案縫份倒向任一側，K布片縫份一起倒向K布片側。

2 描畫壓縫線。

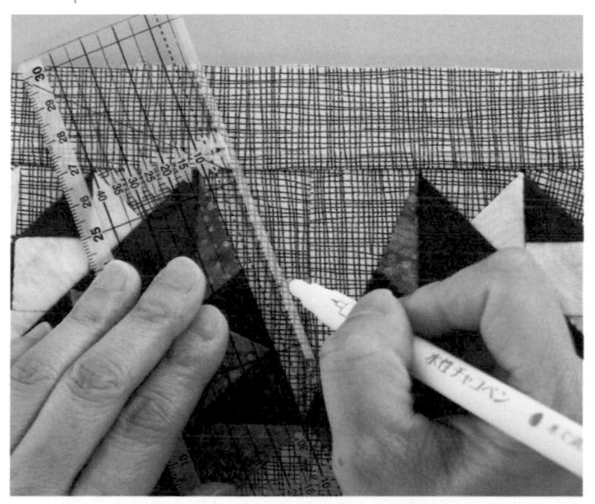

沿著定規尺，在J與J'布片內側、K布片中心描畫壓縫線。使用尺面印上平行線的定規尺，更輕易地畫出漂亮的線條。

3 進行疏縫。

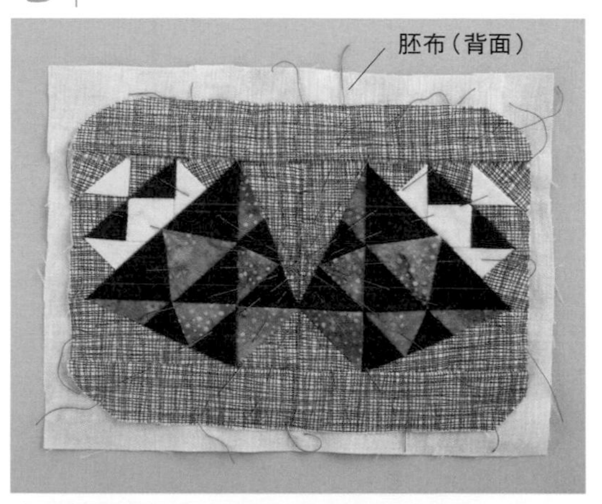

表布背面疊合原寸裁剪的接著鋪棉後燙黏。胚布背面側疊合表布，挑縫3層，進行疏縫。由內側朝向外側，以中心→十字形→放射狀順序，依序完成疏縫。

4 進行壓線。

沿著圖案部分的布片邊緣，進行落針壓縫。慣用手中指套上頂針器，一邊推壓縫針，一邊挑縫2、3針，更容易縫出整齊漂亮的針目。

5 描畫完成線。

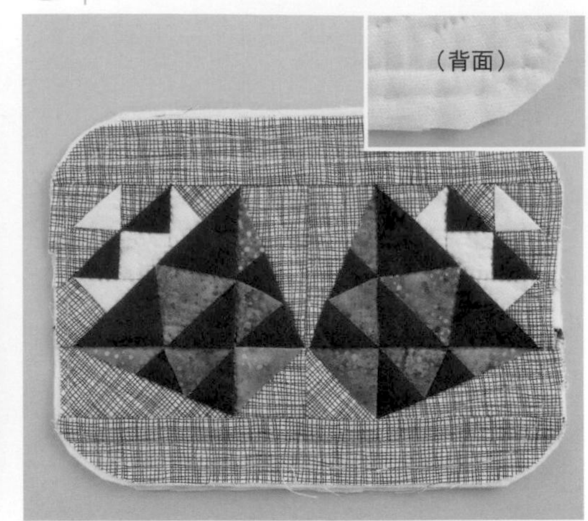

整齊地修剪胚布的縫份，疊合紙型，沿著正面周圍描畫完成線。以疏縫線沿著完成線縫記號，讓記號出現在背面側。

6 製作後片。

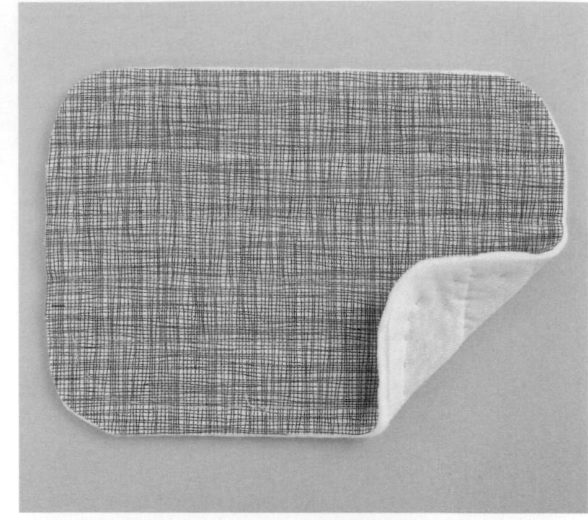

後片用布黏貼原寸裁剪的接著鋪棉後，疊合胚布，進行壓線，如同前片作法，縫上記號。

7 後片接縫口袋。

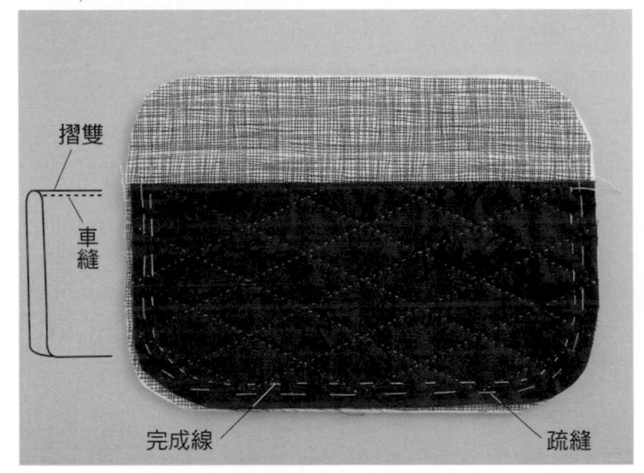

後片口袋用布的1/2範圍黏貼薄接著鋪棉後，背面相對對摺，車縫袋口邊端，進行壓線。沿著完成線進行縫合後，疊合於後片，進行疏縫固定。

8 製作卡片夾。

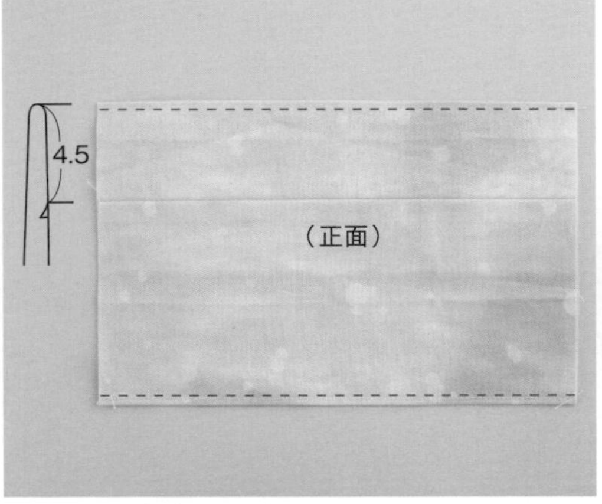

正面相對對摺後進行縫合，翻向正面，車縫上、下邊端。摺疊成接縫處距離上邊4.5cm。

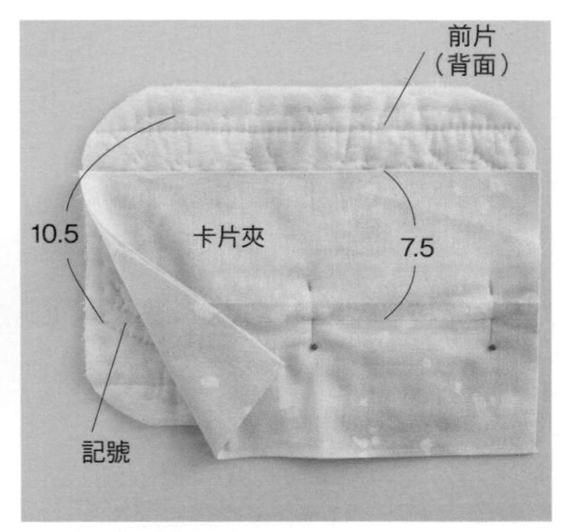

前片的背面側距離上邊10.5cm處，與卡片夾的接縫處朝下且距離上邊7.5cm處，分別畫線。對齊記號後疊合，以珠針固定。

沿著記號進行半回針縫，挑縫至鋪棉，由邊端縫至邊端。

中心
6.5
隔層
1.5
6.5
疏縫

摺疊卡片夾，邊端對齊上邊的1.5cm處後，以珠針固定。描畫2處隔層記號，沿著記號挑縫至鋪棉，進行回針縫。兩邊端進行疏縫。

9 製作蛇腹狀側身。

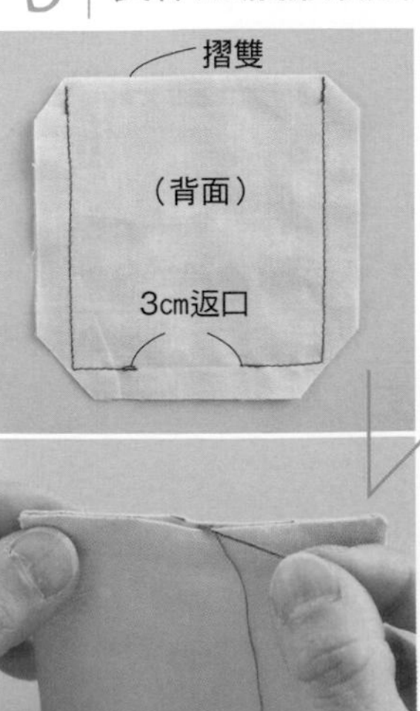

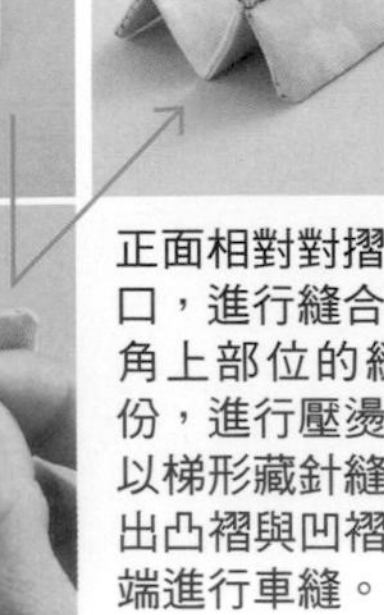

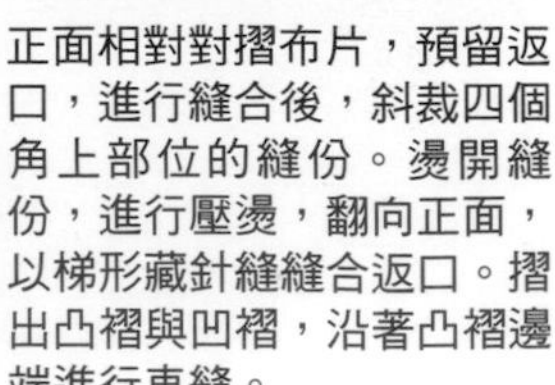

正面相對對摺布片，預留返口，進行縫合後，斜裁四個角上部位的縫份。燙開縫份，進行壓燙，翻向正面，以梯形藏針縫縫合返口。摺出凸褶與凹褶，沿著凸褶邊端進行車縫。

10 製作拉鍊口袋。

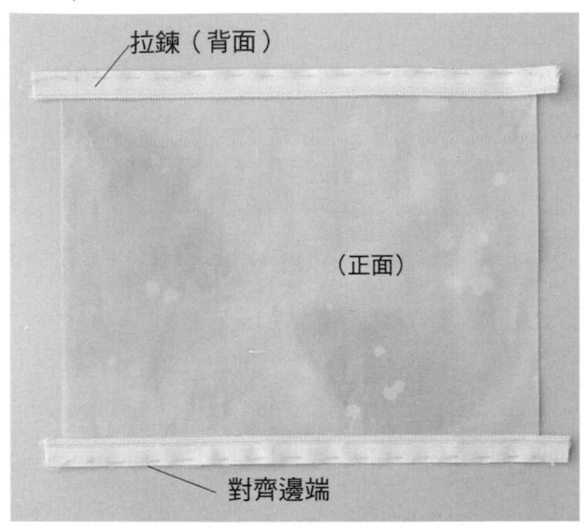

隱藏式拉鍊裁剪成23cm，正面相對疊合於表布的上、下，沿著邊端進行疏縫。隱藏式拉鍊不容易看出正反面，因此表側先以筆作上記號。

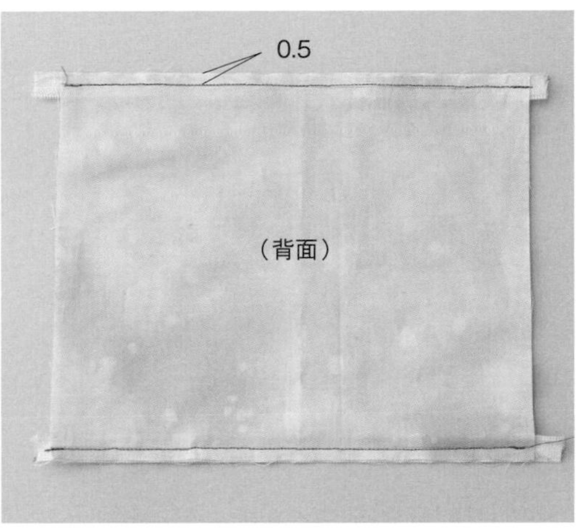

正面相對疊合另一片布片，沿著邊端0.5cm處進行車縫。

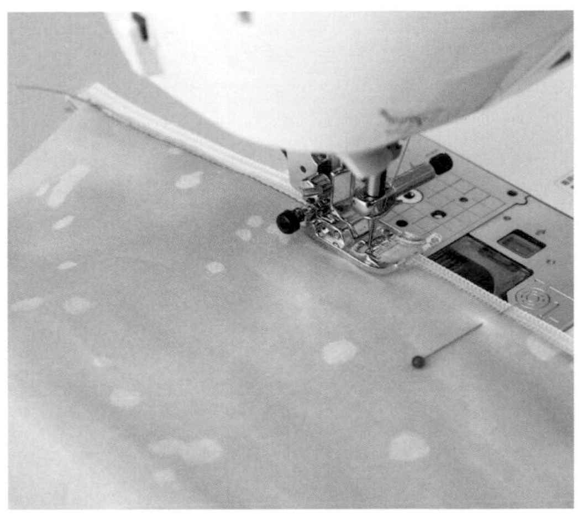

將布片翻向正面，以熨斗壓燙使縫份更加服貼，沿著邊進行車縫。壓燙時，請避開鍊齒。

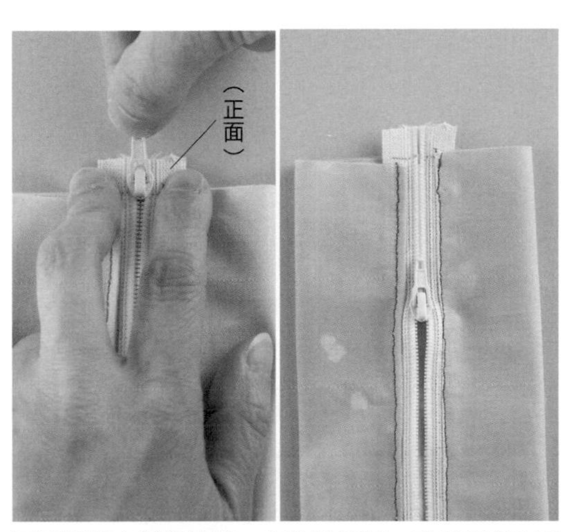

正面側朝上併攏拉鍊，安裝拉鍊頭。手指確實地壓住拉鍊端部即可順利地安裝。

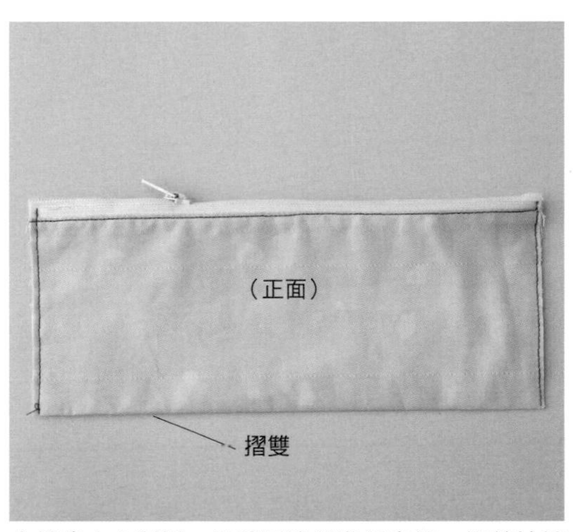

由鍊齒中心對摺，沿著兩邊端進行車縫。修剪拉鍊的多餘部分。

11 接縫蛇腹狀側身。

蛇腹狀側身的凹褶部位，夾入拉鍊口袋的邊端後，暫時固定，沿著0.5cm處進行車縫。

以相同作法接縫另一片側身。接縫起點與終點進行回針縫，確實地縫合固定。

12 側身上部安裝拉鍊。

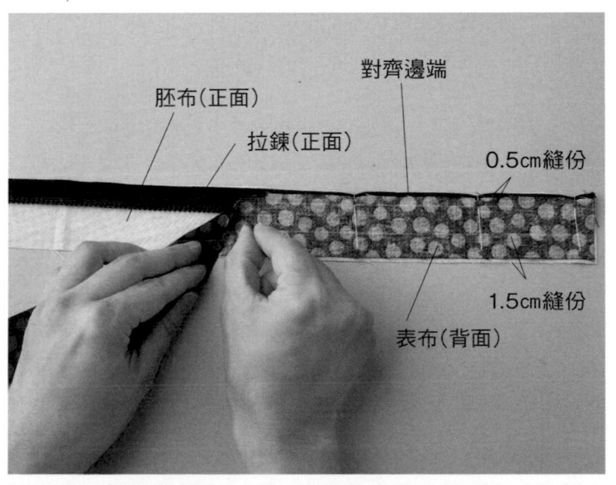

組合式拉鍊裁剪成58cm後，依序疊合表布相同尺寸的胚布、拉鍊、表布，對齊邊端，以珠針固定。

改換成車縫拉鍊的壓腳，沿著記號進行車縫。車縫靠近時取下珠針。

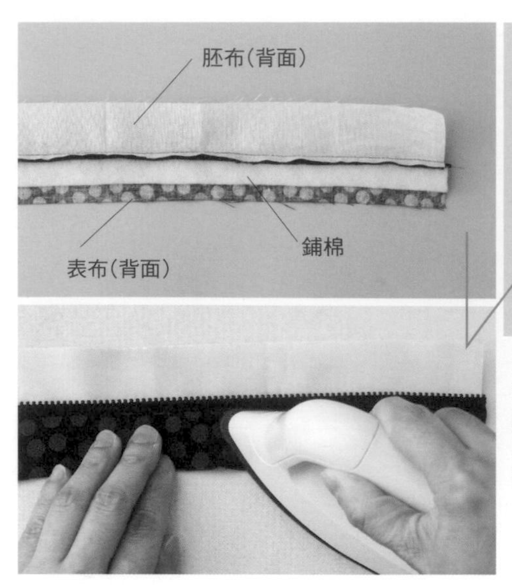

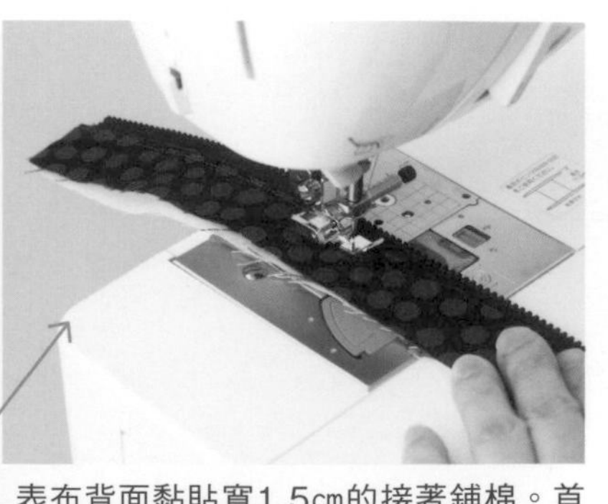

表布背面黏貼寬1.5cm的接著鋪棉。首先由背面側疊合鋪棉（左上），翻向正面，以熨斗燙黏（左下）。避開鍊齒，以熨斗壓燙促使黏合。沿著布端進行車縫（右）。

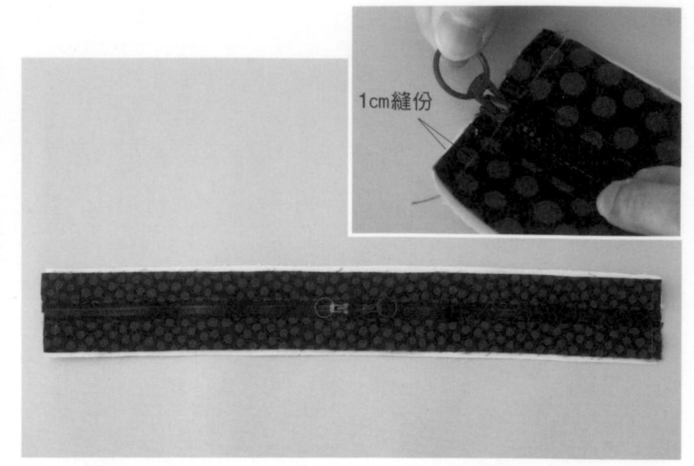

以相同作法完成另1片，併攏拉鍊，一邊以手指壓住端部，一邊安裝，由拉鍊兩端裝上2個拉鍊頭。沿著兩邊端描畫記號。

13 將下部側身縫於上部側身。

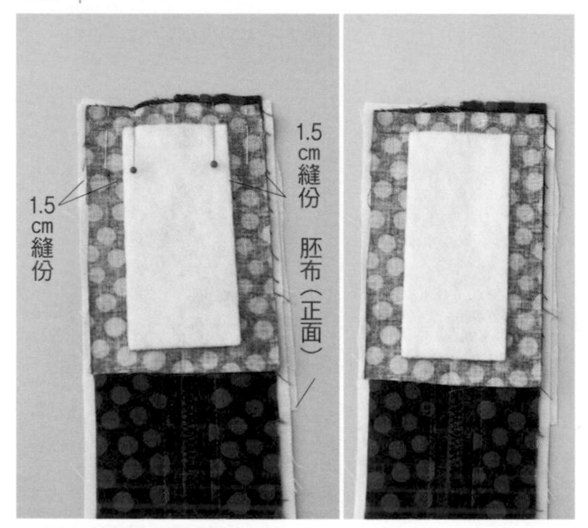

表布黏貼原寸裁剪的接著鋪棉，對齊上部側身邊端的記號與鋪棉的邊緣後，正面相對疊合，最下方疊合表布相同尺寸的胚布，以珠針固定，進行車縫。

將表布與胚布翻向正面，沿著邊端進行車縫。避開鍊齒，車縫靠近鍊齒前暫時停止車縫，抬高壓腳與縫針，渡線後繼續車縫。

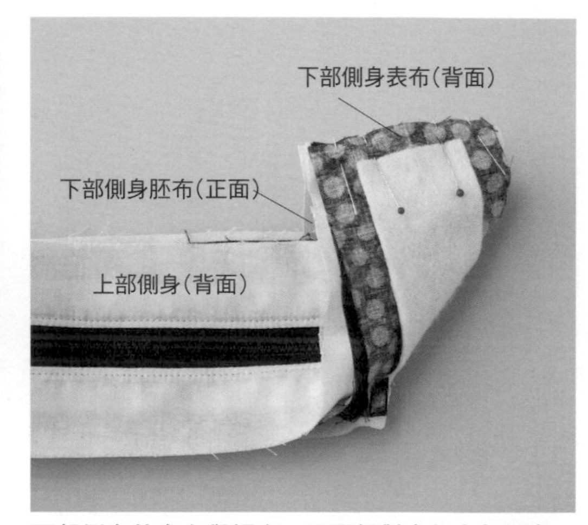

下部側身的表布與裡布，正面相對夾住上部側身，將上部側身與下部側身接縫成圈，對齊記號與鋪棉的邊緣，以珠針固定。

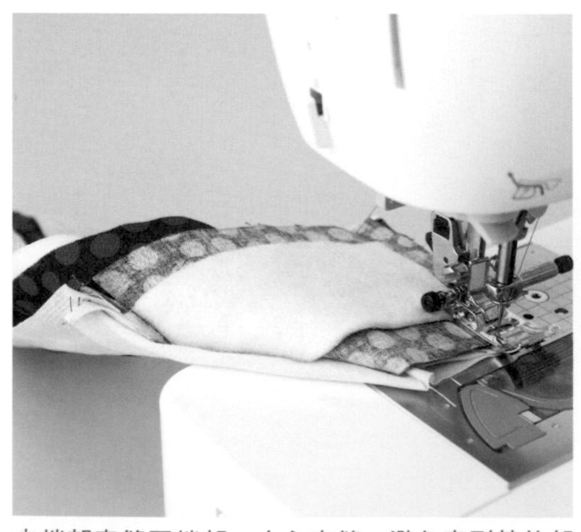

由端部車縫至端部。小心車縫，避免車到其他部分。翻向正面，沿著邊端進行車縫。

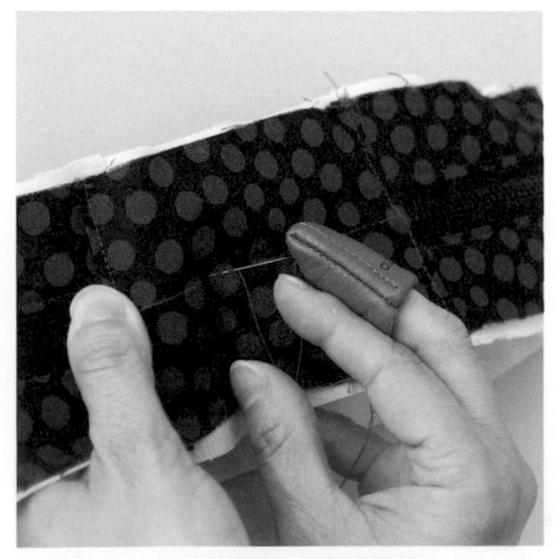

下部側身中心作記號後，進行壓線。

距離拉鍊側布端1.5cm處作記號後，進行疏縫，讓記號出現在背面側。

14 前片與後片接縫吊耳。

製作2個吊耳，疊合於前片與後片的吊耳接縫位置，進行疏縫。

15 縫合前・後片與側身。

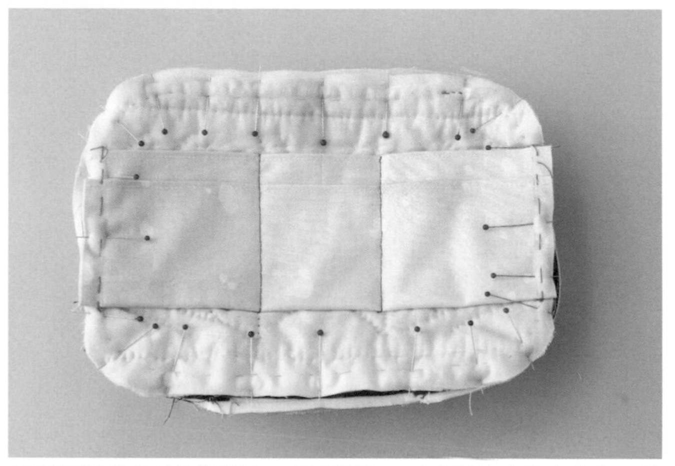

正面相對疊合前片與側身，對齊記號，以珠針依序固定中心、袋底中心、兩者間。沿著記號進行疏縫。

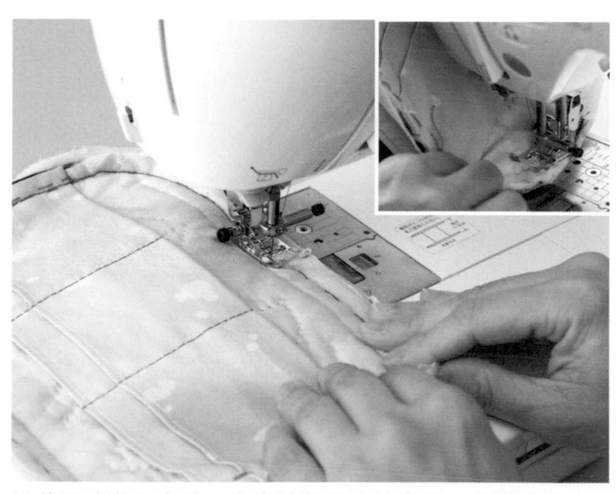

沿著記號進行車縫。由直線部位開始車縫，車縫至曲線部位時，一邊拉高，一邊慢慢地車縫。

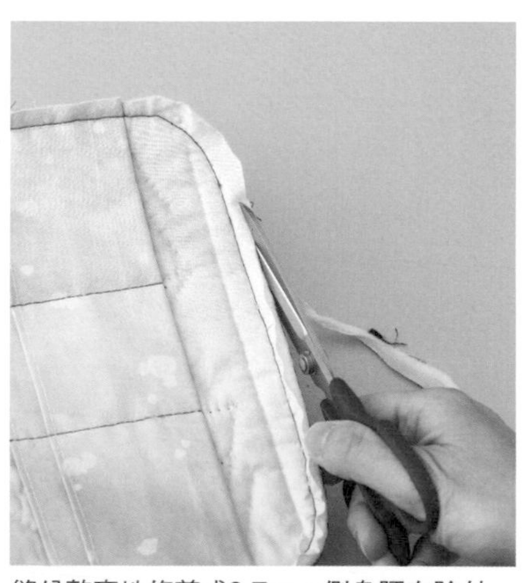

縫份整齊地修剪成0.7㎝，側身胚布除外。

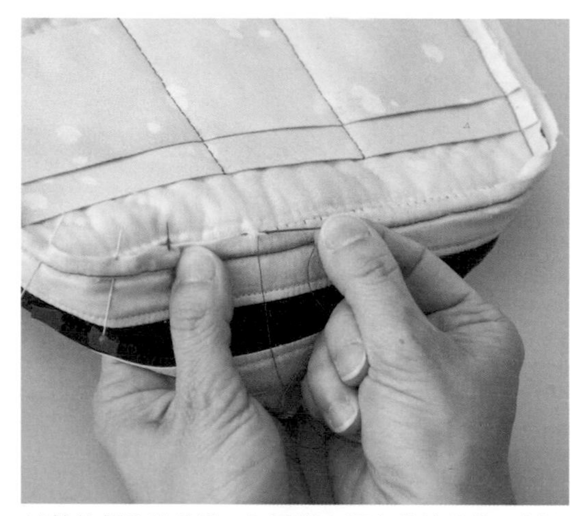

以其他部分的縫份，包覆側身胚布的縫份後，倒向前側，以珠針固定，進行藏針縫。以相同作法縫合後片，處理縫份。

16 將拉鍊口袋接縫於本體。

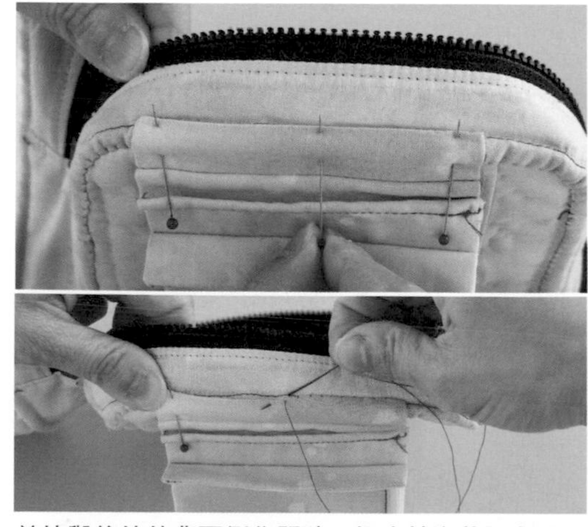

前片與後片的背面側作記號，標出蛇腹狀側身的接縫位置。拉鍊在上，疊合口袋，將縫合針目與側身邊端併攏，以珠針固定。由端部至端部，進行藏針縫，隱藏縫合針目。

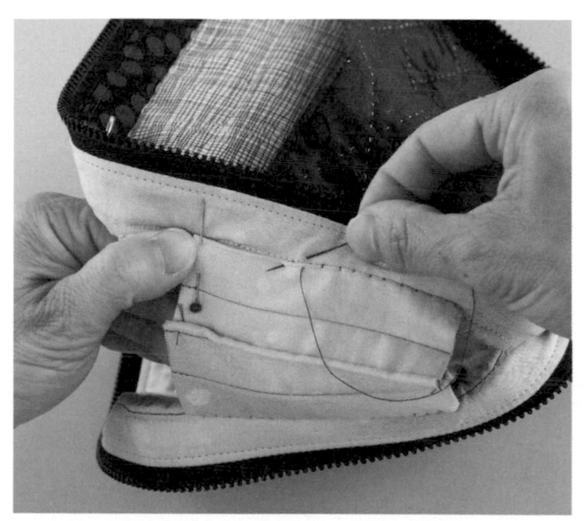

對齊後片的接縫位置與側身，以珠針固定，以相同方法進行藏針縫。

17 安裝磁釦。

作記號標出安裝磁釦的位置後縫合固定。留意後片口袋側，避免縫合針目影響正面美觀。後片側挑縫至鋪棉為止，進行縫合固定。

Advice from teacher

拼布小建議

本期登場的老師們，
將為拼布愛好者介紹不可不知的實用製作訣竅，
可應用於各種作品，大大提昇完成度。

協力／滝下千鶴子（銳角的記號作法、細長部位翻向正面的方法）

彩繪玻璃拼布角上部位漂亮黏貼滾邊條的方法

摺疊角上部位的滾邊條，進行打褶，完成堅挺漂亮的角上滾邊。

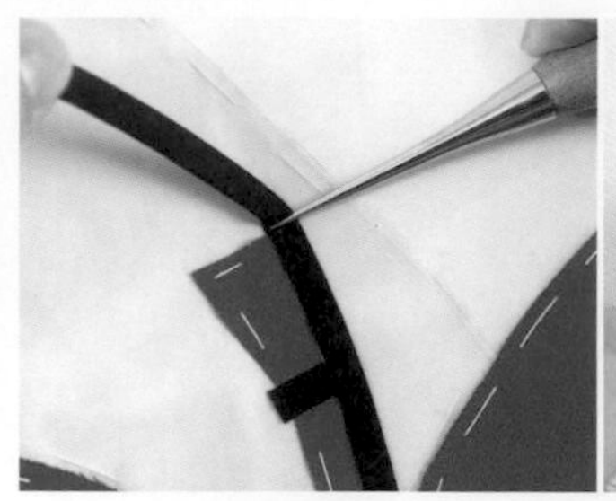

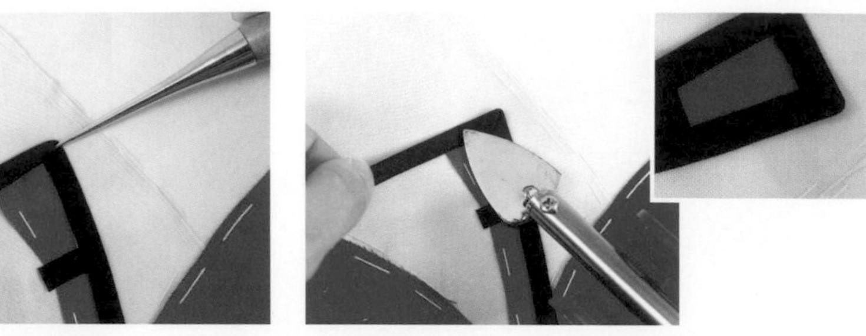

1 黏貼滾邊條至角上部位，依圖示以尖錐壓住後，進行打褶。將打褶處調整至角上的中心。

2 角上打褶後，以熨斗或迷你熨斗壓燙。完成服貼漂亮的角上滾邊。

銳角曲線邊布片正確作記號方法

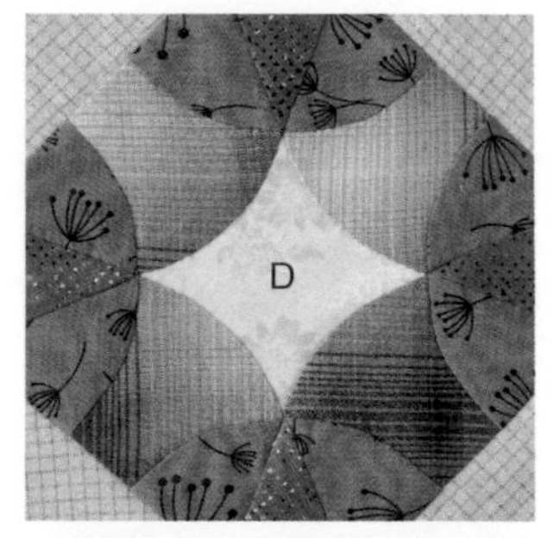

P.62「牽牛花」圖案中心接縫的D布片，即是銳角曲線邊布片。銳角布片不易作記號，製作紙型時請留意。

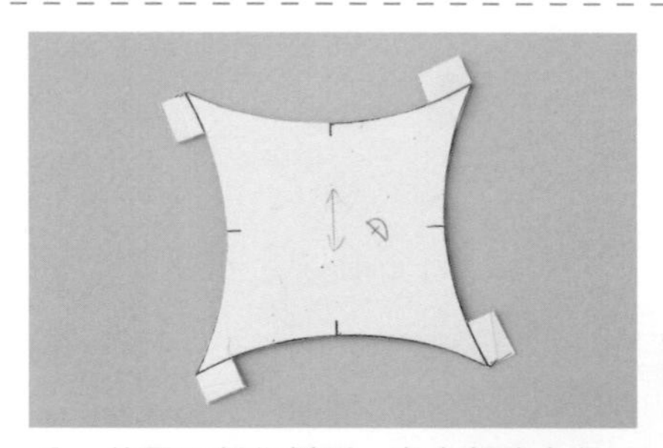

1 依圖示製作紙型，角上部位多留一小部分。如此一來，角上部位不易缺損，可更確實地作記號。

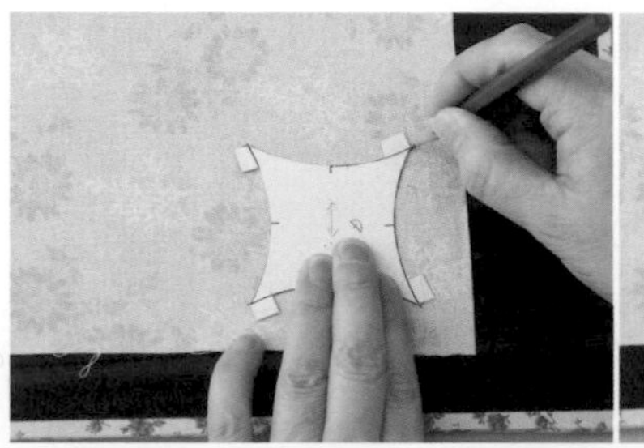

2 首先，角上部位分別作上點記號。其次，描畫曲線狀線條。建議在裁布台上作記號，因為布片比較不會滑動。

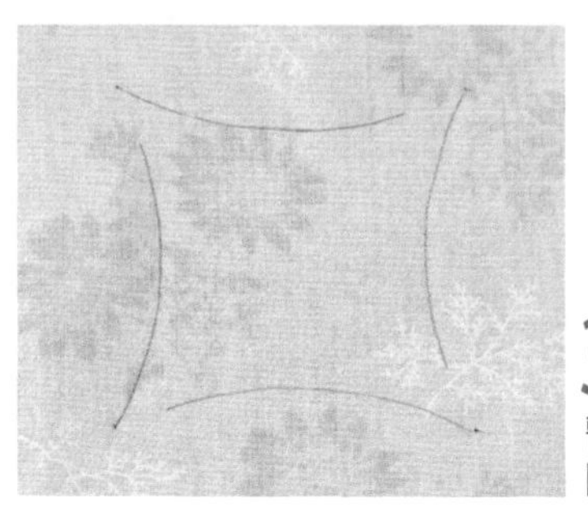

3 暫時移開紙型。紙上如圖示畫上未完成的記號。

4 補畫線條完成記號。以圓規描畫曲線狀線條後，以紙型的哪個部位補上線條都沒關係。正確地描畫記號至角上部位。

以手藝用鉗子進行提把翻面的方法

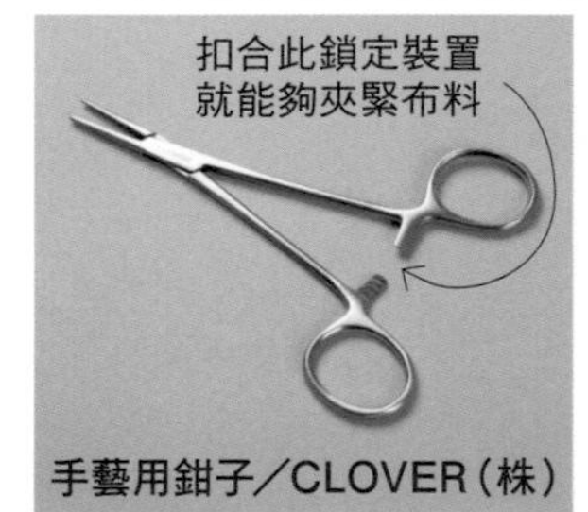

剪刀形狀的鉗子，正面相對縫合細長部位或花瓣等主題圖案後，順利地翻向正面的便利工具。確實地夾住布料後，扣合鎖定部位，迅速地翻面不落空。

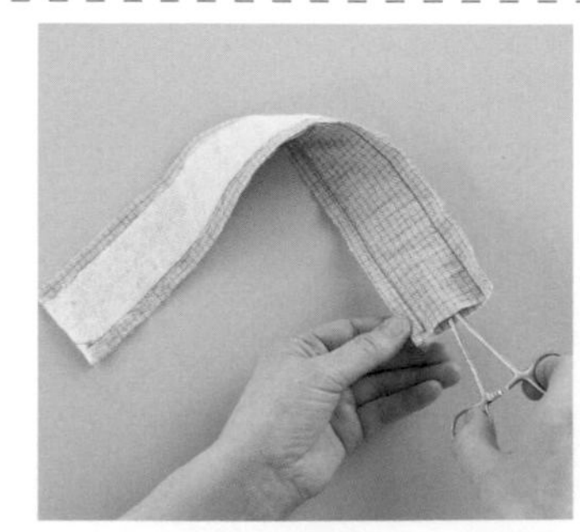

1 P.66縫合提把後，將鉗子伸入內側。

2 提把擠壓形成皺褶，鉗子伸入尾端確實地夾住布料。

3 扣合鎖定裝置後直接拉出，將提把翻向正面。

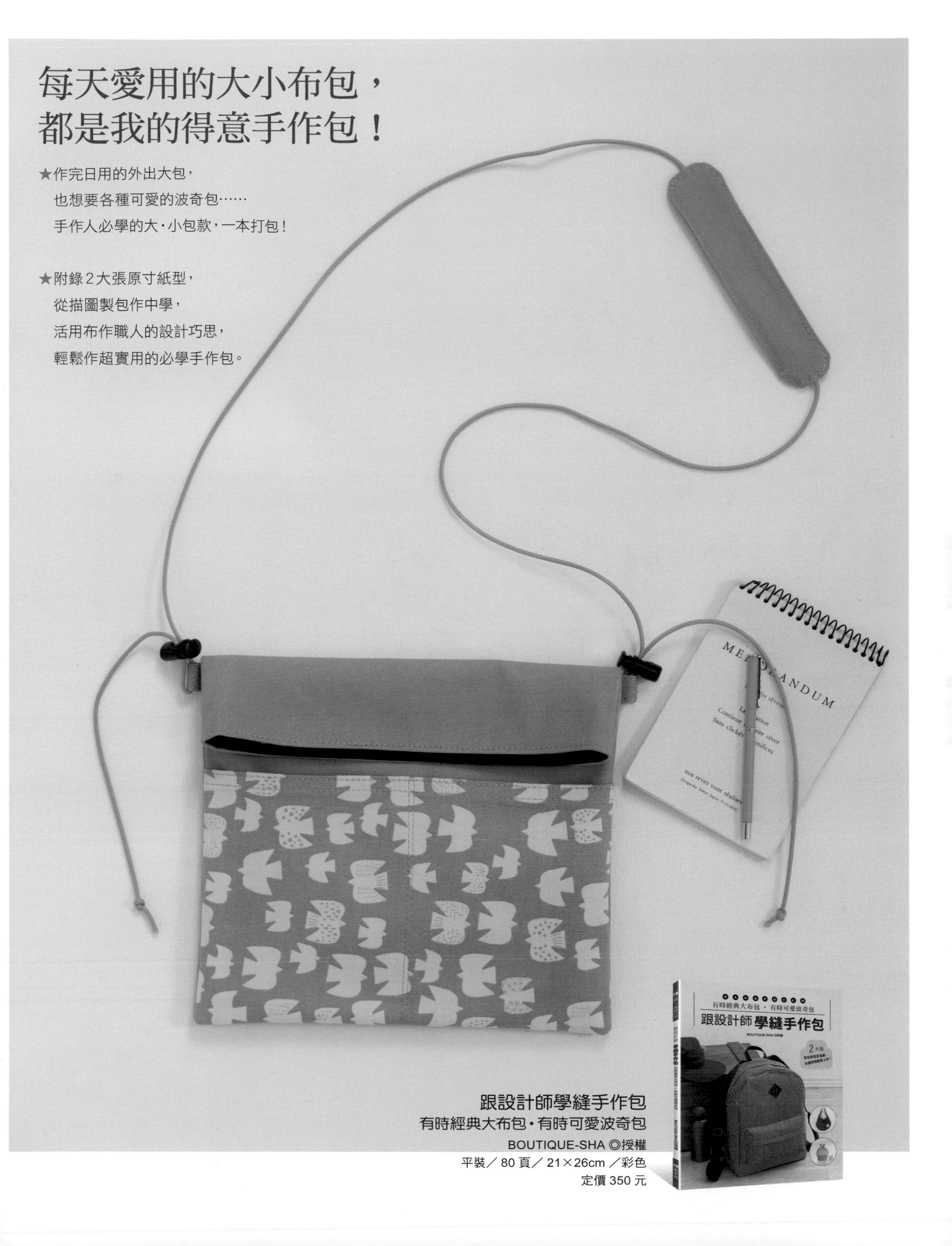
每天愛用的大小布包，
都是我的得意手作包！
★作完日用的外出大包，
也想要各種可愛的波奇包……
手作人必學的大・小包款，一本打包！
★附錄2大張原寸紙型，
從描圖製包作中學，
活用布作職人的設計巧思，
輕鬆作超實用的必學手作包。
有時經典大布包・有時可愛波奇包
跟設計師學縫手作包
跟設計師學縫手作包
有時經典大布包・有時可愛波奇包
BOUTIQUE-SHA ◎授權
平裝／80頁／21×26cm／彩色
定價350元

口金包的學習大小事，就讀這一本！

日本人氣口金包手作研究家—越膳夕香，經常以出版的口金包書為教材，並為讀者解惑，其中最多人詢問的都是口金包的紙型尺寸修改，本書作者特別整理成實用的紙型打版教科書，讓您能夠自由且簡單的運用所學，作出符合需要版型的各式口金包！

越膳夕香老師自基礎的口金介紹、認識口金、挑選口金開始，並深入教學配合口金製作紙型的方法，以及運用手上自有的口金，修改紙型使其能夠吻合，作出實用且耐用的口金包，您可以先行構思想要的尺寸、容量大小、包款形狀等，再搭配夕香老師的製圖方法，自行設計出專屬的口金紙型，作出量身定造的個人風格口金袋物，無論是小尺寸的基本款、有造型的側身款或作成較大的隨身手袋，應用自行繪製的紙型，就能作出與眾不同的口金作品，擁有各式各樣的口金包，你也一定能夠作得到！

本書附錄紙型貼心加上了製圖用的方格紙，讓想要自學繪製基本版型設計的初學者也能快速上手，一起踏入無限創造的口金包手作世界吧！

紙型貼心附錄

製圖用方格紙，
初學者也能快速上手喲！

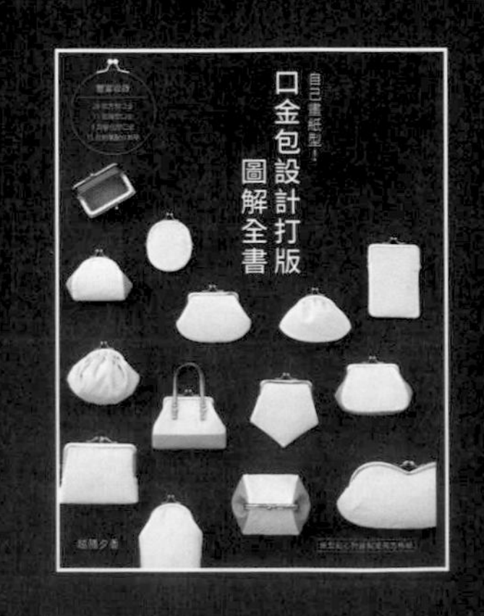

自己畫紙型！
口金包設計打版圖解全書
越膳夕香◎著
平裝88頁／19cm×26cm／彩色
定價480元

本書豐富收錄

28款 方型口金

15款 圓型口金

8款 變化型口金

15款 附屬配件教學

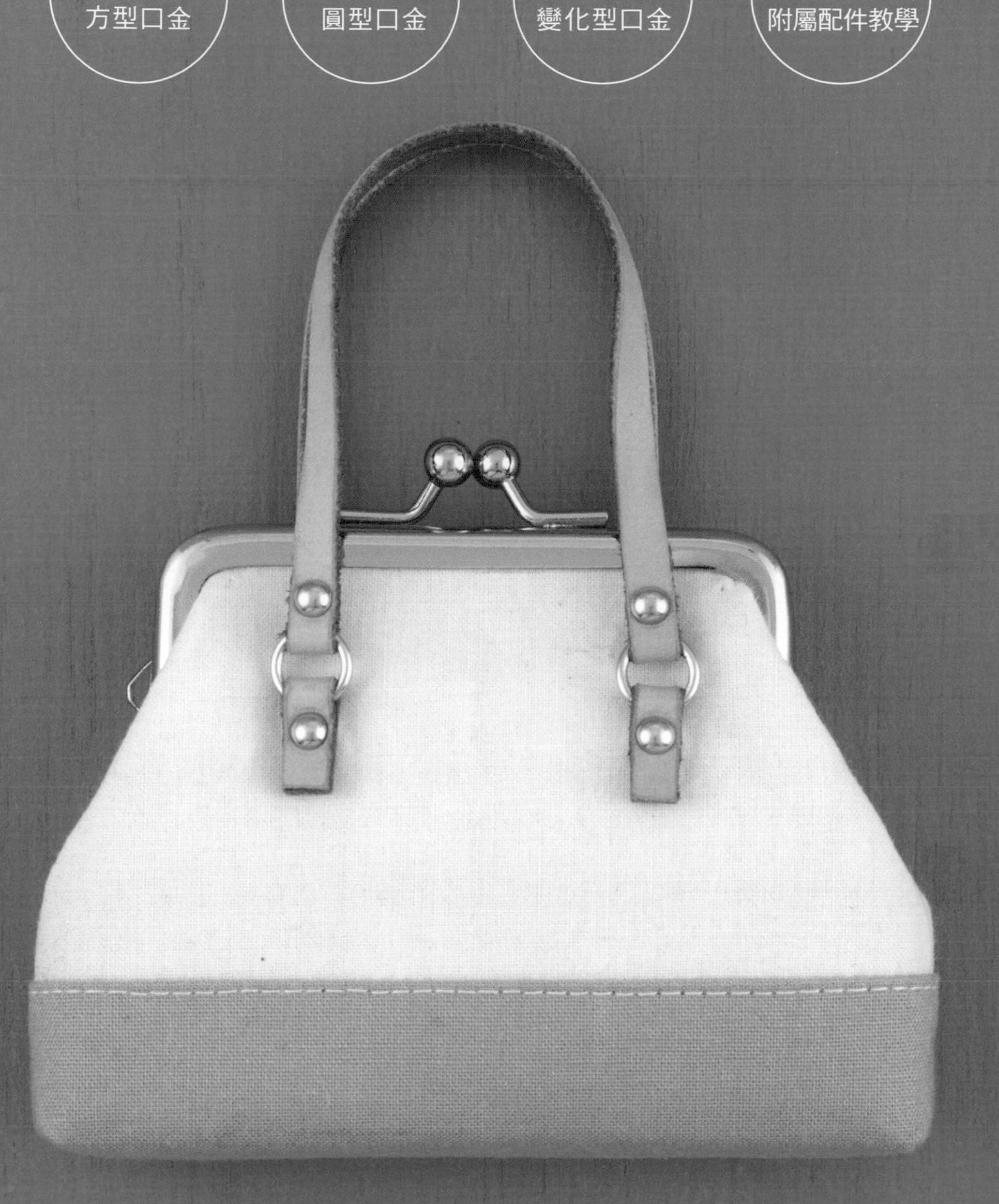

一定要學會の 拼布基本功

基本工具 

針

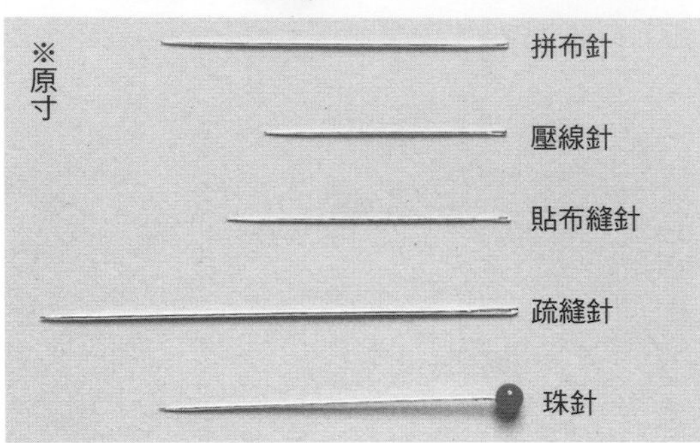

配合用途有各式各樣的針。拼布針為8至9號洋針，壓線針細且短，貼布縫針像絹針一樣細又長，疏縫針則比較粗且長。

線

拼布適用60號的縫線，壓線建議使用上過蠟、有彈性的線。但若想保有柔軟度，也可使用與拼布一樣的線。疏縫線如圖示，分成整捲或整捆兩種包裝。

記號筆

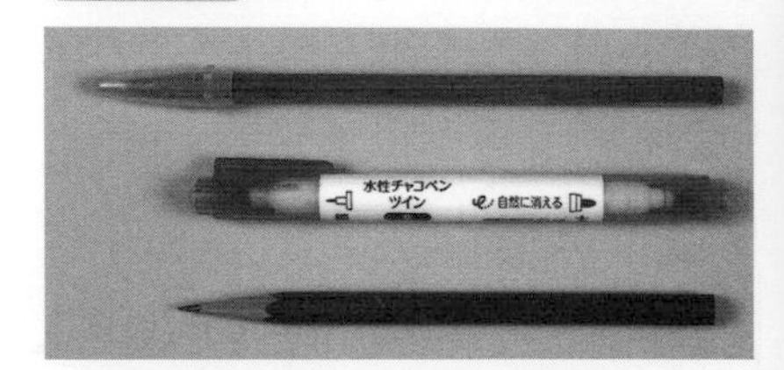

一般是使用2B鉛筆。深色布以亮色系的工藝用鉛筆或色鉛筆作記號，會比較容易看見。氣消筆或水消筆在描畫壓線線條時很好用。

頂針器

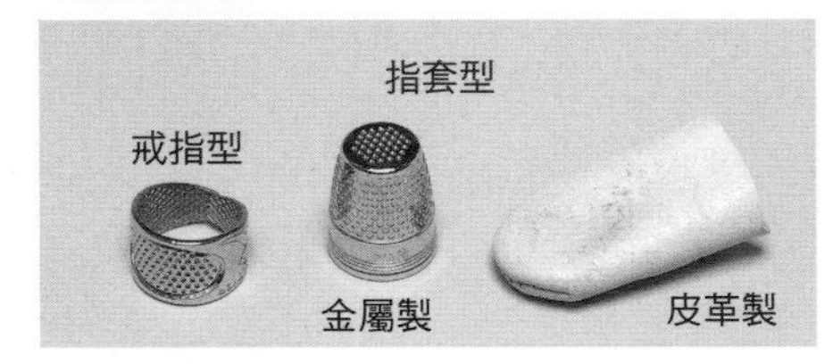

平針縫與壓線時的必備工具。一旦熟練使用，縫出的針趾就會漂亮工整。戒指型主要用於平針縫，金屬或皮革製的指套則用於壓線。

壓線框

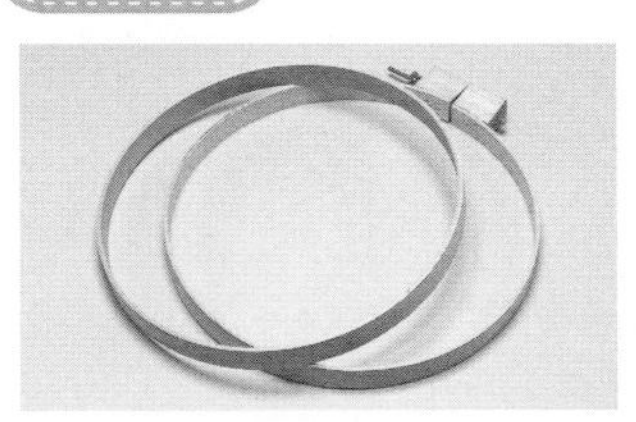

繡框的放大版。壓線時將布框入撐開。直徑30至40cm是好用的尺寸。

拼布用語

◆圖案（Pattern）◆
拼縫三角形或四角形的布片，展現幾何學圖形設計。依圖形而有不同名稱。

◆布片（Piece）◆
組合圖案用的三角形或四角形等的布片。以平針縫縫合布片稱為「拼縫」（Piecing）。

◆區塊（Block）◆
由數片布片縫合而成。有時也指完成的圖案。

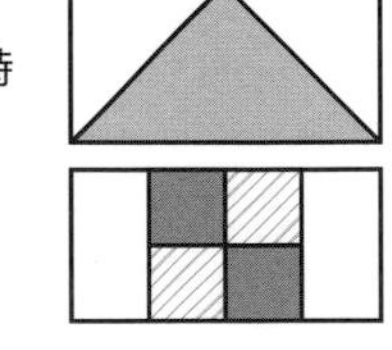

◆表布（Top）◆
尚未壓線的表層布。

◆鋪棉◆
夾在表布與底布之間的平面棉襯。適用密度緊實的薄鋪棉。

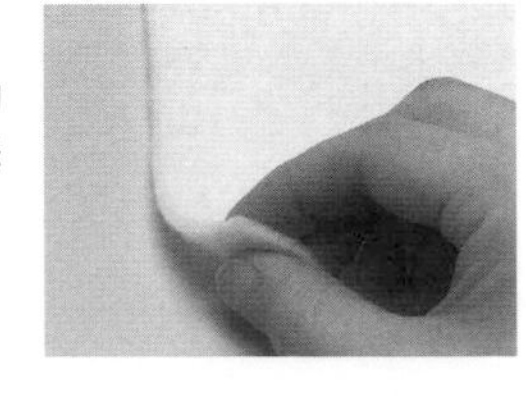

◆底布◆
鋪棉的底布。夾在表布與底布之間。適用織目疏鬆、針容易穿過的材質。薄布會讓壓線的陰影無法漂亮呈現於表層，並不適合。

◆貼布縫◆
另外縫合上其他的布。主要是使用立針縫（參照P.83）。

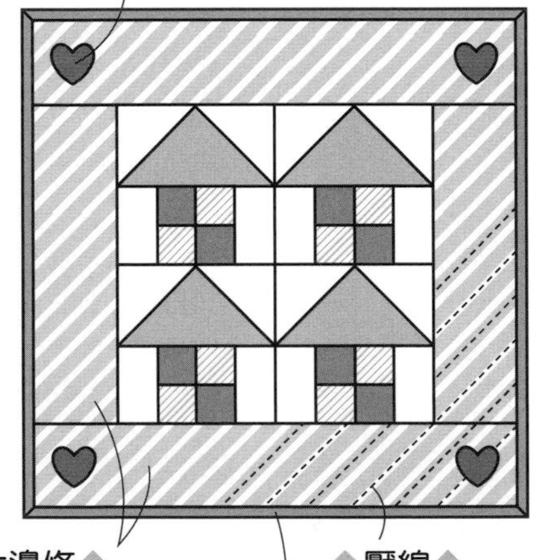

◆大邊條◆
接縫在由數個圖案縫合的表布邊緣的布。

◆壓線◆
重疊表布、鋪棉與底布，壓縫3層。

◆包邊◆
以斜紋布條包覆完成壓線的拼布周圍或包包的袋口縫份。

◆壓線線條◆
在壓線位置所作的記號。

主要步驟

製作布片的紙型。

使用紙型在布上作記號後裁布，準備布片。

拼縫布片，製作表布。

在表布描畫壓線線條。

重疊表布、鋪棉、底布進行疏縫。

進行壓線。

包覆四周縫份，進行包邊。

拼縫前準備工作

下水

新買的布在縫製前要水洗。即使是統一使用相同材質的布拼縫，由於縮水狀況不一，有時作品完成下水仍舊出現皺縮問題。此外，以水洗掉新布的漿，會更好穿縫，且能預防褪色。大片布就由洗衣機代勞，洗後在未完全乾燥時，一邊整理布紋，一邊以熨斗整燙。

關於布紋

原寸紙型上的箭頭所指方向代表布紋。布紋是指直橫交織而成的紋路。直橫正確交織，布就不會歪斜。而拼布不同於一般裁縫，布紋要對齊直布紋或橫布紋任一方都OK。斜紋是指斜向的布紋。與直布紋或橫布紋呈45度的稱為正斜向。

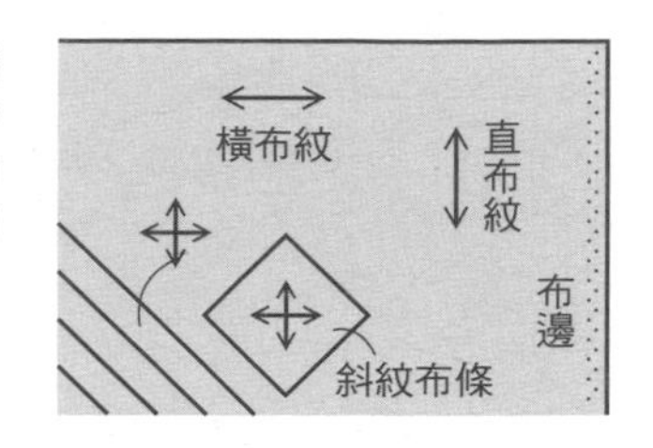

製作紙型

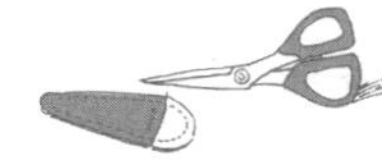

將製好圖的紙，或是自書本複印下來的圖案，以膠水黏貼在厚紙板上。膠水最好挑選不會讓紙起皺的紙用膠水。接著以剪刀沿著線條剪開，註明所需數量、布紋，並視需要加上合印記號。

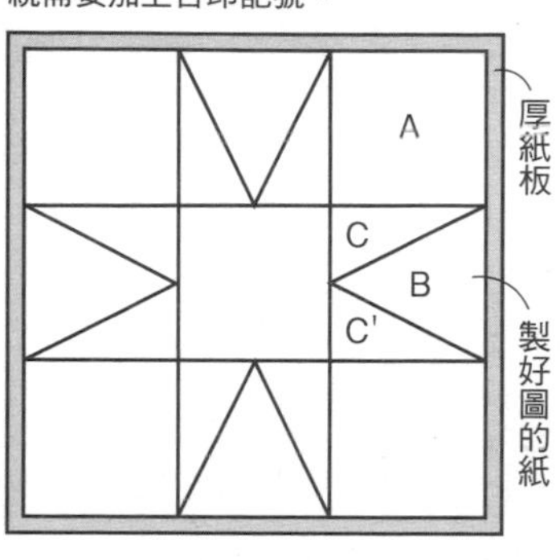

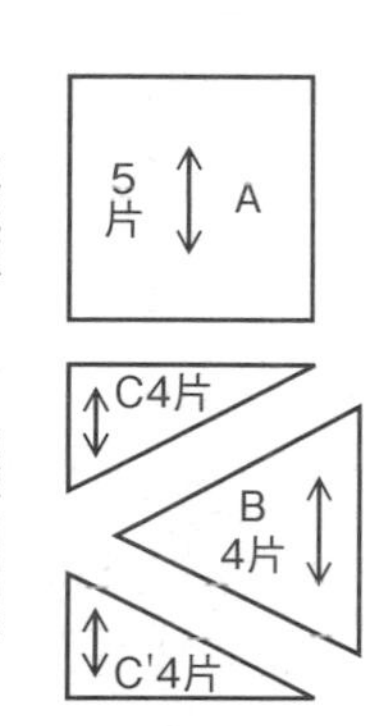

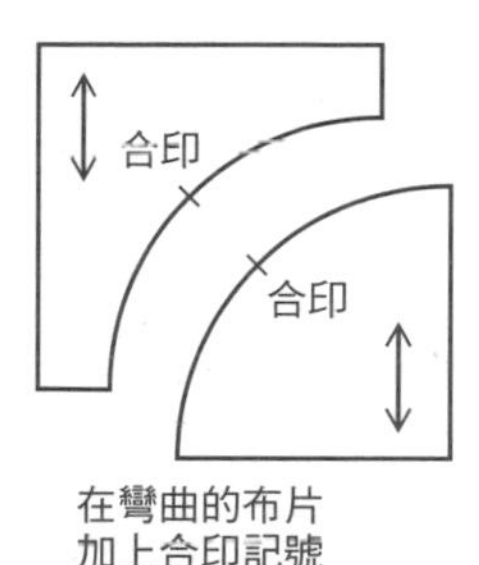

在彎曲的布片加上合印記號

作上記號後裁剪布片

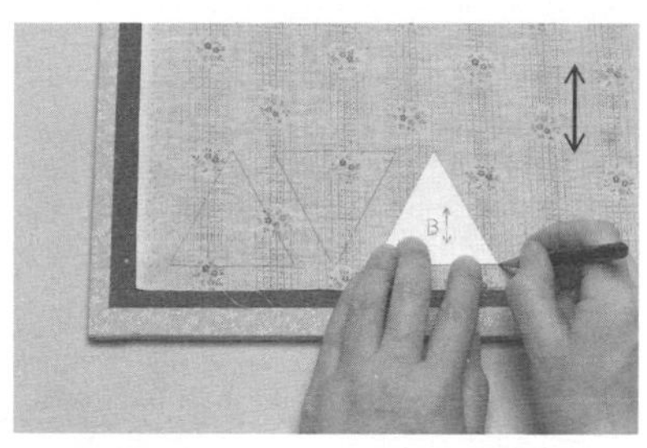

紙型置於布的背面，以鉛筆作上記號。在貼上砂紙的裁布墊上作記號，布比較不會滑動。縫份約為0.7cm，不必作記號，目測即可。

0.7cm縫份

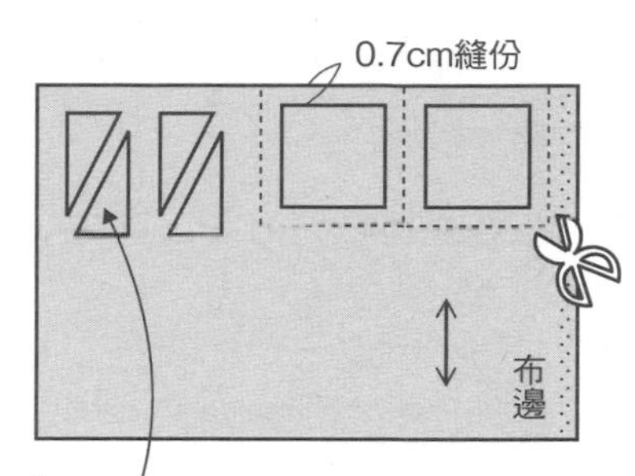

C

形狀不對稱的布片，在紙型背後作上記號。

拼縫布片

◆始縫結◆

縫前打的結。手握針，縫線繞針2、3圈，拇指按住線，將針向上拉出。

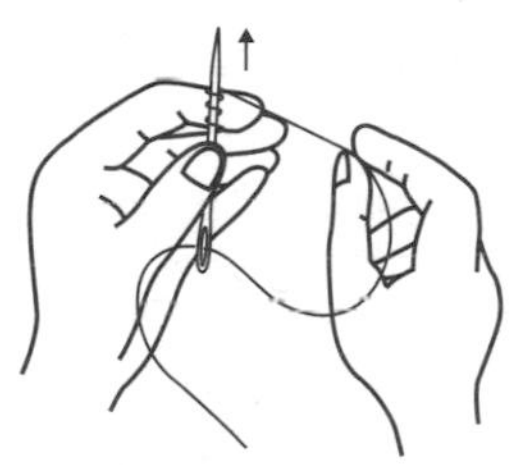

1 2片布正面相對，以珠針固定，自珠針前0.5cm處起針。

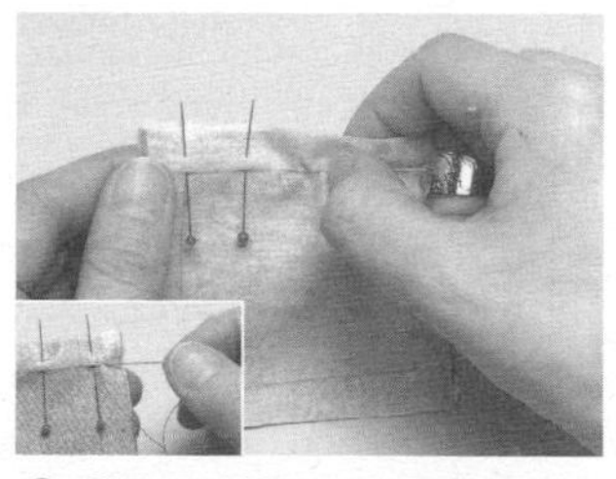

2 進行回針縫，手指確實壓好布片避免歪斜。

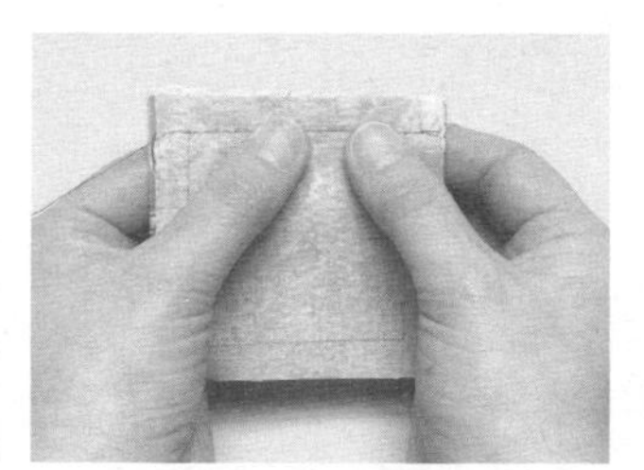

3 以手指稍微整理縫線，避免布片縮得太緊。

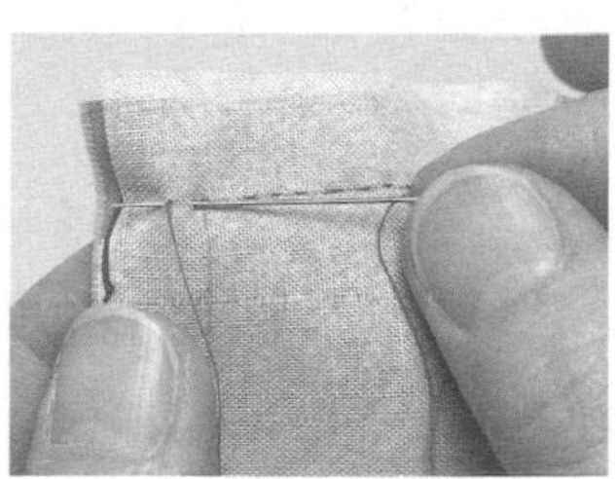

4 在止縫處回針，並打結。留下約0.6cm縫份後，裁剪多餘布片。

◆止縫結◆

縫畢，將針放在線最後穿出的位置，繞針2、3圈，拇指按住線，將針向上拉出。

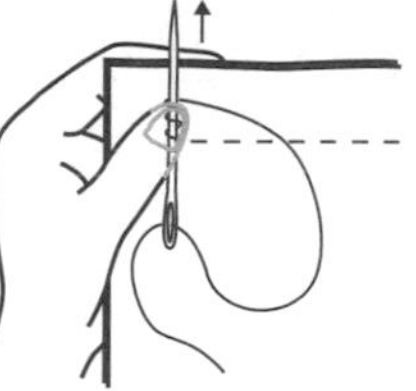

◆分割縫法◆

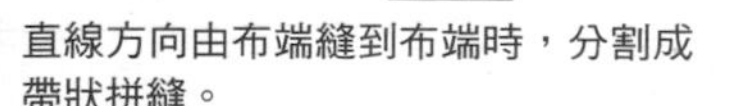

直線方向由布端縫到布端時，分割成帶狀拼縫。

◆鑲嵌縫法◆

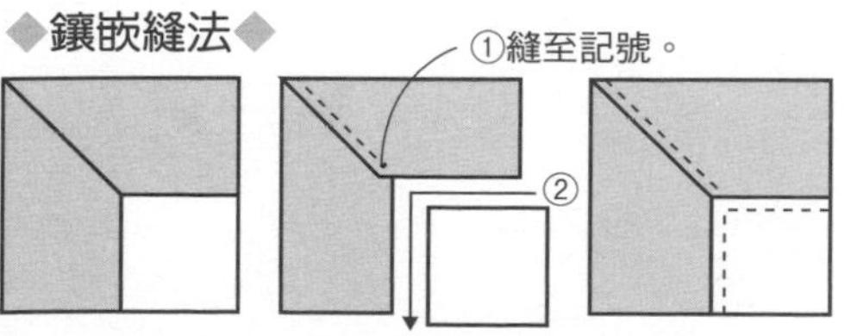

無法使用直線的分割縫法時，在記號處止縫，再嵌入布片縫合。

各式平針縫

由布端到布端
兩端都是分割縫法時。

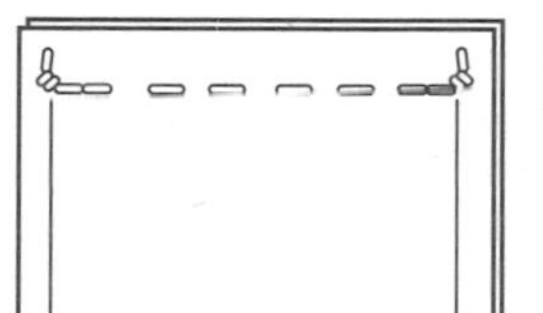

由記號縫至記號
兩端都是鑲嵌縫法時。

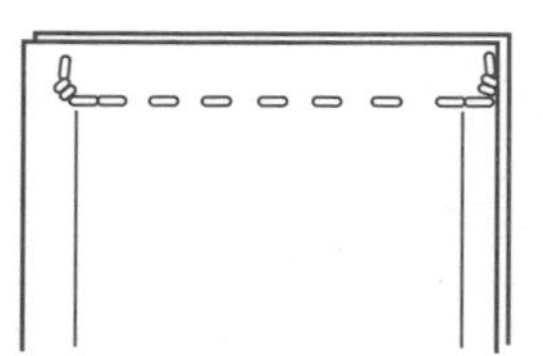

由布端縫至記號
縫至記號側變成鑲嵌縫法時。

縫份倒向

縫份不熨開而倒向單側。朝著要倒下的那一側，在針趾向內1針的位置摺疊縫份，以指尖往下按壓。

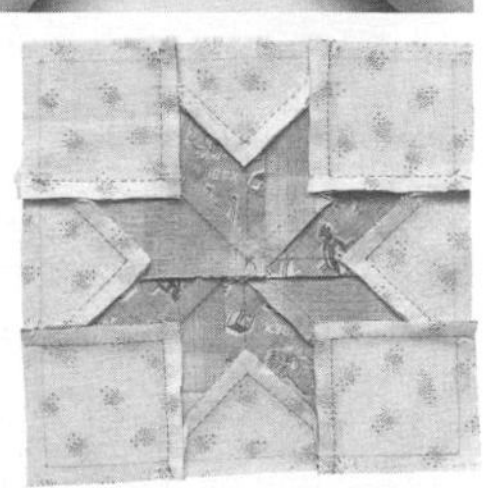

基本上，縫份是倒向想要強調的那一側，彎曲形則順其自然的倒下。其他還有全部朝同一方向倒下，或是倒向外側等，各式各樣的倒向方法。碰到像檸檬星（右）這種布片聚集在中心的狀況，就將菱形布片兩兩縫合成縫份倒向同一個方向的區塊，整合成上下的帶狀布後，再彼此縫合。

描畫壓線線條，進行疏縫

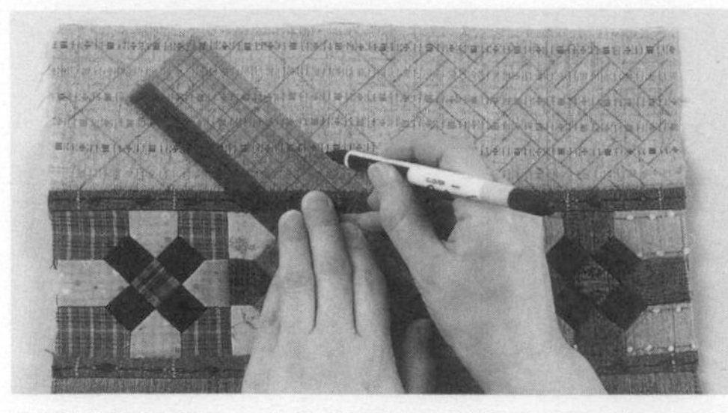

以熨斗整燙表布，使縫份固定。接著在表面描畫壓線記號。若是以鉛筆作記號，記得不要畫太黑。在畫格子或條紋線時，使用上面有平行線及方眼格線的尺會很方便。

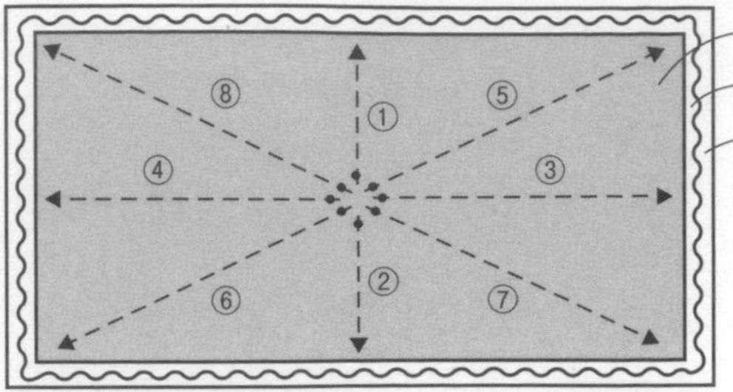

準備稍大於表布的底布與鋪棉，依底布、鋪棉、表布的順序重疊，以手撫平，再以珠針重點固定。由中心向外側進行疏縫。上圖是放射狀疏縫的例子。

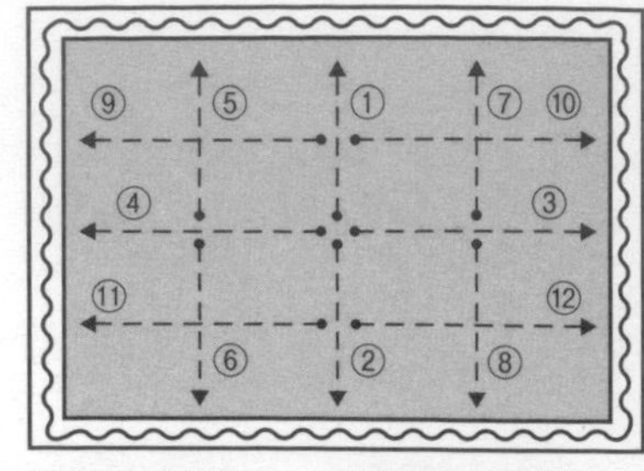

格狀疏縫的例子。適用拼布小物等。

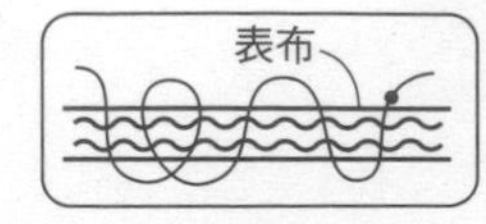

止縫作一針回針縫，不打止縫結，直接剪掉線。

壓線

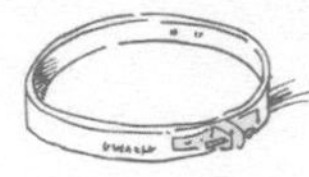

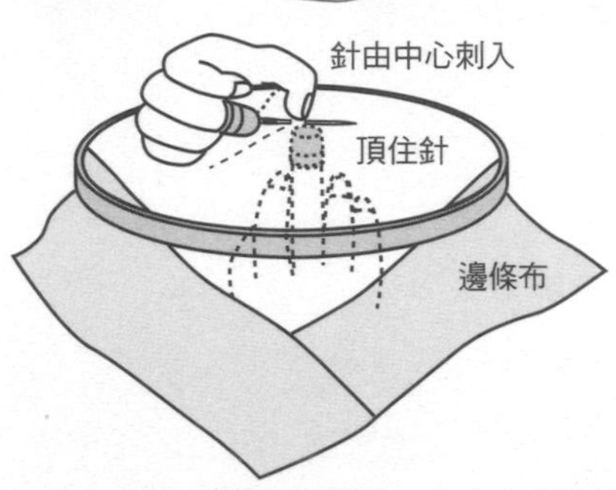

由中心向外，3層一起壓線。以右手（慣用手）的頂針指套壓住針頭，一邊推針一邊穿縫。左手（承接手）的頂針指套由下方頂住針。使用拼布框作業時，當周圍接縫邊條布，就要刺到布端。

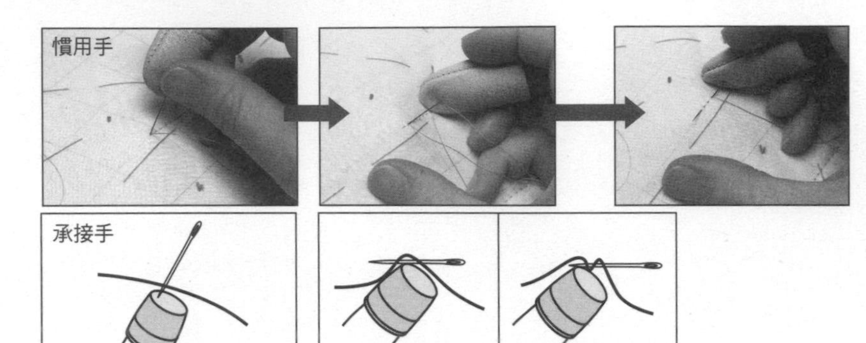

針由上刺入，以指套頂住。→以指套將布往往上提，在指套邊作出一個山形，再以慣用手的指套推針，貫穿山腰。→以指套往左錯開，製造下個一山形，再依同樣方式穿縫。

每穿縫2、3針，就以指套壓住針後穿出。

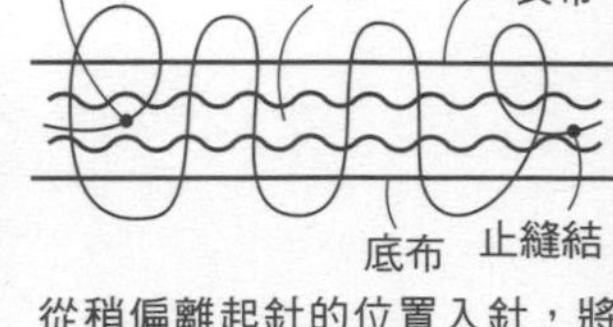

從稍偏離起針的位置入針，將始縫結拉至鋪棉內，縫一針回針縫，止縫也要縫一針回針縫，將止縫結拉至鋪棉內藏起來。

包邊

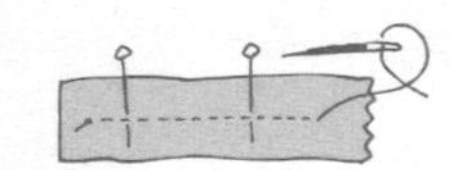

畫框式滾邊

所謂畫框式滾邊，就是以斜紋布條包覆拼布四周時，將邊角處理成及畫框邊角一樣的形狀。

1 在正面描畫四周的完成線。斜紋布條正面相對疊放在拼布上，對齊斜紋布條的縫線記號與完成線，以珠針固定，縫到邊角的記號，在記號縫一針回針縫。

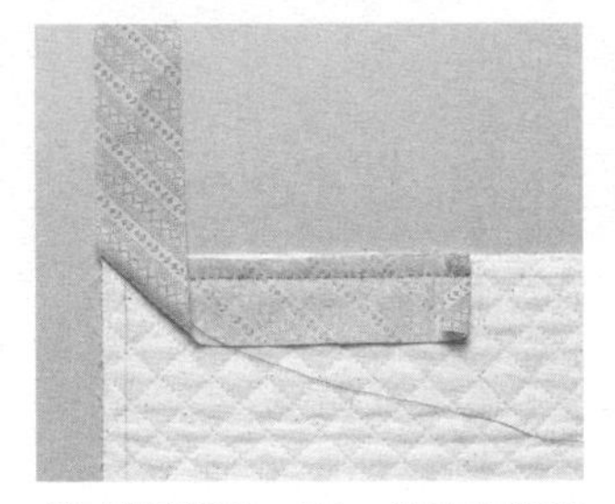

2 針線暫放一旁，斜紋布條摺成45度（當拼布的角是直角時）。重要的是，確實沿記號邊摺疊成與下一邊平行。

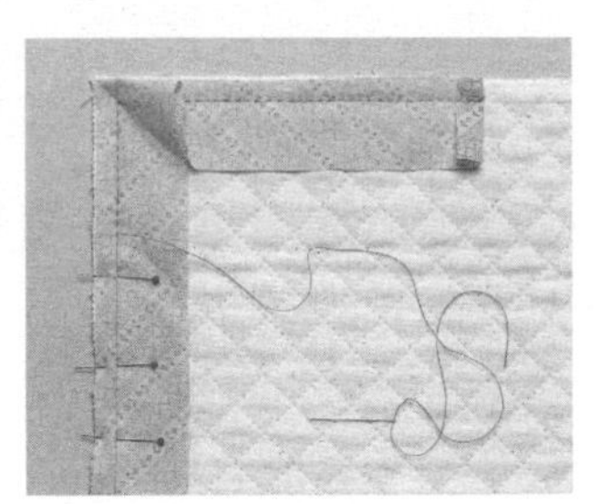

3 斜紋布條沿著下一邊摺疊，以珠針固定記號。邊角如圖示形成一個褶子。在記號上出針，再次從邊角的記號開始縫。

4 布條在始縫時先摺1cm。縫完一圈後，布條與摺疊的部分重疊約1cm後剪斷。

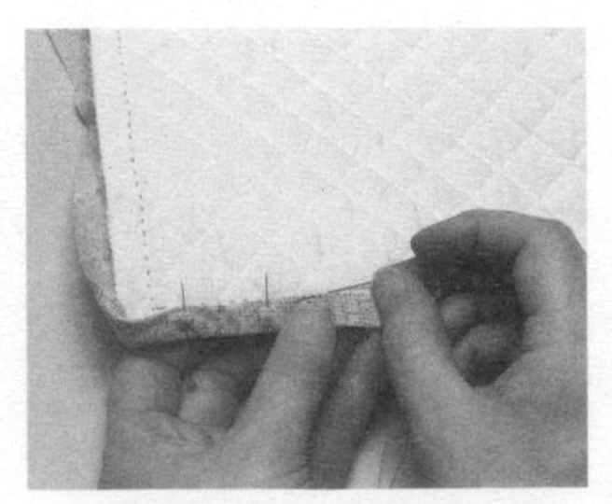

5 縫份修剪成與包邊的寬度，布條反摺，以立針縫縫合於底布。以布條的針趾為準，抓齊滾邊的寬度。

6 邊角整理成布條摺入重疊45度。重疊處縫一針回針縫變得更牢固。漂亮的邊角就完成了！

斜紋布條作法

◆量少時◆

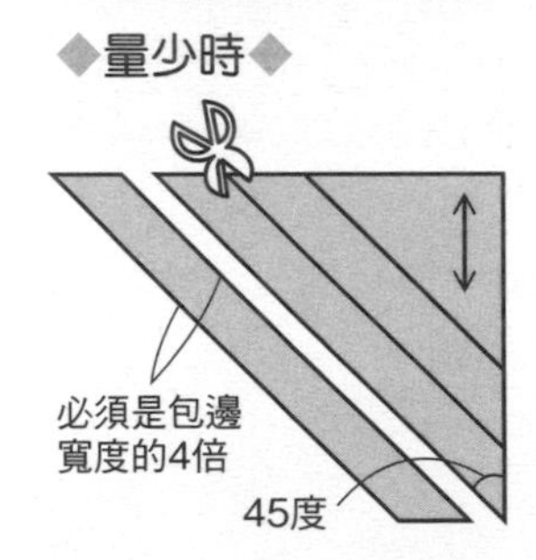

布摺疊成45度，畫出所需寬度。1cm寬的包邊需要4cm、0.8cm寬要3.5cm、0.7cm寬要3cm。包邊寬度愈細，加上布的厚度要預留寬一點。

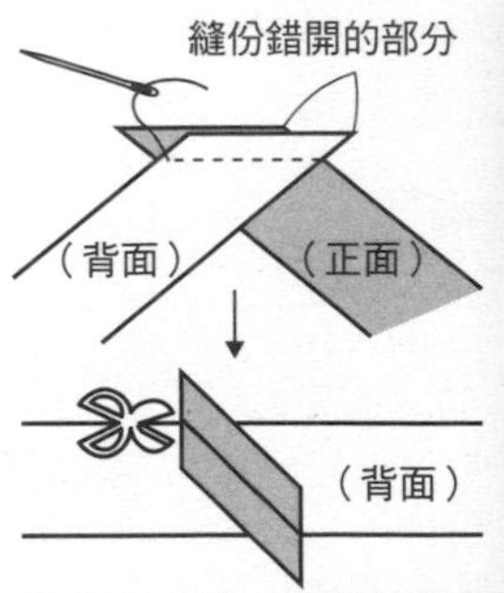

接縫布條時，兩片正面相對，以細針目的平針縫縫合。熨開縫份，剪掉露出外側的部分。

◆量多時◆

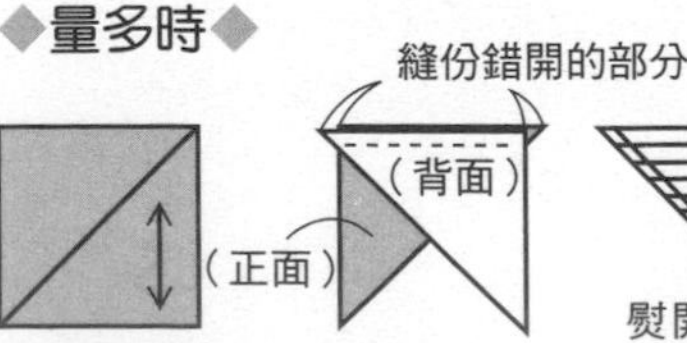

布裁成正方形，沿對角線剪開。

裁開的布正面相對重疊並以車縫縫合。

熨開縫份，沿布端畫上需要的寬度。另一邊的布端與畫線記號錯開一層，正面相對縫合。以剪刀沿著記號剪開，就變成一長條的斜紋布。

拼布包縫份處理

A 以底布包覆

側面正面相對縫合，僅一邊的底布留長一點，修齊縫份。接著以預留的底布包覆縫份，以立針縫縫合。

B 進行包邊（外包邊的作法相同）

適合彎弧部分的處理方式。兩片正面相對疊合（外包邊是背面相對），疏縫固定，斜紋布條正面相對，進行平針縫。

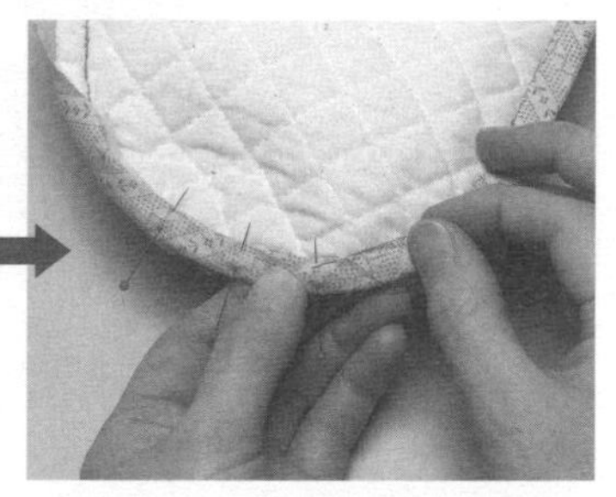

修齊縫份，以斜紋布條包覆進行立針縫，即使是較厚的縫份也能整齊收邊。斜紋布條若是與底布同一塊布，就不會太醒目。

C 接合整理

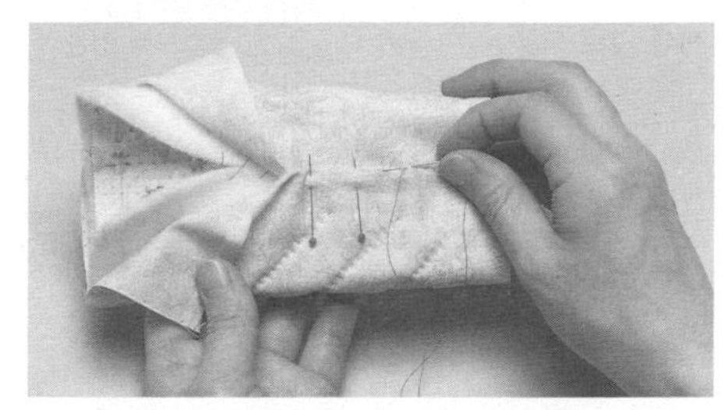

處理後縫份不會出現厚度，可使作品平坦而不會有突起的情形。以脇邊接縫側面時，自脇邊留下2、3cm的壓線，僅表布正面相對縫合，縫份倒向單側。鋪棉接合以粗針目的捲針縫縫合，底布以藏針縫縫合。最後完成壓線。

貼布縫作法

方法A（摺疊縫份以藏針縫縫合）

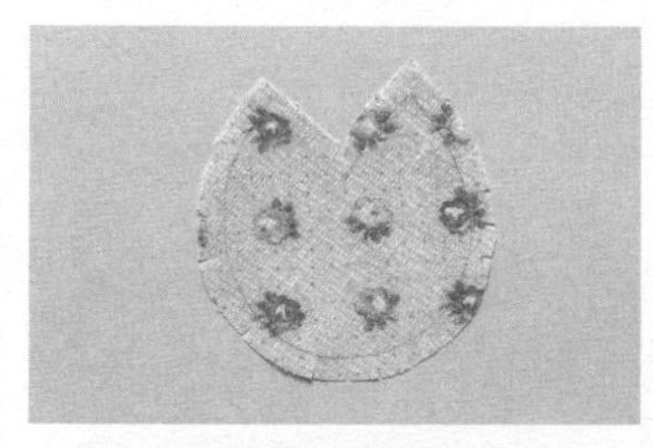

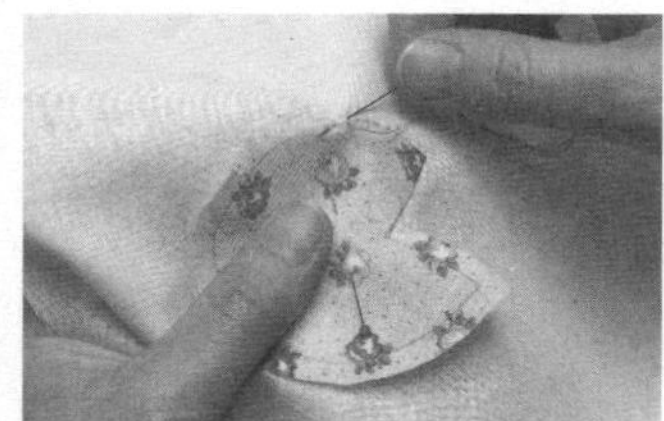

在布的正面作記號，加上0.3至0.5cm的縫份後裁布。在凹處或彎弧處剪牙口，但不要剪太深以免綻線，大約剪到距記號0.1cm的位置。接著疊放在土台布上，沿著記號以針尖摺疊縫份，以立針縫縫合。

方法B（作好形狀再與土台布縫合）

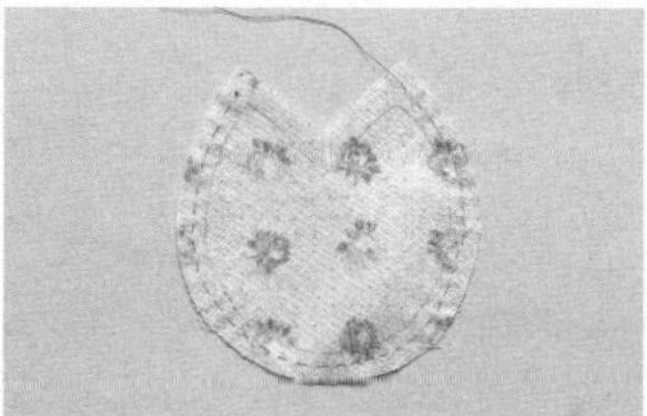

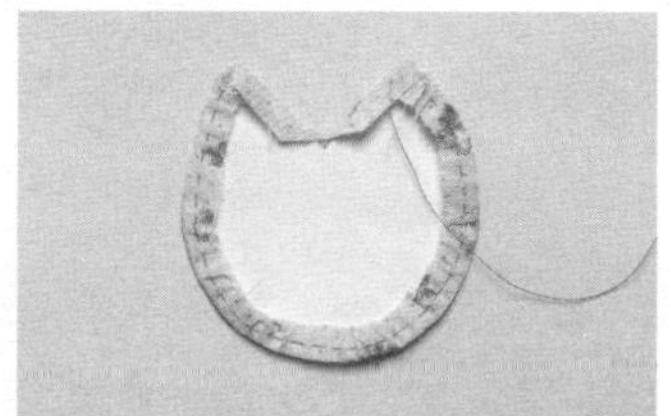

在布的背面作記號，與A一樣裁布。平針縫彎弧處的縫份。始縫結打大一點以免鬆脫。接著將紙型放在背面，拉緊縫線，以熨斗整燙，也摺好直線部分的縫份。線不動，抽掉紙型，以藏針縫縫合於土台布上。

基本縫法

◆平針縫◆

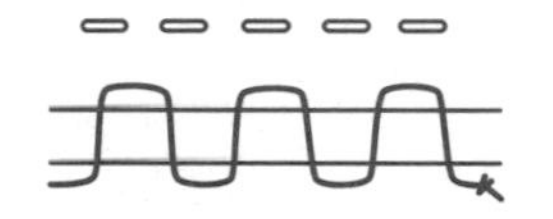

◆回針縫◆

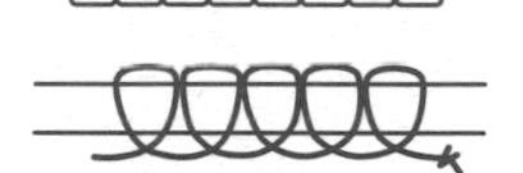

◆立針縫◆

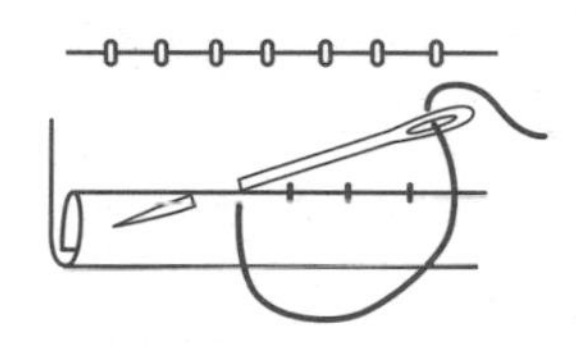

◆星止縫◆

◆捲針縫◆

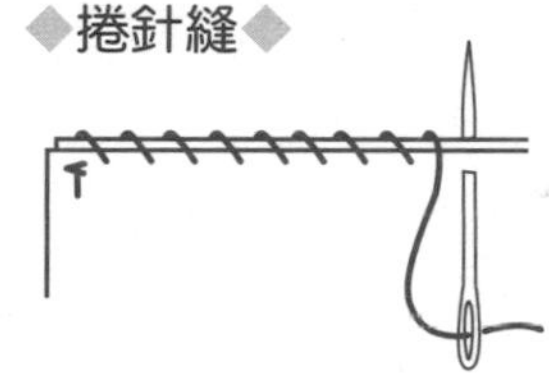

◆梯形縫◆

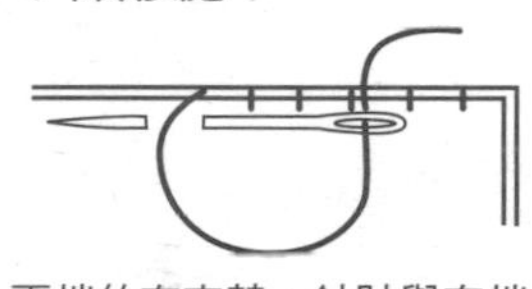

兩端的布交替，針趾與布端呈平行的挑縫

安裝拉鍊

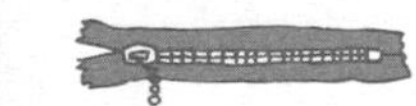

從背面安裝

對齊包邊端與拉鍊的鍊齒，以星止縫縫合，以免針趾露出正面。以拉鍊的布帶為基準就能筆直縫合。
※縫合脇邊再裝拉鍊時，將拉鍊下止部分置於脇邊向內1cm，就能順利安裝。

從正面安裝

同上，放上拉鍊，從表側在包邊的邊緣以星止縫縫合。縫線與表布同顏色就不會太醒目。因為穿縫到背面，會更牢固。背面的針趾還可以裡袋遮住。

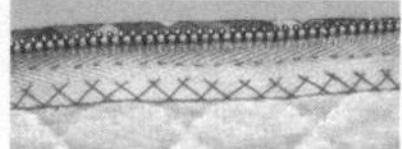

拉鍊布端可以千鳥縫或立針縫縫合。

包邊繩作法

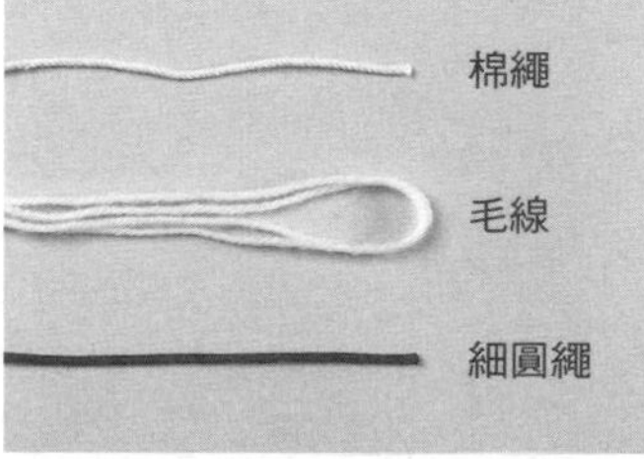

以斜紋布條將芯包住。若想要鼓鼓的效果就以毛線當芯，或希望結實一點就以棉繩或細圓繩製作。棉繩與細圓繩是以用斜紋布條邊夾邊縫合，毛線則是斜紋布條縫合成所需寬度後再穿。

縫合側面或底部時，先暫時固定於單側，再壓緊一邊將另一邊包邊繩縫合固定。始縫與止縫平緩向下重疊。

◆棉繩或細圓繩◆

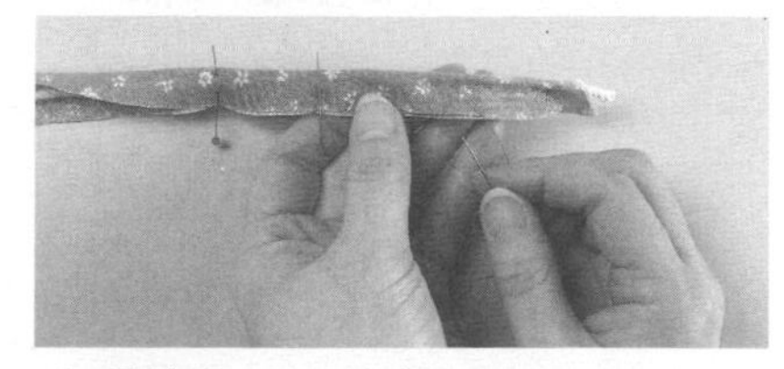

◆毛線◆

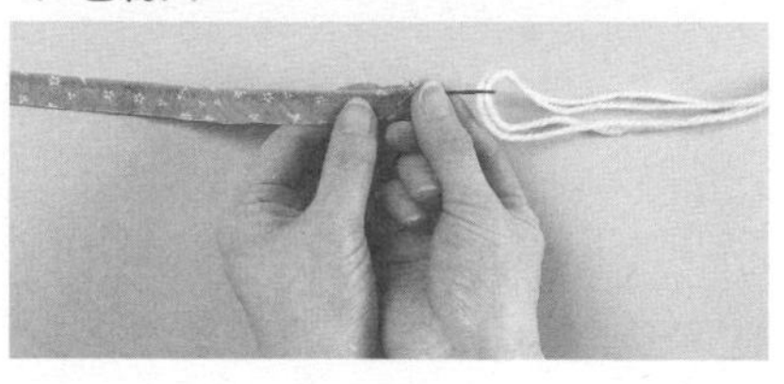

作品紙型＆作法

＊圖中的單位為cm。
＊圖中的的❶❷為紙型號碼。
＊完成作品的尺寸多少會與圖稿的尺寸有所差距。
＊關於縫份，原則上布片為0.7cm、貼布縫為0.3至0.5cm，其餘則預留1cm後進行裁剪。
＊附註為原寸裁剪標示時，不留縫份，直接裁剪。
＊P.80至P.83請一併參考。
＊刺繡方法請參照P.101。

P6 No.6 手提袋 ●紙型B面❸（側身、口袋原寸紙型＆原寸壓線圖案）

◆材料

各式拼接用布片　D至F用布55×25cm　G用布55×50cm（包含袋蓋、口袋、吊耳部分）H用布80×30cm（包含側身部分）　袋蓋用胚布40×25cm　鋪棉90×65cm　胚布、裡袋用布各110×50cm　內尺寸2.1cm　D型環2個　縫式磁釦直徑1cm 2組・直徑1.5cm 1組　長64cm　皮革提把1組

◆作法順序

拼接A至C布片，完成5片圖案→接縫圖案與D至H布片，完成袋身表布→袋身與側身表布，疊合鋪棉與胚布，進行壓線→製作口袋、袋蓋、吊耳→依圖示完成縫製。

◆作法重點

○袋蓋的磁釦固定位置，配合袋身。直徑1.5cm磁釦縫於中央，直徑1cm 磁釦縫於左右。

完成尺寸　25×42cm

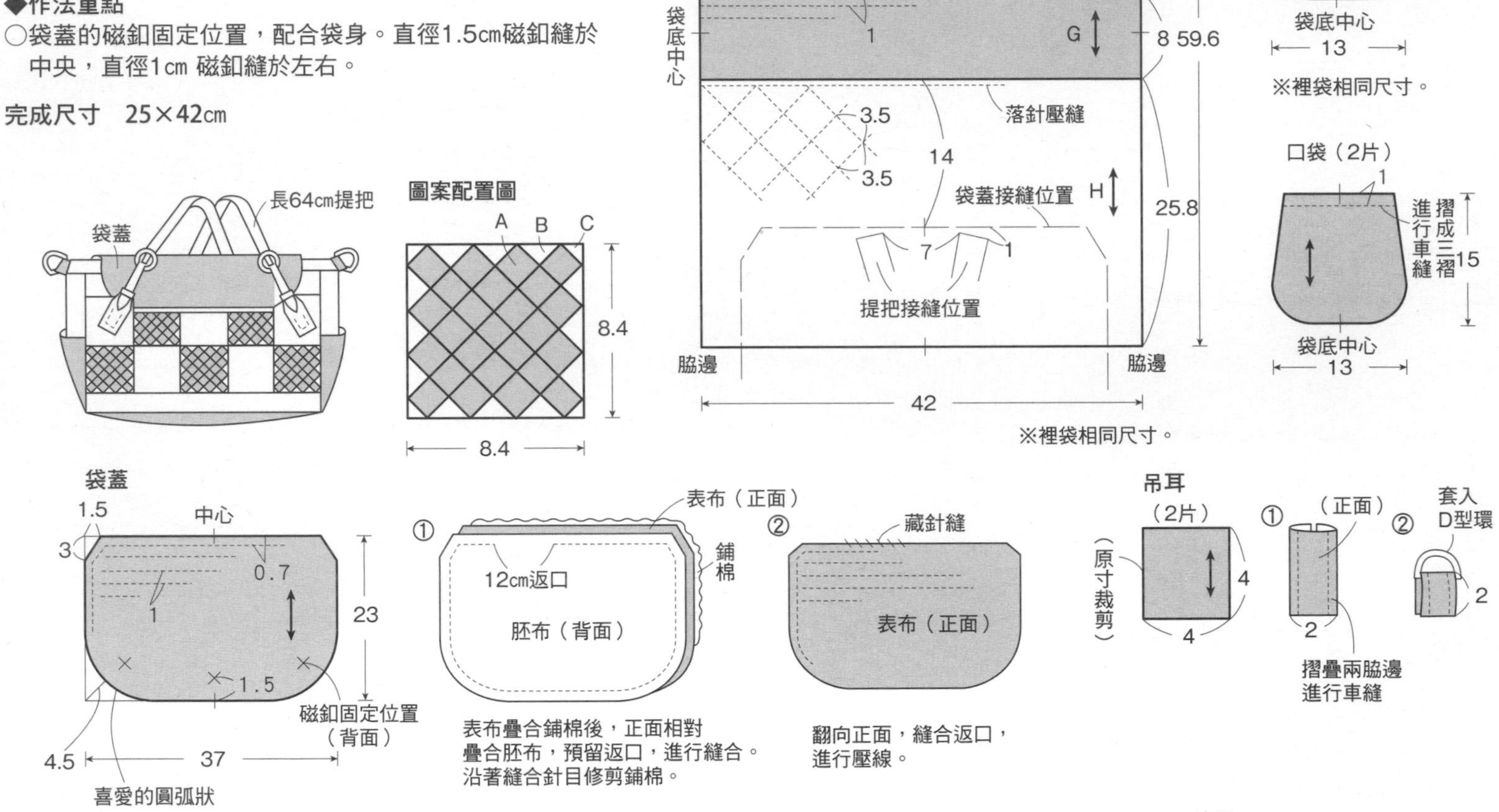

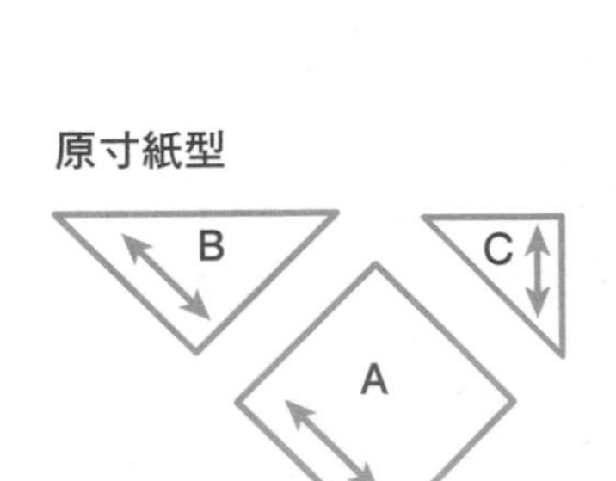

縫製方法

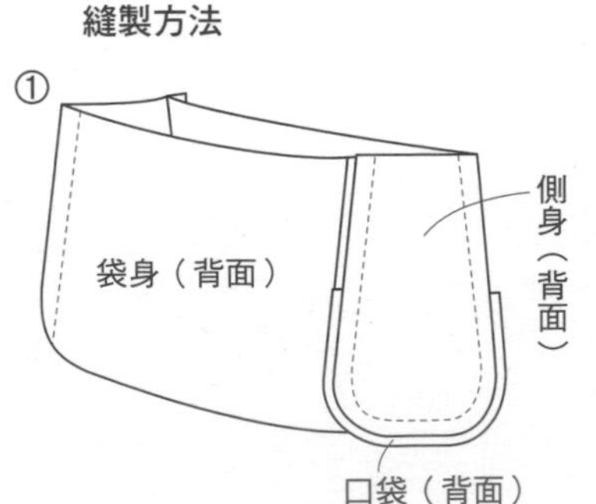

袋身與疊合口袋的側身，正面相對疊合，進行縫合。裡袋也以相同作法進行縫合。

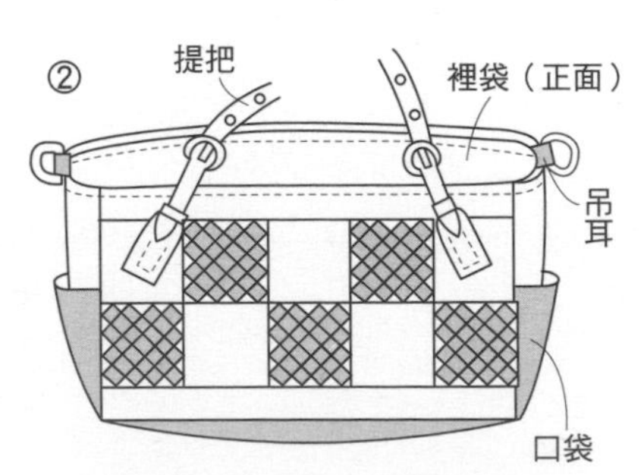

進行回針縫，將提把縫於本體，將裡袋放入裡側，摺入袋口縫份，夾入吊耳，沿著袋口進行縫合。

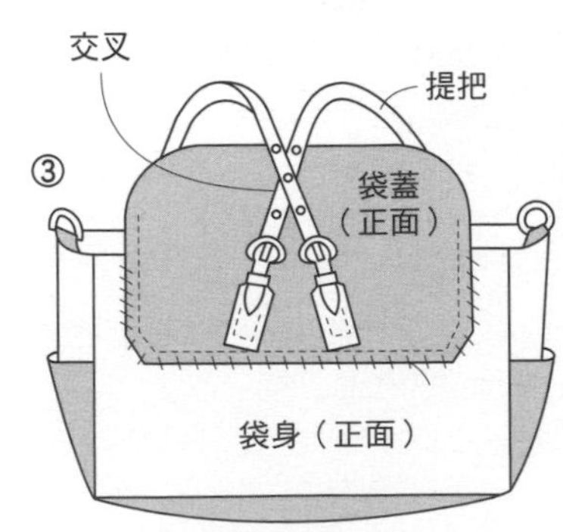

提把縫於袋蓋後，縫於袋身。袋身與袋蓋的背面側，安裝磁釦。

P4 No.3 壁飾

◆材料
各式貼布縫用布片　F至I用布110×60cm　滾邊用寬4cm斜布條420cm　鋪棉、胚布各110×110cm
◆作法順序
拼接A至E布片，完成61片圖案→接縫F、G布片後，周圍接縫H與I布片，完成表布→疊合鋪棉與胚布，進行壓線→進行周圍滾邊（請參照P.82）。
※A至E與G的原寸紙型請參照P.96。

完成尺寸　102.5×102.5cm

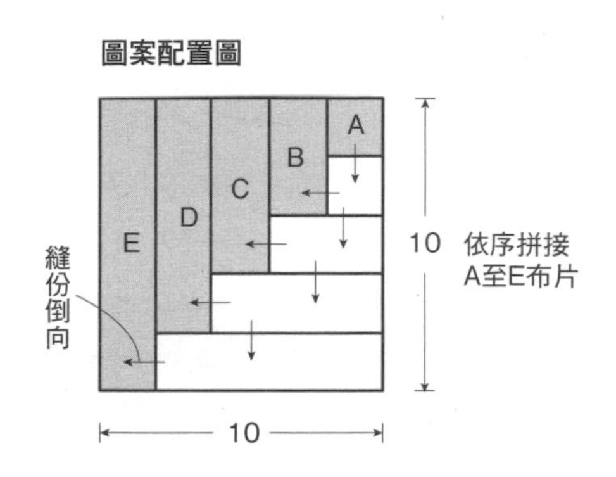

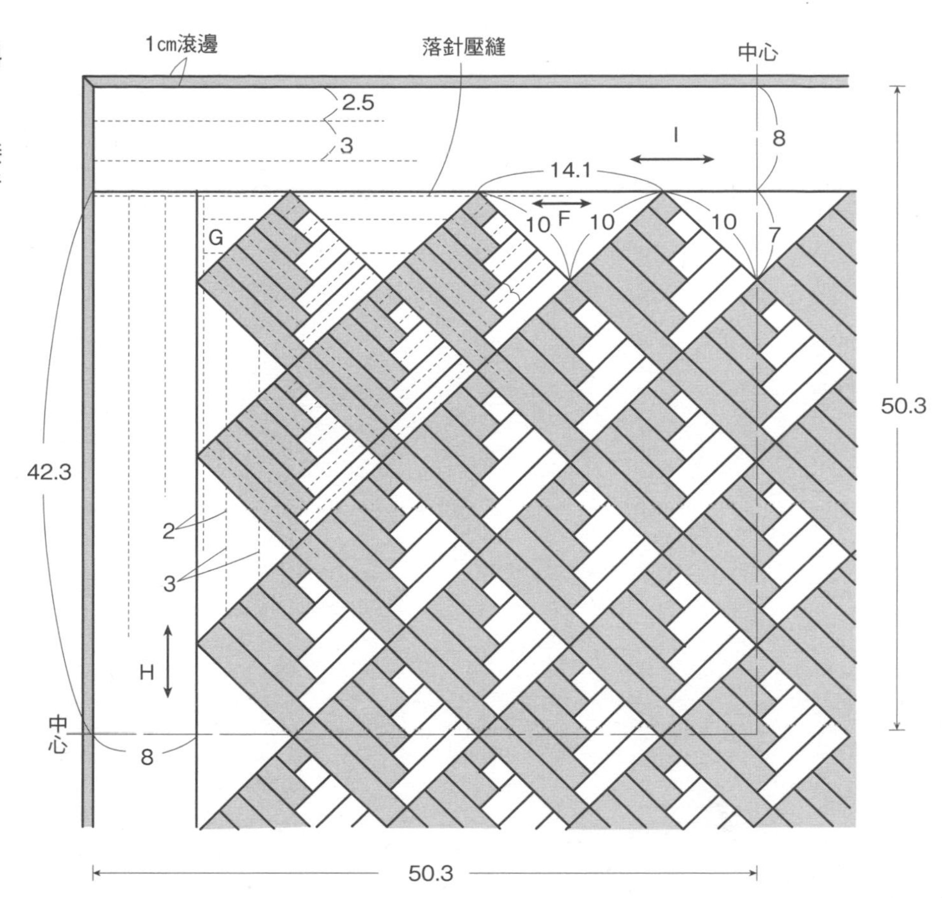

P5 No.4 短窗簾　●紙型A面❾（A至E布片原寸紙型）

◆材料
各式拼接、貼布縫用布片　窗簾用蕾絲布85×85cm　薄接著襯70×15cm　寬0.3cm 波形織帶270cm
◆作法順序
拼接A至E布片，進行貼布縫，完成5片圖案→黏貼接著襯，預留縫份，修剪周圍→製作窗簾，縫上圖案。
◆作法重點
○整齊修剪縫份，以熨斗壓燙圖案。

完成尺寸　72 × 80cm

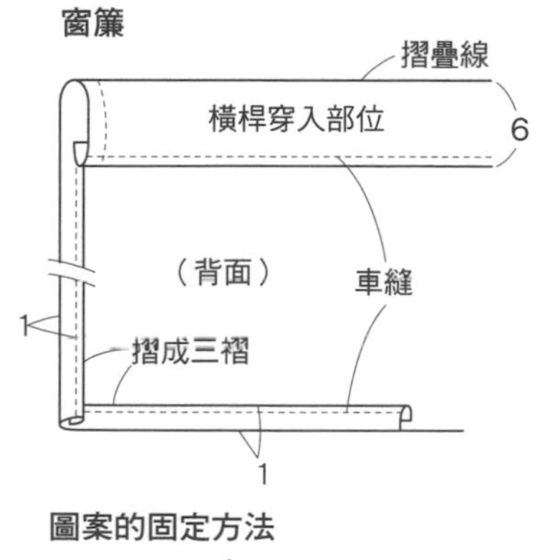

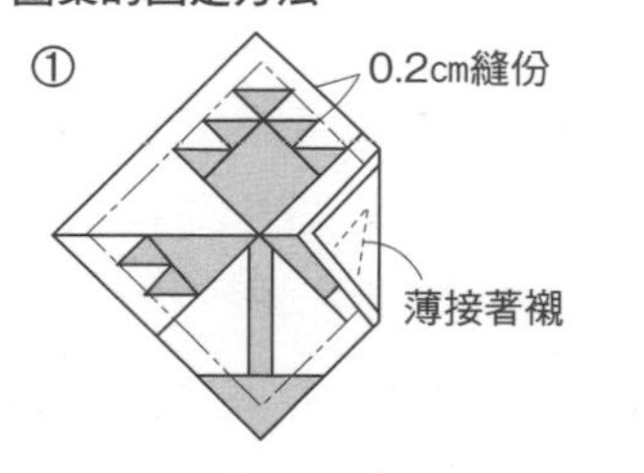

黏貼接著襯，預留縫份，進行裁剪。

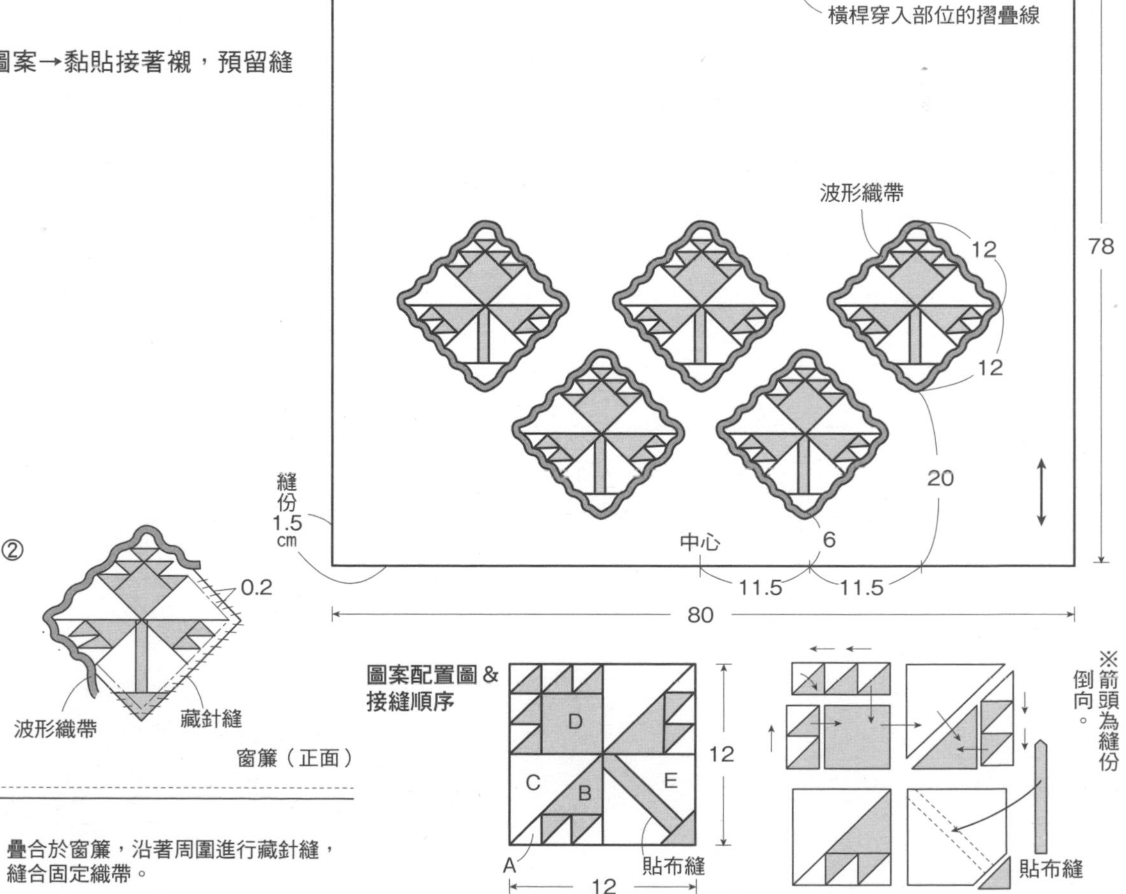

疊合於窗簾，沿著周圍進行藏針縫，縫合固定織帶。

No.5 壁飾

◆材料

各式拼接用布片　D、E用布120×80cm（包含滾邊繩部分）　鋪棉、胚布各135×115cm　直徑0.3cm　繩帶500cm

◆作法順序

拼接A至C布片完成143片圖案→圖案接縫成11×13列→左右上下接縫D與E布片，完成表布→疊合鋪棉與胚布，進行壓線→製作滾邊繩，夾縫於周圍。

※A至C布片原寸紙型請參照下方。

◆作法重點

○進行周圍滾邊時夾入滾邊繩。

完成尺寸　129×111cm

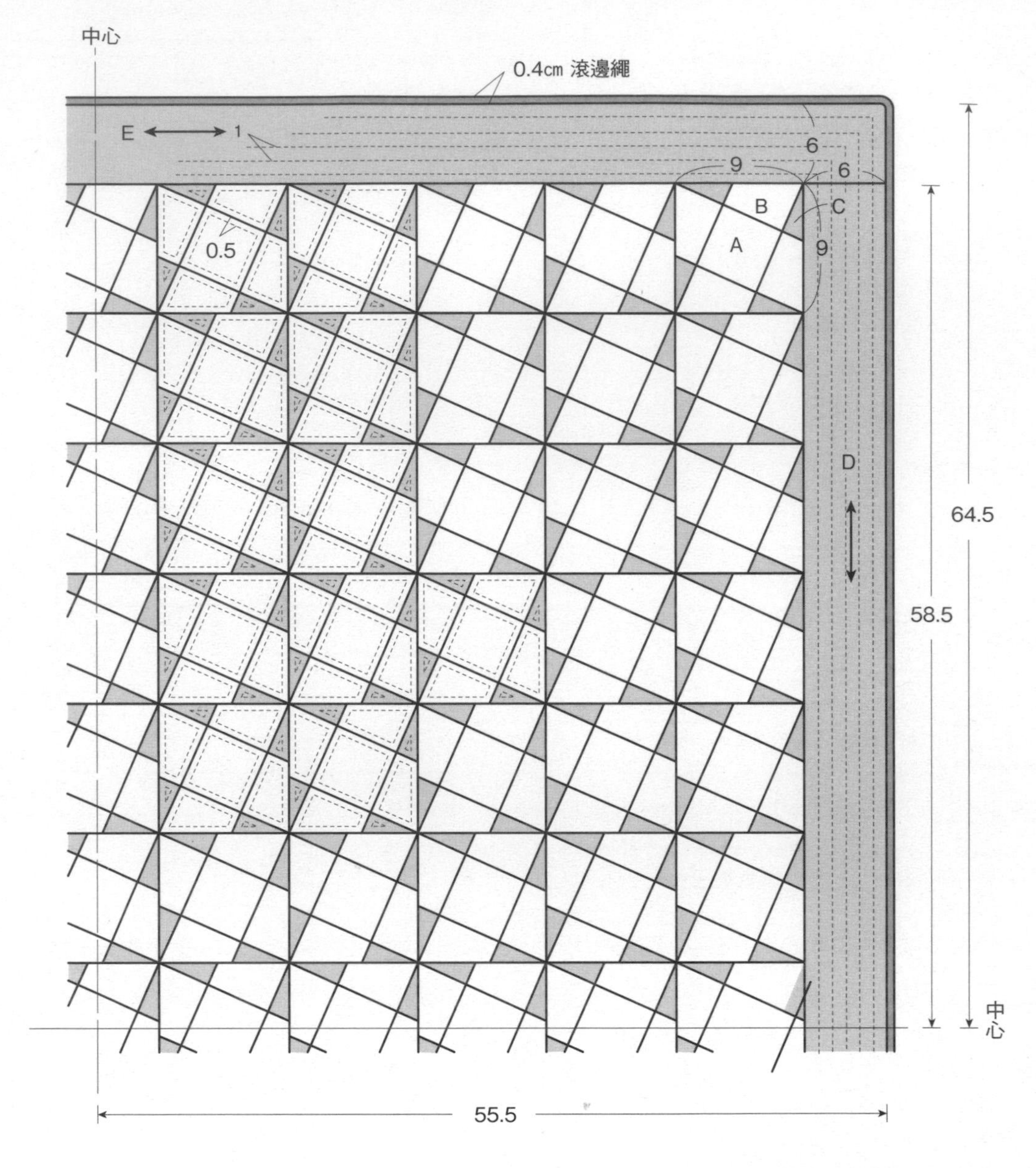

滾邊繩的作法與固定方法

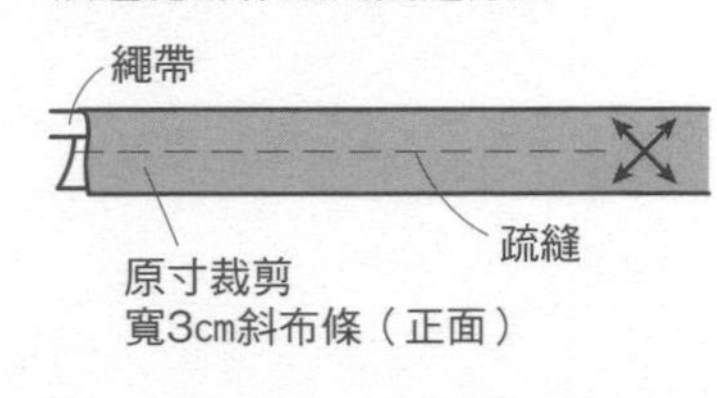

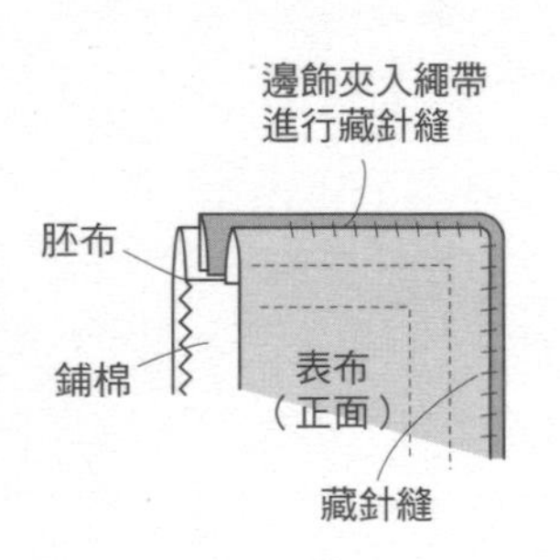

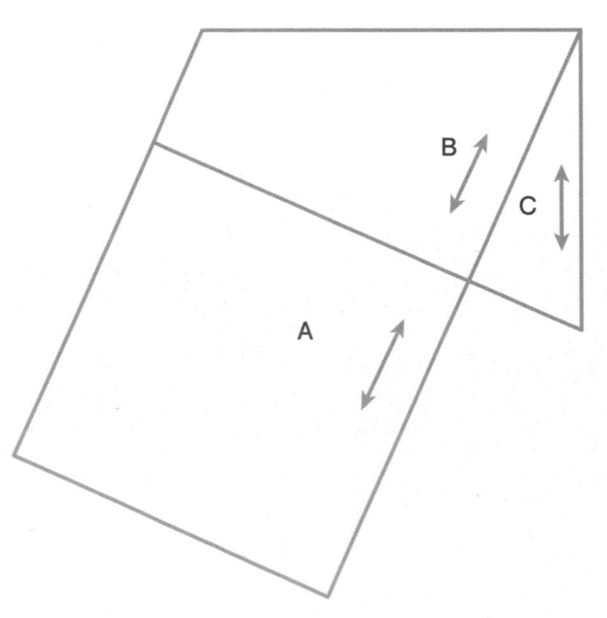

原寸紙型

No.10 手提袋

◆材料

A、C用印花布30×25cm　黑色素布110×60cm（包含袋口裡側貼邊部分）鋪棉、胚布各90×40cm 長50cm皮革提把1組

◆作法順序

拼接A至C布片，完成帶狀區塊，接縫D至I布片，完成表布→疊合鋪棉與胚布，進行壓線→依圖示完成縫製→接縫提把。

◆作法重點

○處理縫份方法請參照P.83方法A。
○袋底加入底板即可。

完成尺寸　37.5×35cm

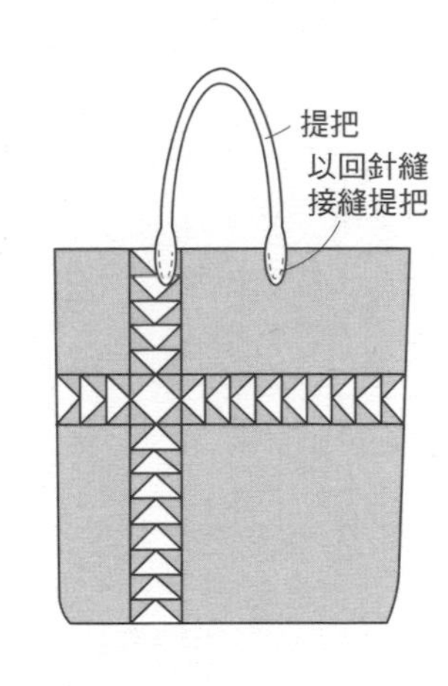

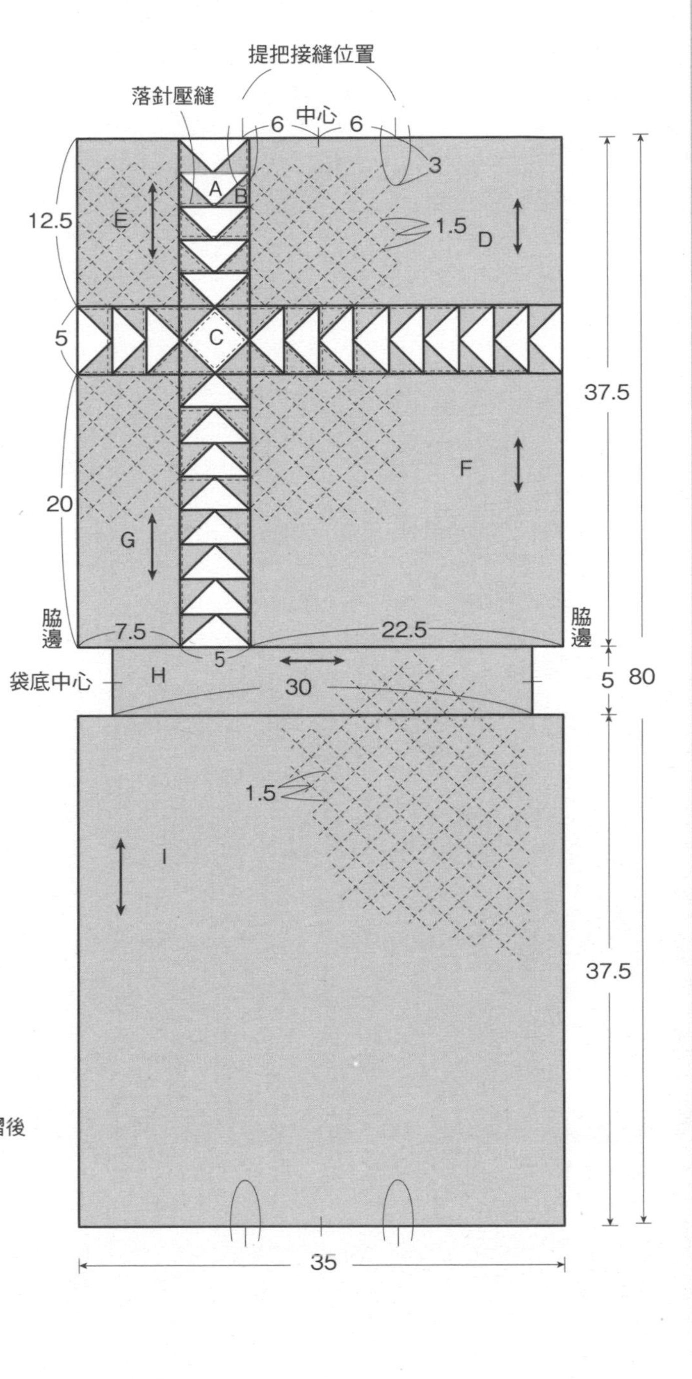

縫製方法

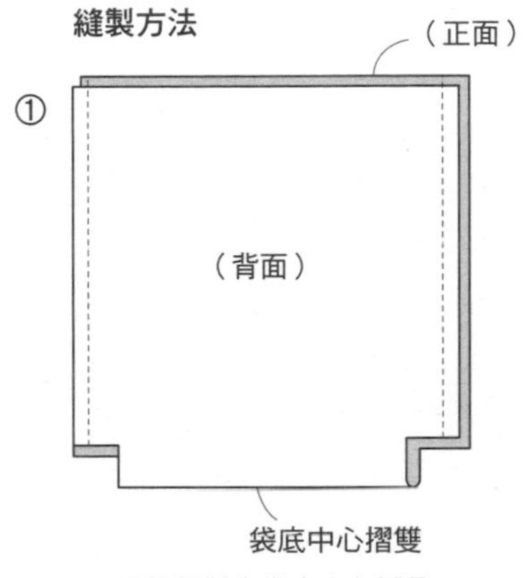

正面相對由袋底中心摺疊
縫合脇邊

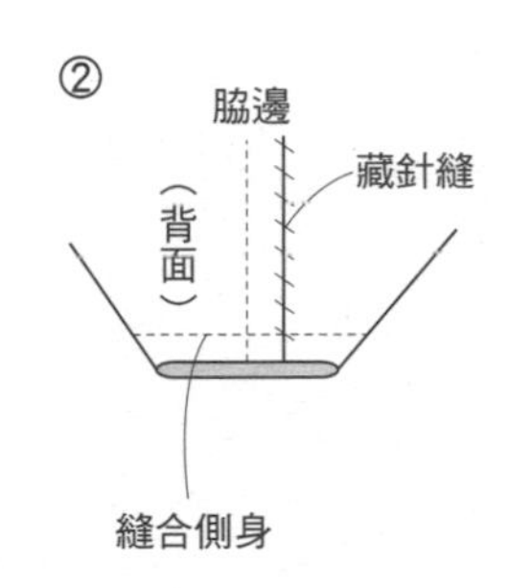

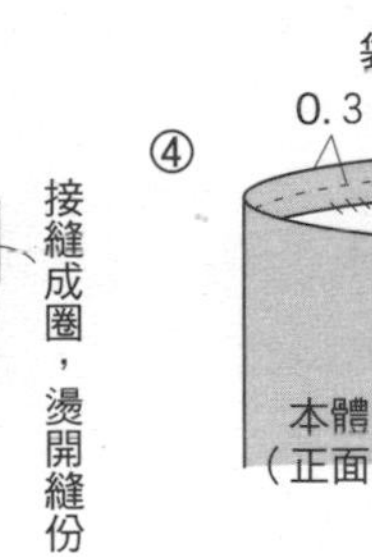

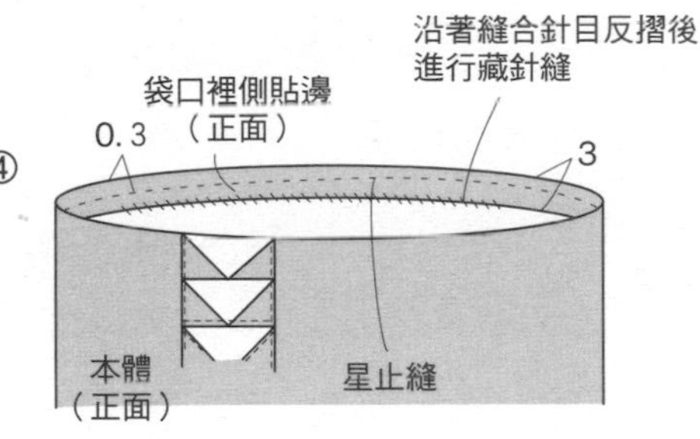

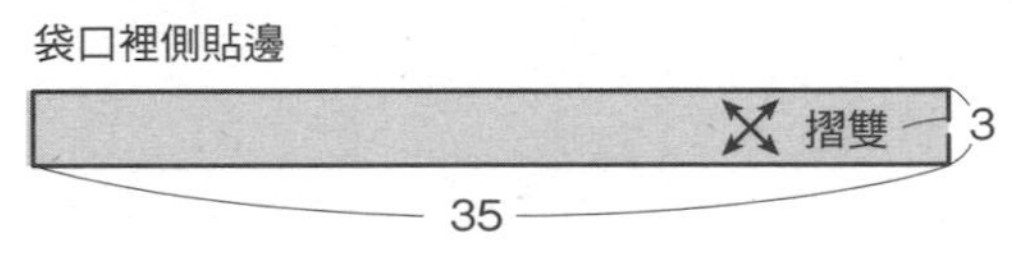

原寸紙型

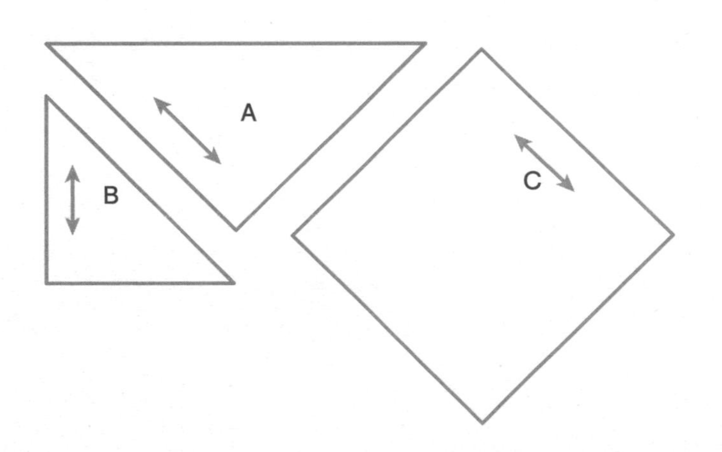

P7 No.7 壁飾

◆材料
白色蕾絲布110×200cm　紅色花圖案印花布110×120cm
滾邊用寬5cm 斜布條550cm　鋪棉、胚布各100×210cm
◆作法順序
拼接A至D布片，完成表布→疊合鋪棉與胚布，進行壓線→進行周圍滾邊（請參照P.82）。

完成尺寸　157×112cm

拼接範例

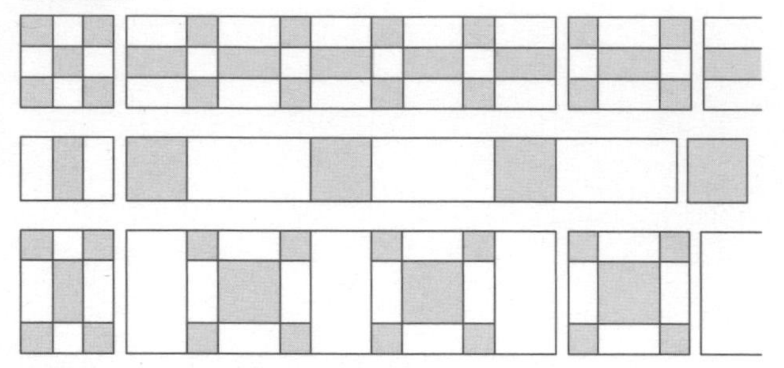

各區塊與布片接縫成帶狀後進行接合

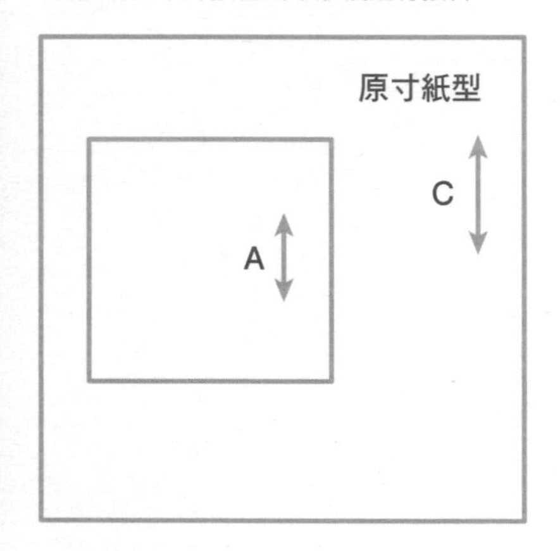

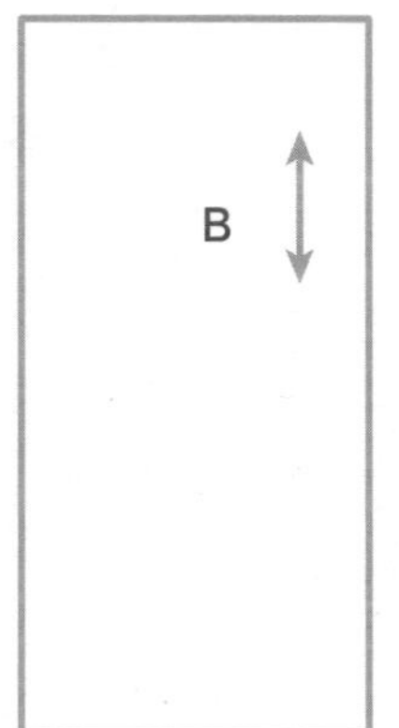

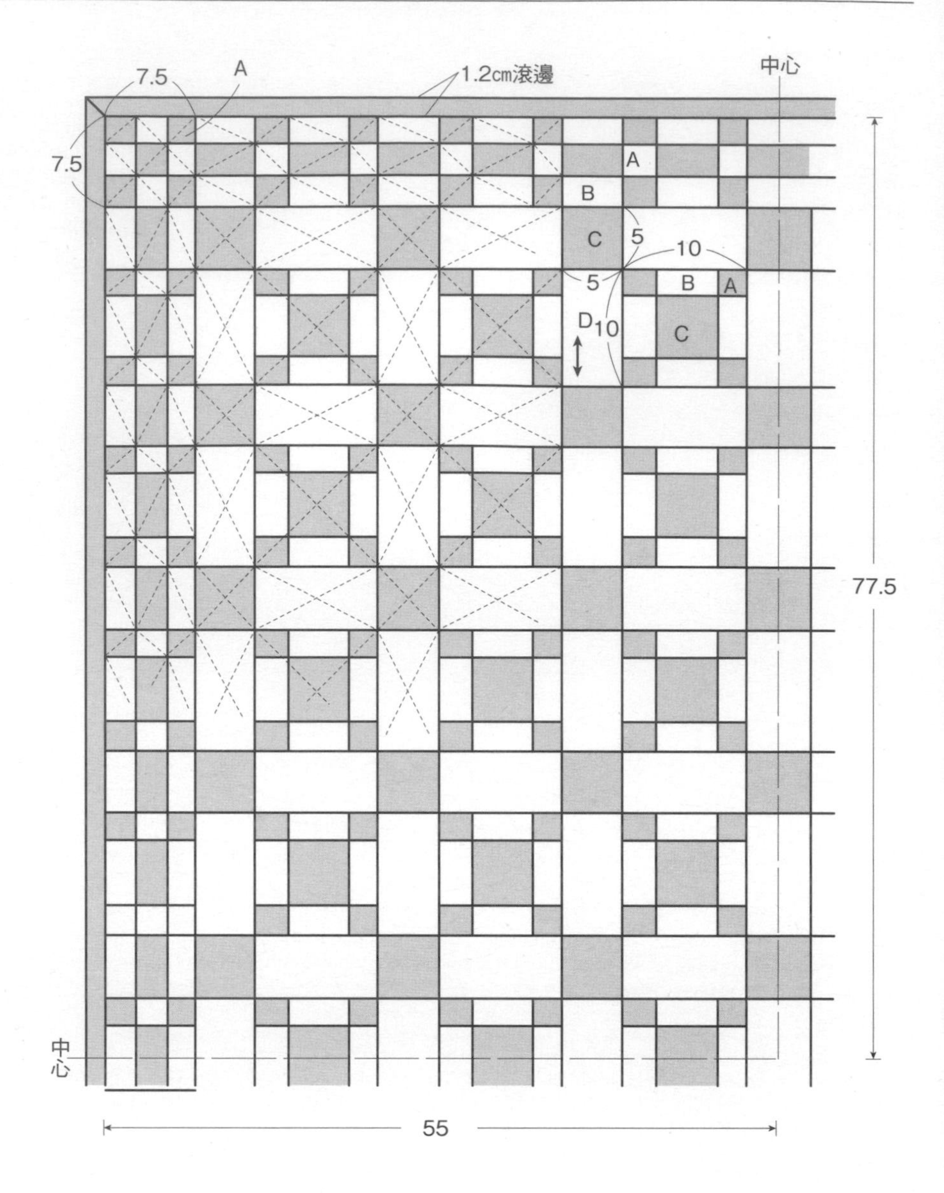

P8 No.8 手提袋

◆材料
各式貼布縫用布片　A用灰色印花布25×40cm　B、C用灰色先染布100×35cm（包含提把、袋口裡側貼邊部分）單膠鋪棉、胚布各80×40cm
◆作法順序
A布片進行貼布縫後，接縫B、C布片，完成2片表布→黏貼鋪棉，疊合胚布，進行壓線→製作提把→依圖示完成縫製。
◆作法重點
○剪掉貼布縫下方的A布片。
○處理縫份方法請參照P.83方法A。
○沿著縫合針目邊緣修剪袋口的多餘鋪棉。

完成尺寸　36×30cm

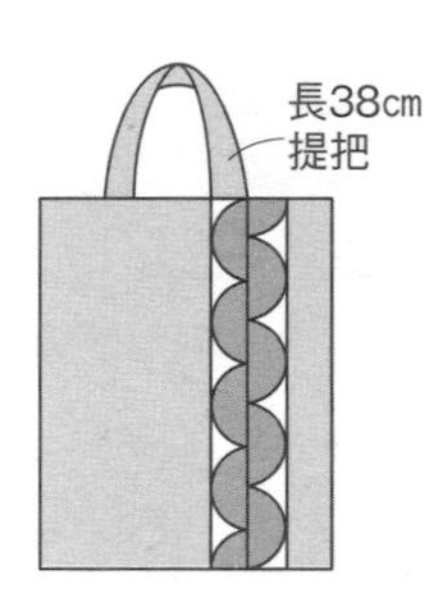

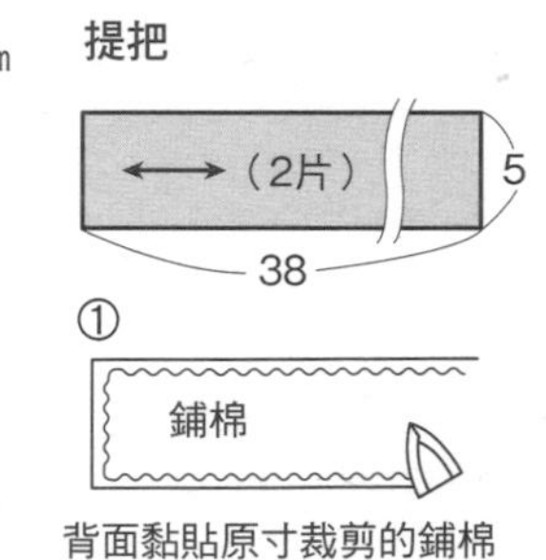

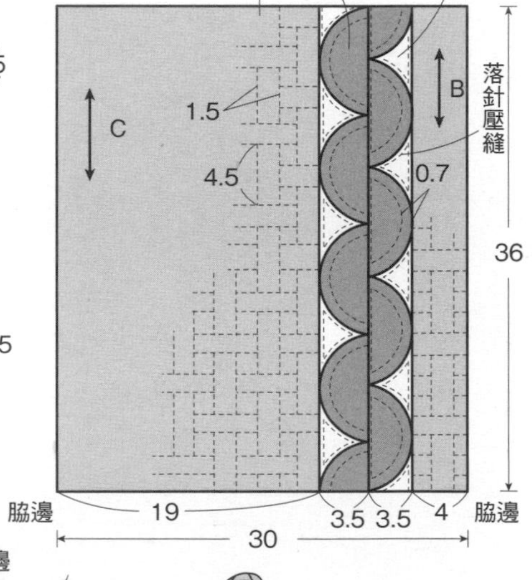

袋口裡側貼邊（2片）

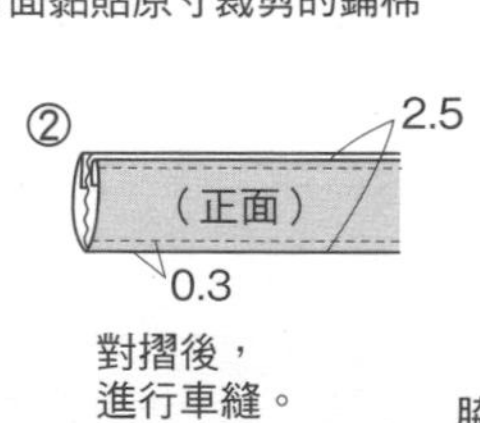

5
30

縫製方法

正面相對疊合2片，縫成袋狀，翻向正面，暫時固定提把。

② 袋口裡側貼邊（正面）

袋口裡側貼邊接縫成圈後，正面相對疊合於袋口，進行縫合。

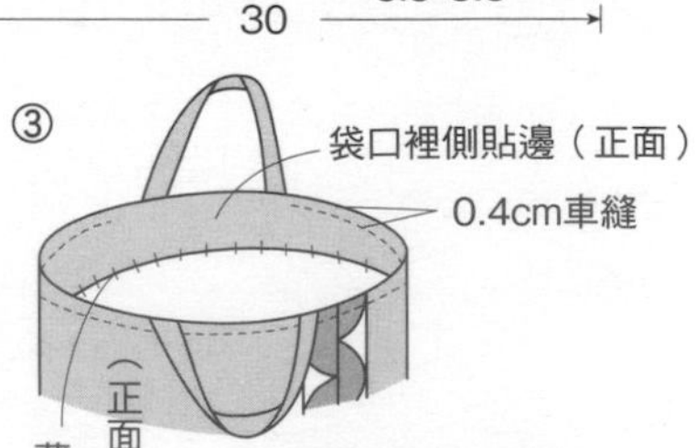

將袋口裡側貼邊翻向正面，以藏針縫縫於內側，沿著袋口進行車縫。

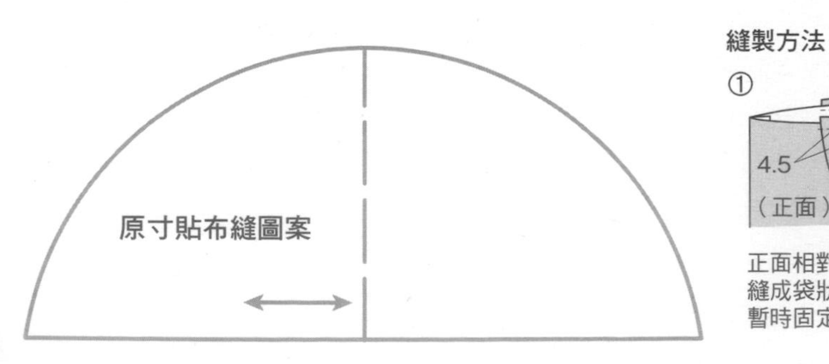

No.9 手提袋 ●紙型B面⑯

◆材料

各式拼接用布片 A用先染布70×40cm B用格紋先染布110×45cm（包含提把、袋口布、袋口裡側貼邊、口袋蓋與裡布、拉鍊尾片部分） 單膠鋪棉100×55cm 胚布90×45cm 裡袋用布80×35cm（包含袋口布裡布部分） 組合式拉鍊90cm 拉環式拉鍊頭1個

◆作法順序

拼接A、B布片，完成2片表布，正面相對疊合，縫合袋底（燙開縫份）→黏貼鋪棉，疊合胚布，進行壓線→拼接布片完成2片口袋表布→製作口袋，縫合固定於本體→製作本體→製作提把與裡袋→依圖示完成縫製。

※C至E、F布片原寸紙型請參照P.92。

◆作法重點

○曲線部位的凹處縫份剪牙口。

完成尺寸 26×38cm

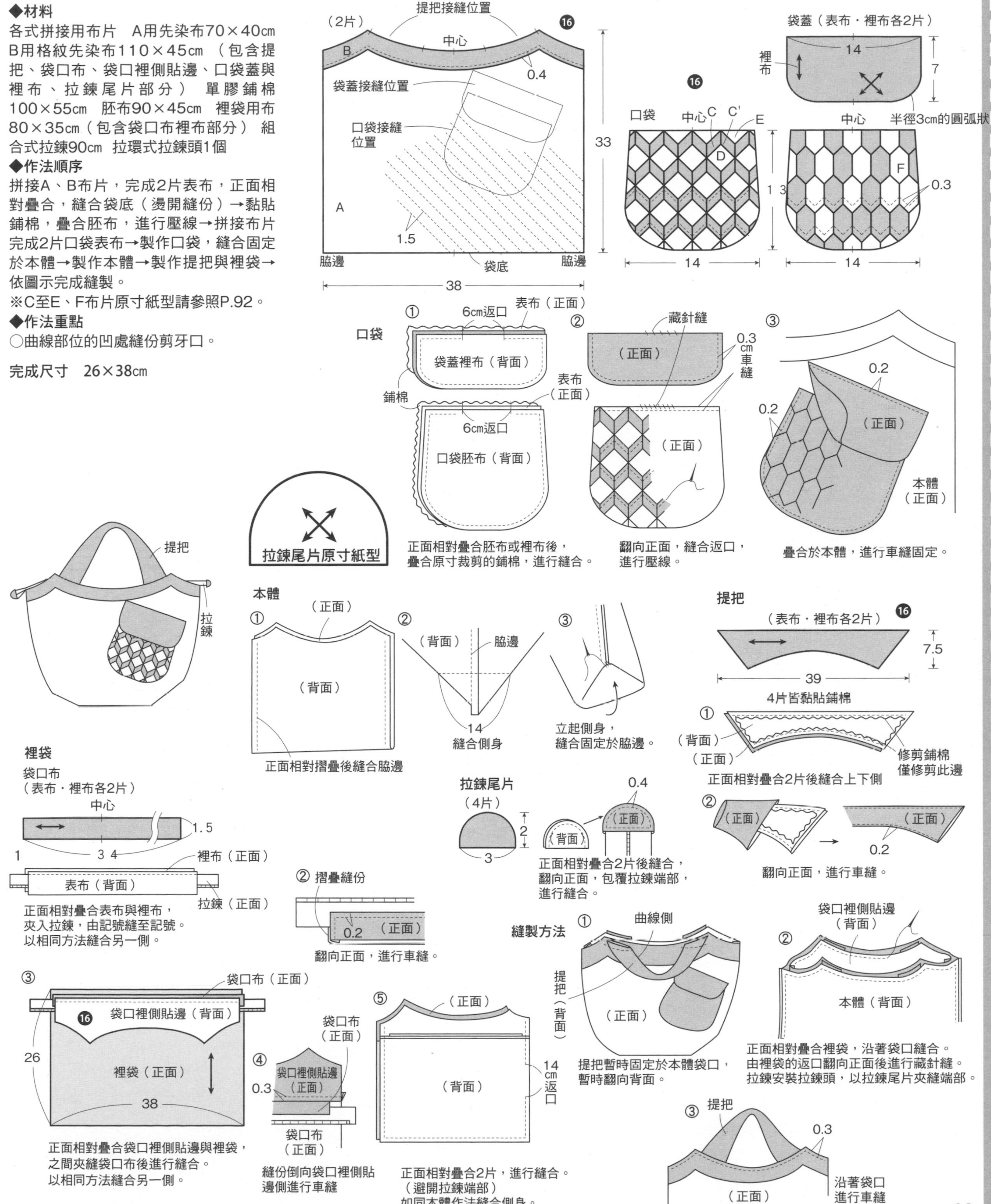

P10 No.13・No.14 波奇包 ●紙型A面❸（No.13原寸貼布縫、刺繡圖案）

◆材料

No.13 各式貼布縫用布片　A、B用布50×30cm（包含裝飾片、滾邊、拉鍊尾片）　單膠鋪棉、胚布各35×25cm　長20cm 拉鍊1條　25號繡線適量

No.14 各式拼接用花圖案印花布　C用布25×20cm　滾邊用寬3.5cm斜布條45cm　鋪棉、胚布35×25cm　長17cm 拉鍊1條　寬1.5cm蕾絲40cm　25號繡線適量

◆作法順序

No.13 拼接A與B布片，進行貼布縫與刺繡，完成表布→疊合鋪棉與胚布，進行壓線→製作裝飾片→依圖示完成縫製。

No.14 拼接A與C布片，進行刺繡，完成表布→疊合鋪棉與胚布，進行壓線→依圖示完成縫製。

◆作法重點

○刺繡時取2股繡線，No.14配合花圖案，以手繡方式完成圖案。

○多預留胚布的脇邊縫份。

完成尺寸　No.13 12×21cm　No.14 13×19cm

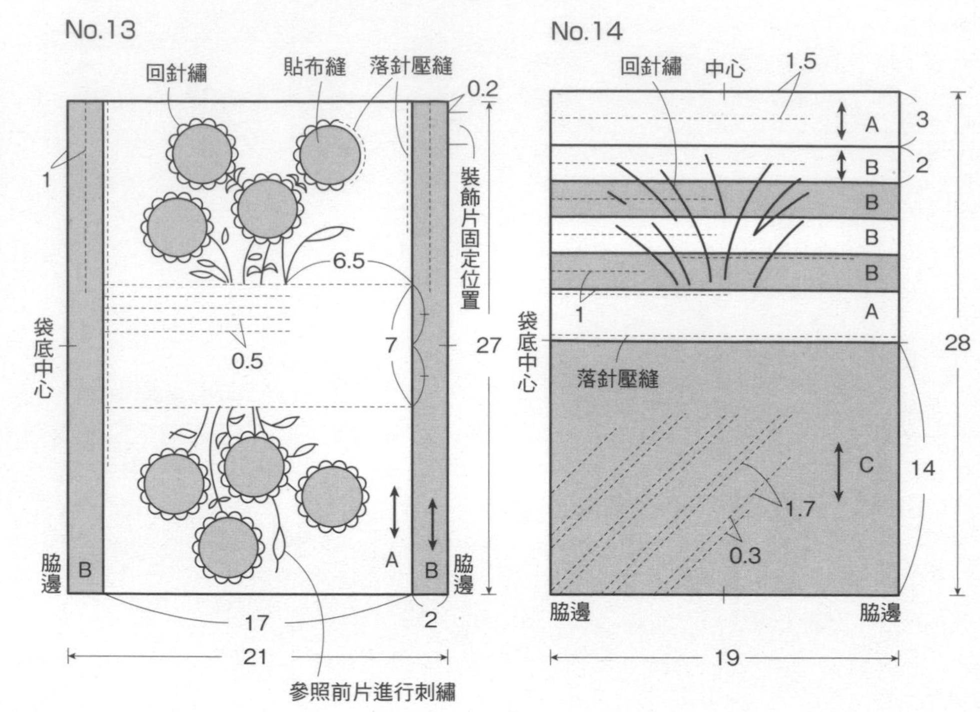

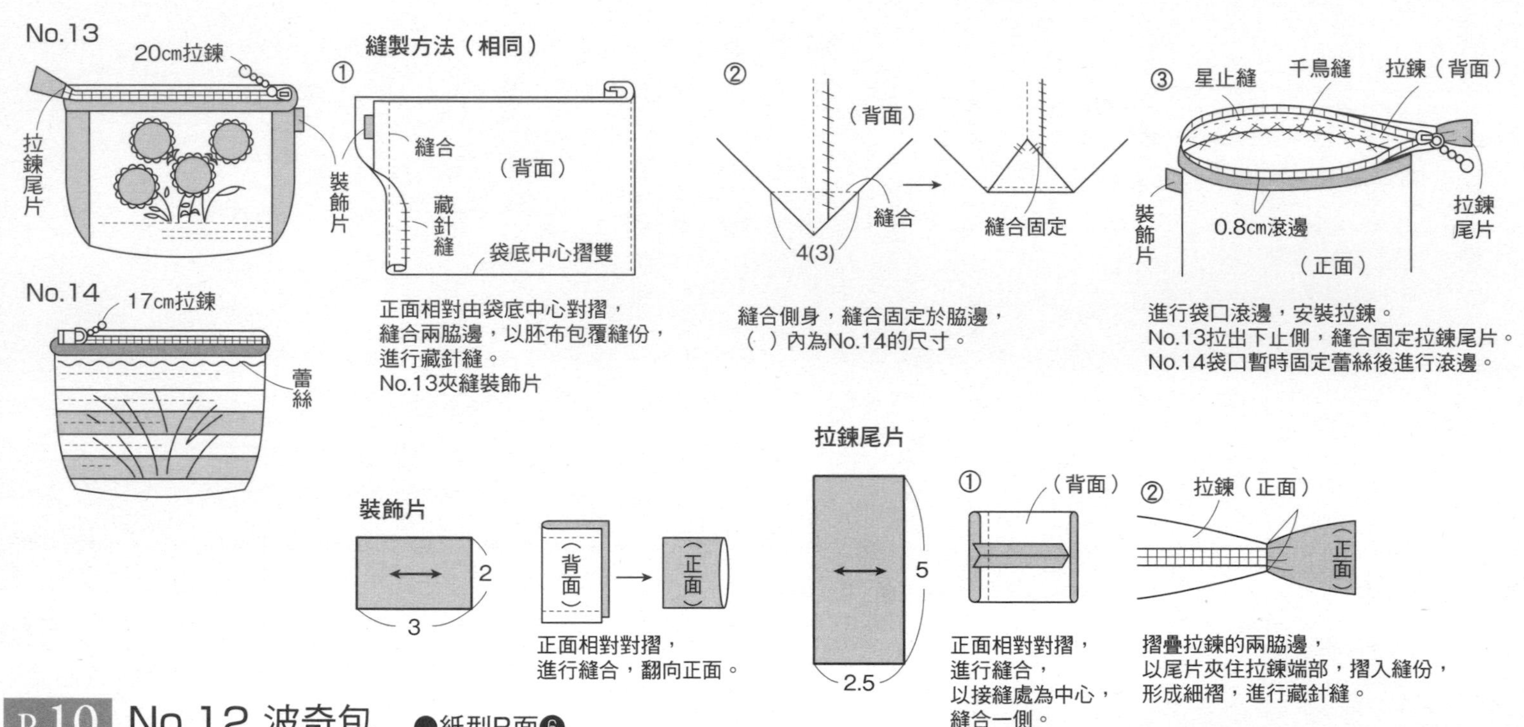

拉鍊尾片

裝飾片

3　2　（背面）→（正面）

正面相對對摺，進行縫合，翻向正面。

5　2.5

①（背面）

正面相對對摺，進行縫合，以接縫處為中心，縫合一側。

② 拉鍊（正面）（正面）

摺疊拉鍊的兩脇邊，以尾片夾住拉鍊端部，摺入縫份，形成細褶，進行藏針縫。

P10 No.12 波奇包 ●紙型B面❻

◆材料

各式拼接用布片　滾邊用寬3.5cm 斜布條35cm　鋪棉、胚布各25×15cm　長14cm 拉鍊1條

◆作法順序

拼接A至C布片，完成表布→疊合鋪棉、胚布，進行壓線→依圖示完成縫製。

完成尺寸　8.5×15cm

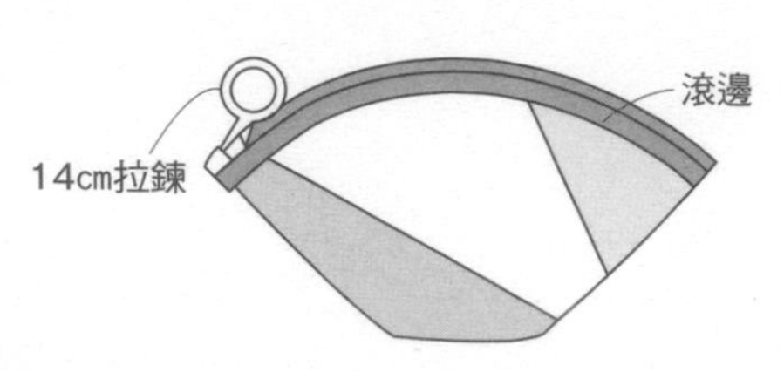

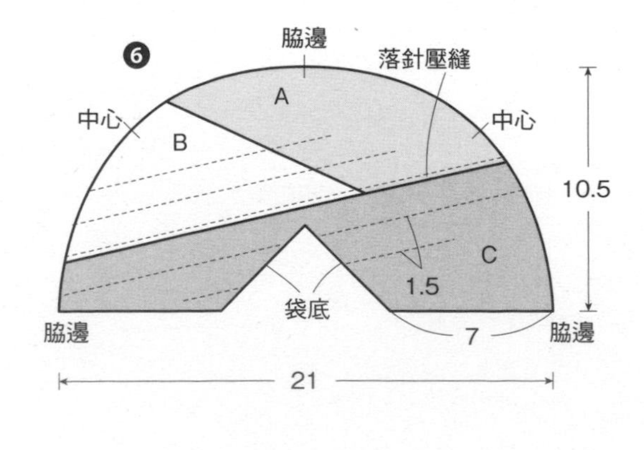

縫製方法

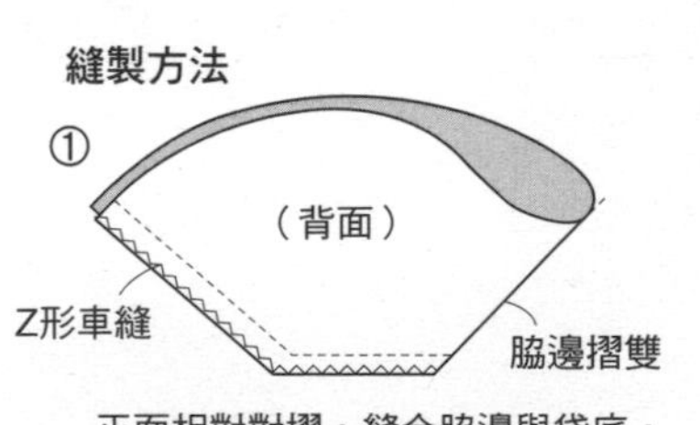

正面相對對摺，縫合脇邊與袋底，處理縫份。

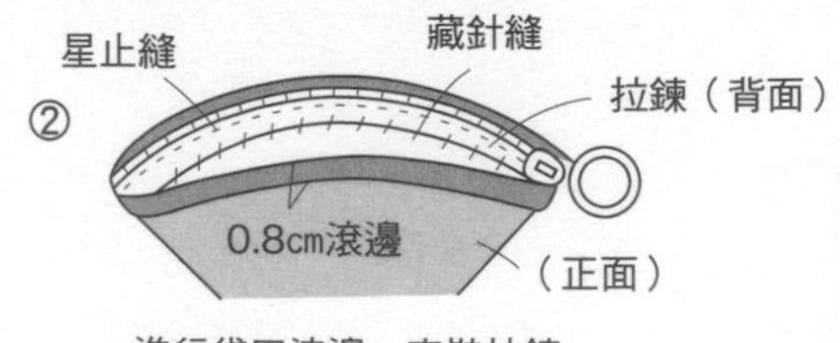

進行袋口滾邊，安裝拉鍊。

No.15 床罩 ●紙型B面㉒（原寸壓線圖案）

◆材料

各式拼接用布片　水藍色素布110×270cm　鋪棉、胚布各100×490cm　滾邊用寬3.5cm　斜布條860cm

◆作法順序

拼接A至D布片，完成63片圖案→接縫圖案與E、F布片→周圍接縫G與H布片，完成表布→疊合鋪棉與胚布，進行壓線→進行周圍滾邊（請參照P.82）。

完成尺寸　235.5×187.5cm

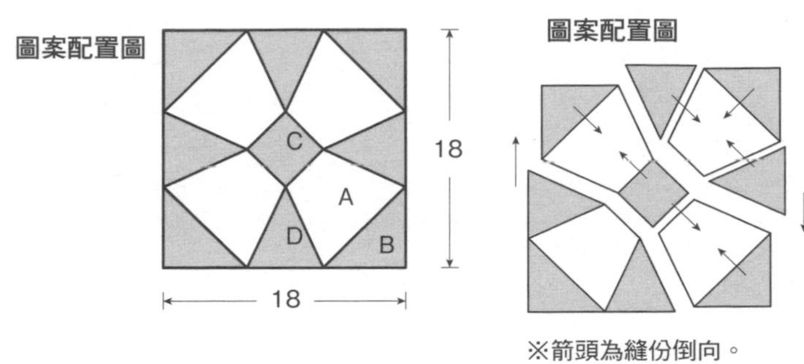

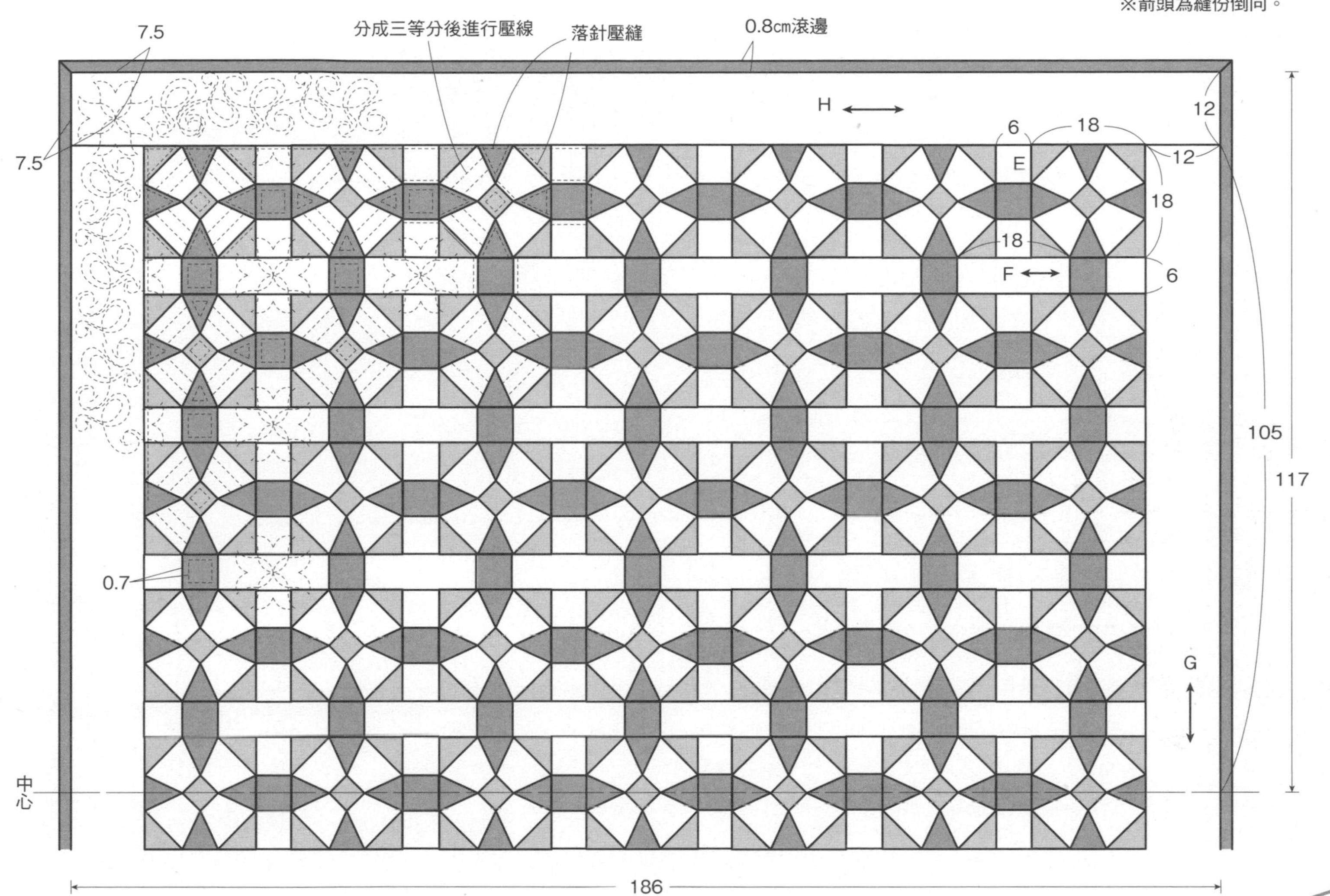

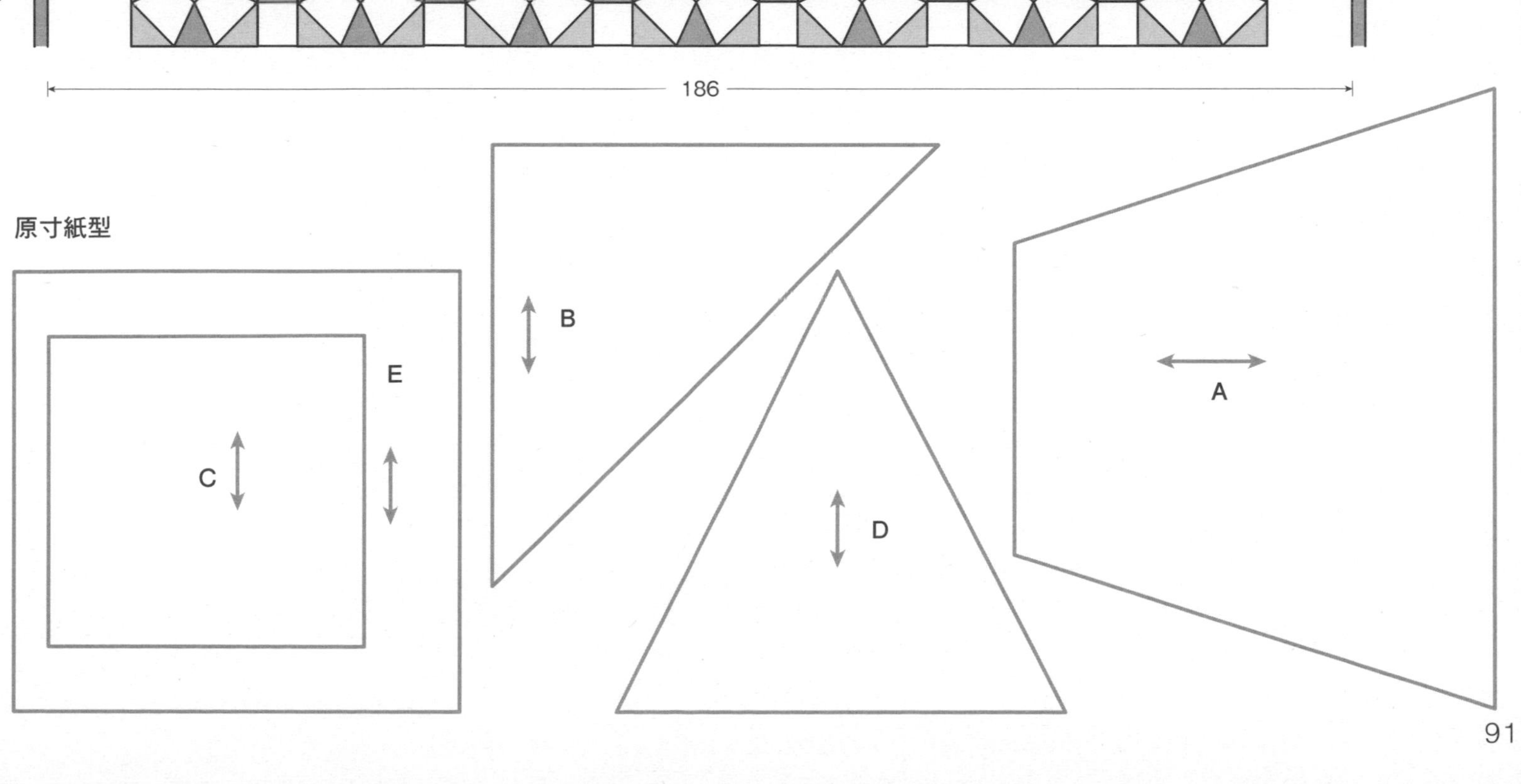

P12 No.16 迷你壁飾

◆材料
拼接用茶色印花布65×55cm 米黃色印花布55×30cm C用格紋布40×30cm 鋪棉、胚布各50×50cm 滾邊用寬3.5cm 斜布條190cm
◆作法順序
拼接A與B布片，完成36片圖案，接縫成6×6列→周圍接縫C布片，完成表布→疊合鋪棉與胚布，進行壓線→進行周圍滾邊（請參照P.82）。

完成尺寸 44×44cm

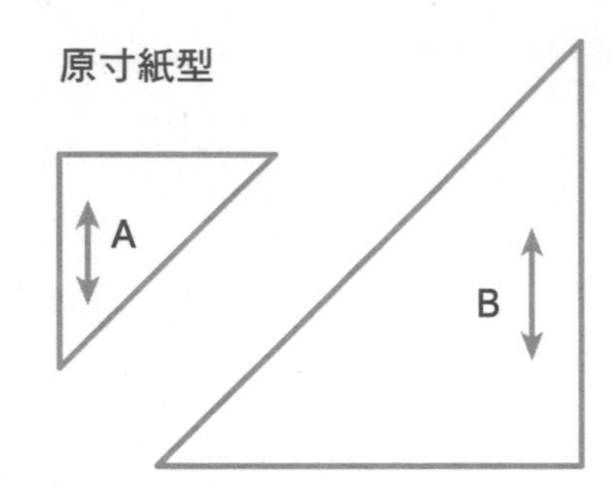

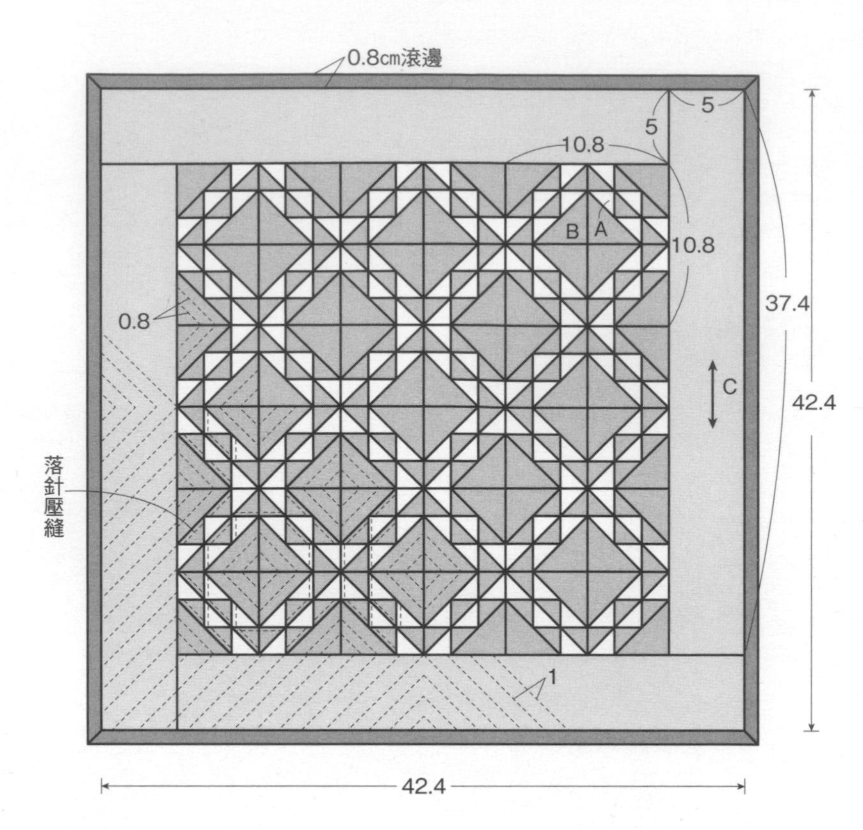

P12 No.17 迷你壁飾 ●紙型A面⑮（袋口裡側貼邊的原寸紙型）

◆材料
各式拼接用布片 白色素布55×55cm 鋪棉40×40cm 胚布80×40cm（包含袋口裡側貼邊部分）
◆作法順序
拼接A與B布片，完成表布→疊合鋪棉與胚布，進行壓線→正面相對疊合袋口裡側貼邊，縫合周圍→將袋口裡側貼邊翻向正面，進行藏針縫，縫於胚布。
◆作法重點
○沿著縫合針目邊緣修剪周圍的多餘鋪棉。

完成尺寸 33×29cm

圖案的接縫順序

由記號縫至記號
縫份倒向A布片側

原寸紙型

合印記號
A
B

拼接範例

皆由記號縫至記號

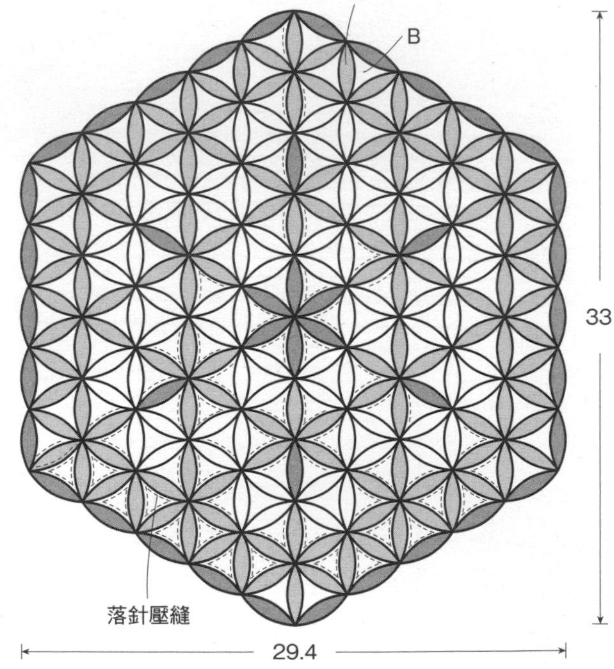

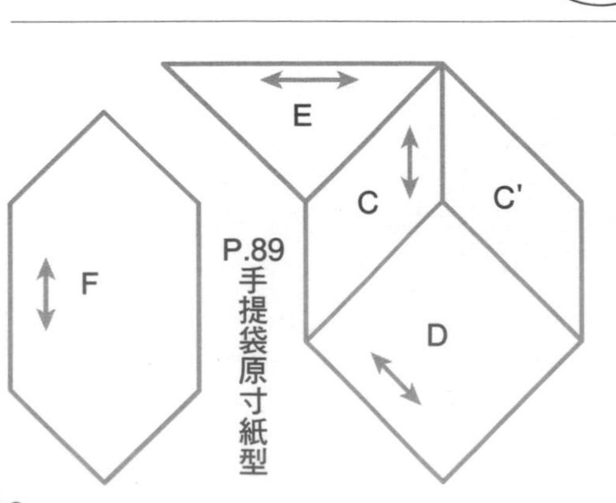

周圍的處理方法

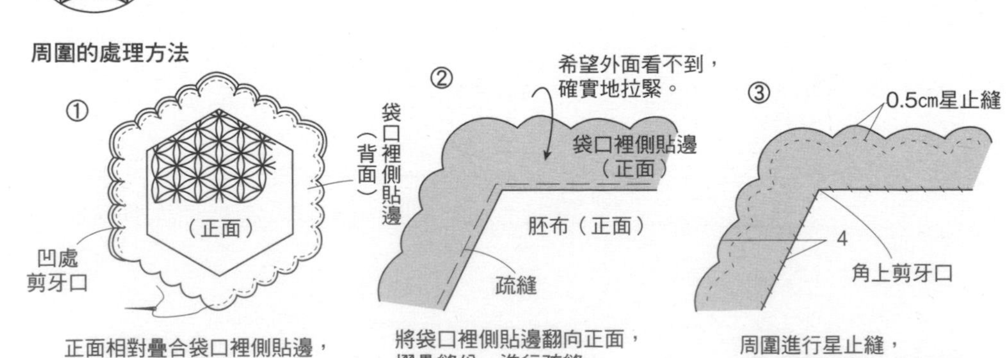

正面相對疊合袋口裡側貼邊，沿著周圍進行縫合。

將袋口裡側貼邊翻向正面，摺疊縫份，進行疏縫。

周圍進行星止縫，袋口裡側貼邊進行藏針縫。

P28 No.44 牽牛花壁飾 ●紙型A面⑩

◆材料

各式配色用布片　A用布55×40cm　B、C用布55×30cm　鋪棉、胚布各65×50cm　滾邊用寬4cm　斜布條215cm　寬0.4cm　接著斜布條　黑色700cm　綠色100cm

◆作法順序

A布片（台布）疊合配色布，進行疏縫→由最底下部分開始，依序黏貼接著斜布條，進行Z型車縫固定，完成表布→疊合鋪棉與胚布，進行壓線→進行周圍滾邊（請參照P.82）。

◆作法重點

○彩繪玻璃拼布作法請參照P.30至P.32。

完成尺寸　62×44cm

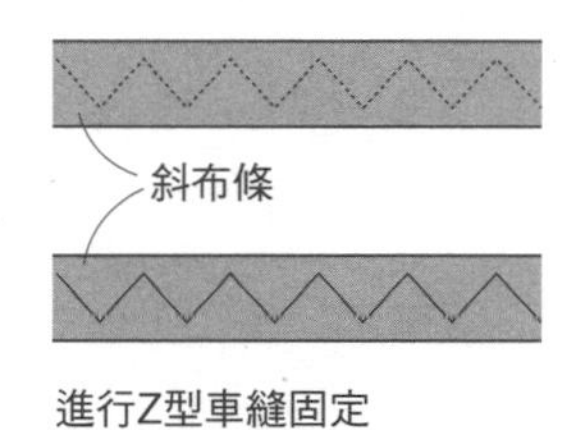

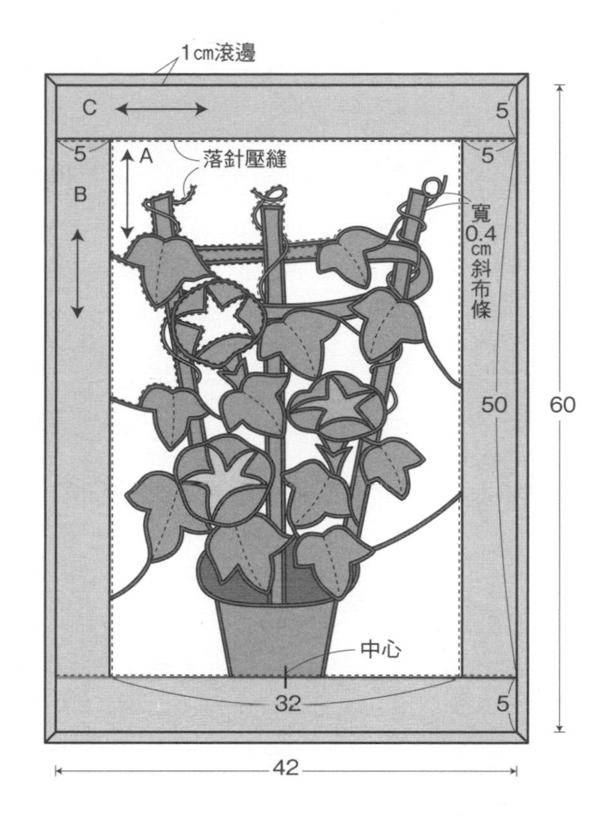

P28 No.43 鴨跖草壁飾 ●紙型A面①

◆材料

各式配色用布片　台布、鋪棉、胚布各45×45cm　滾邊用寬3.5cm　斜布條170cm　寬0.6cm黑色接著斜布條65cm　25號繡線（白色、淺黃色、深黃色）各適量

◆作法順序

台布疊合配色布，進行疏縫→由下方部分開始依序黏貼接著斜布條，以藏針縫縫合固定，完成表布→疊合鋪棉與胚布，進行壓線→進行周圍滾邊（請參照P.82）。

◆作法重點

○彩繪玻璃拼布作法請參照P.30至P.32。

完成尺寸　41×41cm

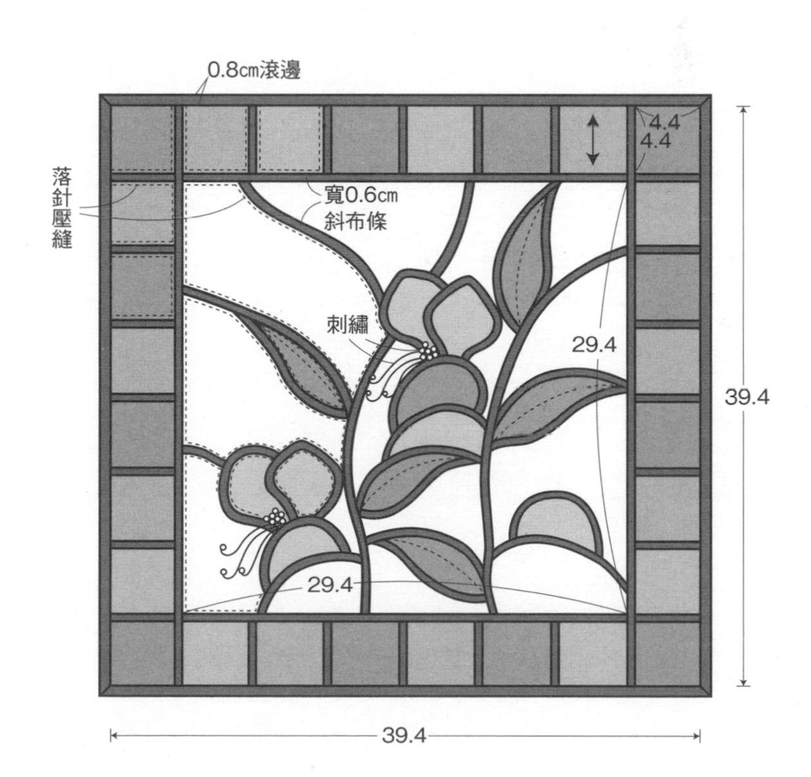

No.57至No.59 波奇包 ●紙型B面⑨

◆材料（1件的用量）
各式拼接、貼布縫用布片（包含提把、拉鍊裝飾部分）
胚布35×30cm（包含後片隔層用布部分） 鋪棉35×25cm
長12cm 拉鍊1條 直徑0.1cm 蠟繩10cm 25號繡線適量

◆作法順序
拼接布片，進行貼布縫與刺繡，完成前・後片表布→製作提把→依圖示完成縫製。

◆作法重點
○圓形貼布縫部分加入鋪棉營造立體感。

完成尺寸 波奇包12.5×12.5cm

No.58
前片
提把接縫位置
中心
⑨
貼布縫
刺繡
18.8
袋底中心
輪廓繡
落針壓縫
9.6
止縫點
1
後片
提把接縫位置
12.8

提把

No.57
No.59
以喜愛的刺繡圖案為裝飾。直徑1至4cm，自由地進行貼布縫，

縫製方法

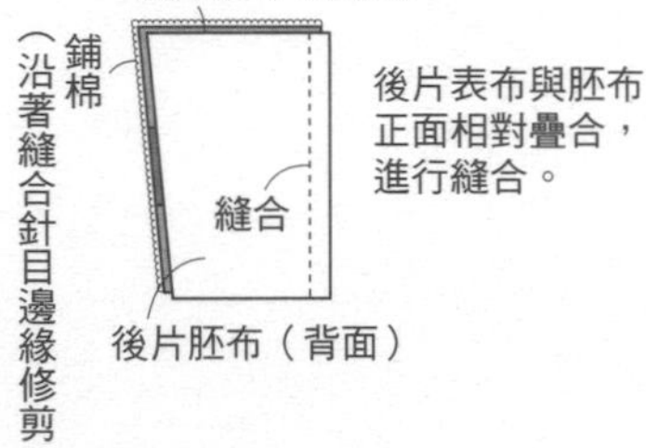

提把
（2片）（原寸裁剪）
3.2
12
0.8
背面相對摺成四摺，
進行車縫。

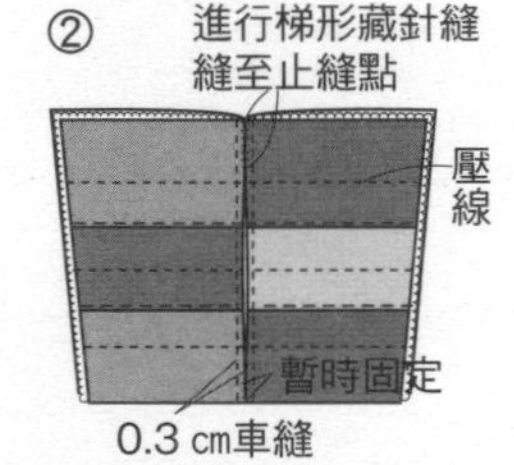

翻向正面，進行車縫，進行壓線。
以相同作法完成另一片，
併攏2片，由上端縫至止縫點，
暫時固定下端縫份。

③
暫時固定提把
鋪棉
袋底中心
正面相對
縫合
縫份一起倒向袋底側

前片表布疊合鋪棉後，
接縫後片，
暫時固定提把。

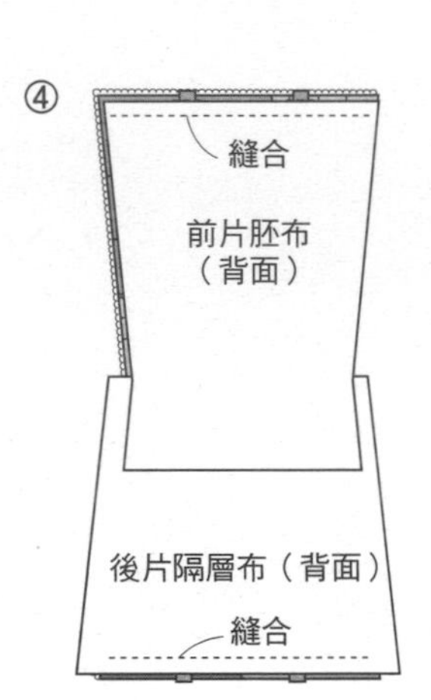

前片正面相對疊合胚布，
縫合袋口側，
後片正面相對疊合後片隔層布，
縫合袋口側。

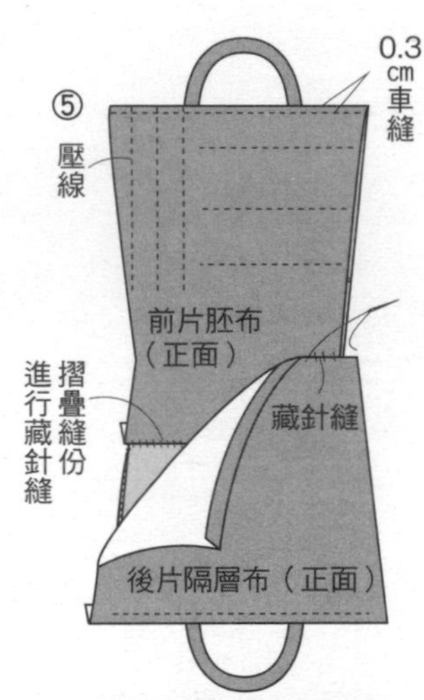

胚布與隔層布翻向正面後，
沿著袋口側進行車縫。
胚布進行藏針縫，縫於③的縫份後，
由上往下套入隔層布，進行藏針縫。

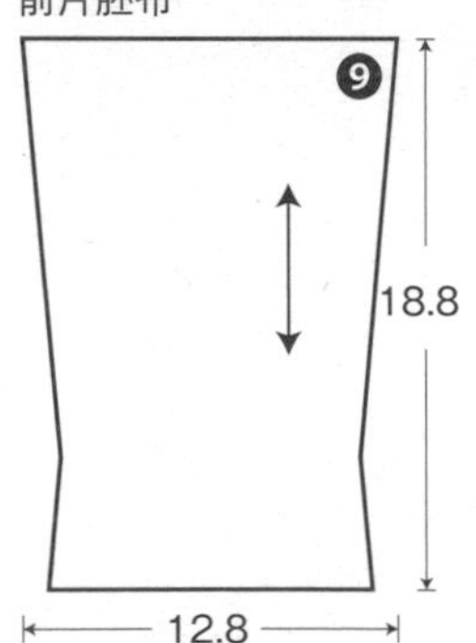

拉鍊裝飾
（2片）
1.5
刺繡
2.5
2.5

正面相對由袋底中心摺疊，
縫合脇邊，處理縫份。

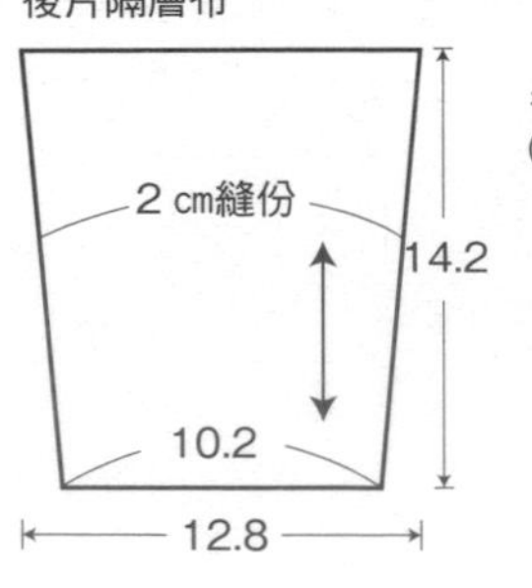

後片胚布
（左右對稱各1片）
9.6
5.5
6.4

拉鍊裝飾

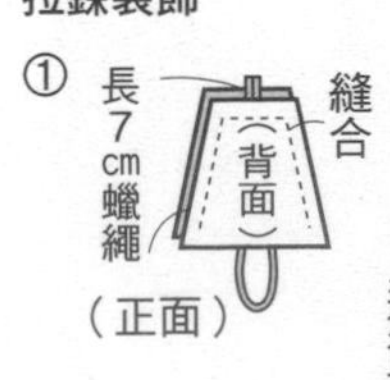

②
3
塞入棉花進行藏針縫。
（正面）
棉花

No.56 收納袋 ●紙型B面⑨（前片原寸紙型＆刺繡圖案）

◆材料

各式拼接用布片 胚布50×55㎝（包含口袋A、B用布部分） 貼布縫用布10×15㎝ 提把、拉鍊裝飾用皮革10×20㎝ 接著襯45×40㎝ 鋪棉、胚布各45×20㎝ 直徑0.1㎝蠟繩10㎝ 長55㎝、15㎝拉鍊各1條 25號繡線適量

◆作法順序

拼接布片，彙整成前、後片表布→疊合鋪棉、胚布，進行壓線→依圖示完成縫製。

◆作法重點

○裡布與口袋B分別黏貼接著襯。

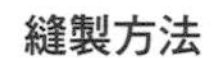

完成尺寸 21.5×17.5㎝

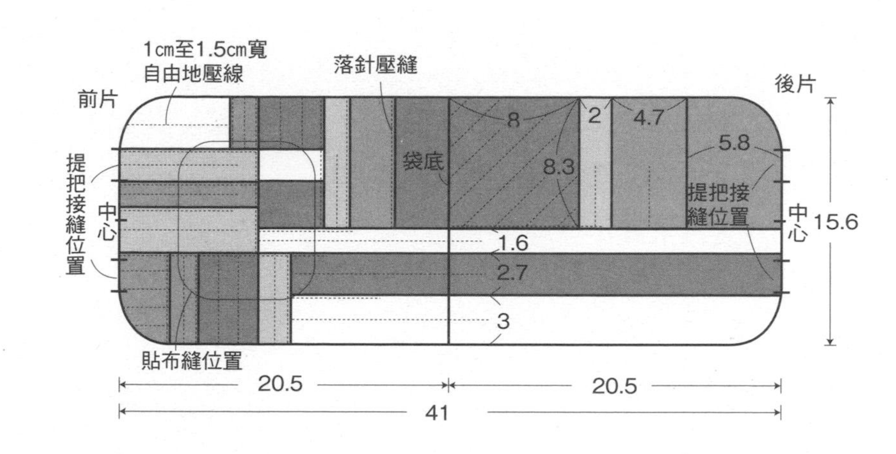

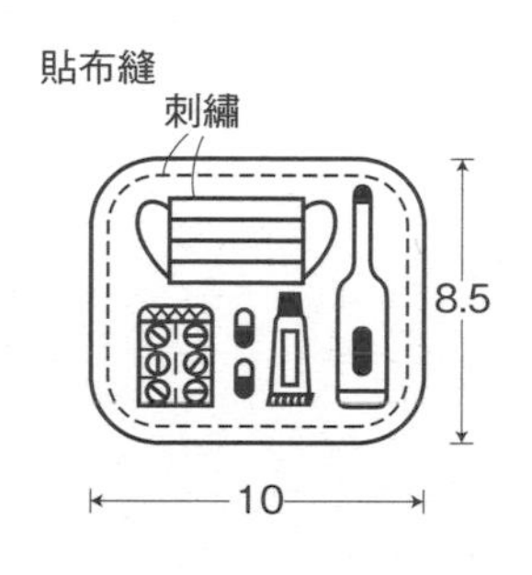

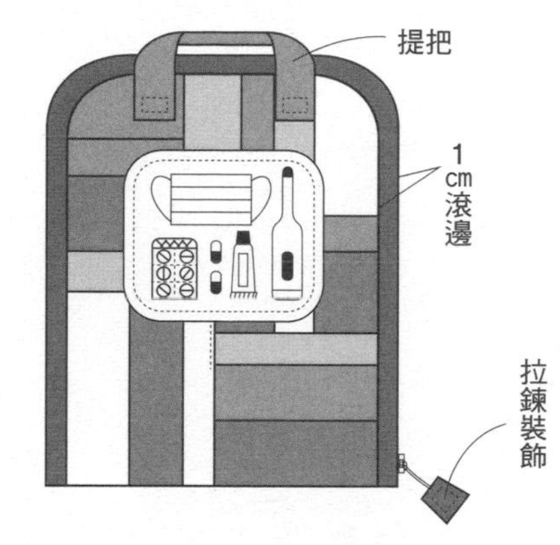

※裡布為一整片相同尺寸布料裁成。

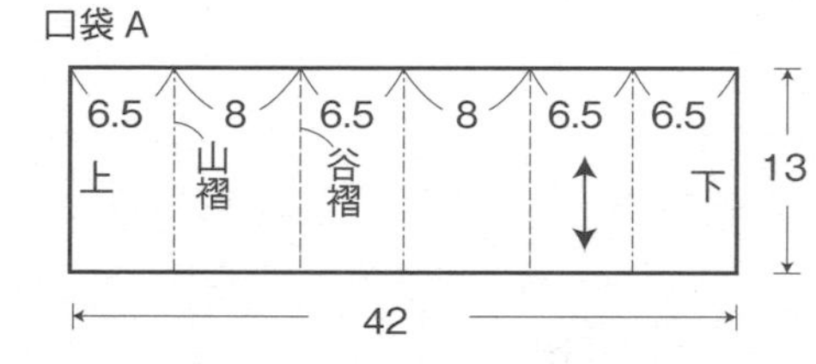

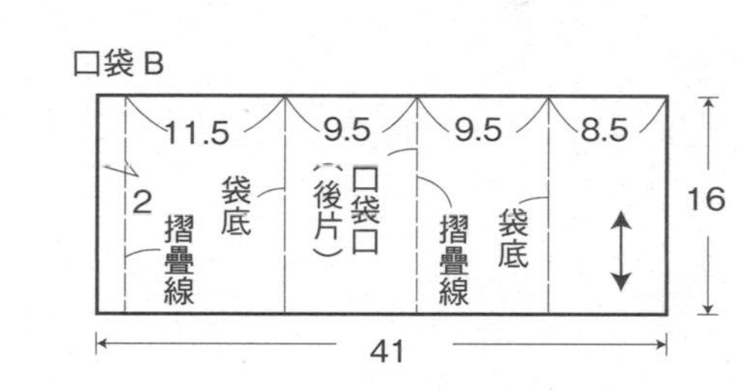

縫製方法

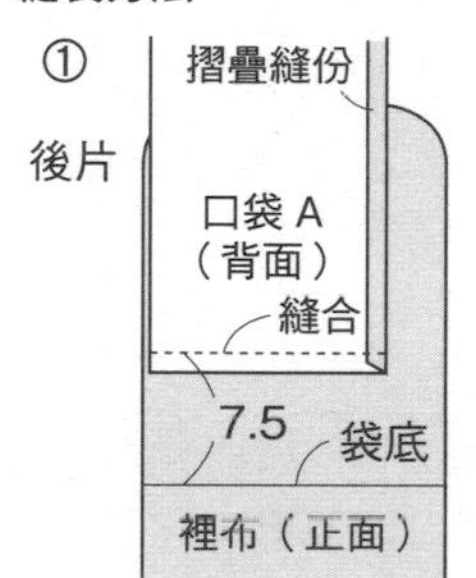

口袋A上端
正面相對疊合於裡布
進行縫合

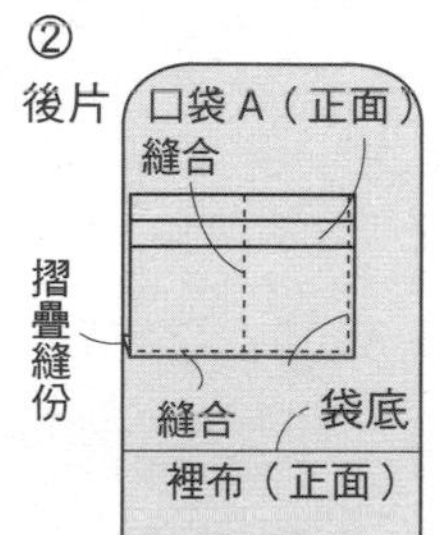

沿著摺疊線，摺疊口袋A，
縫合隔層線、脇邊、袋底。

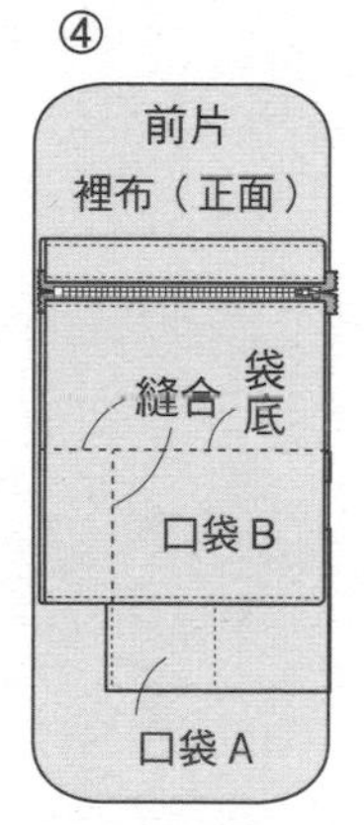

②疊合口袋B，
縫合袋底與隔層線。

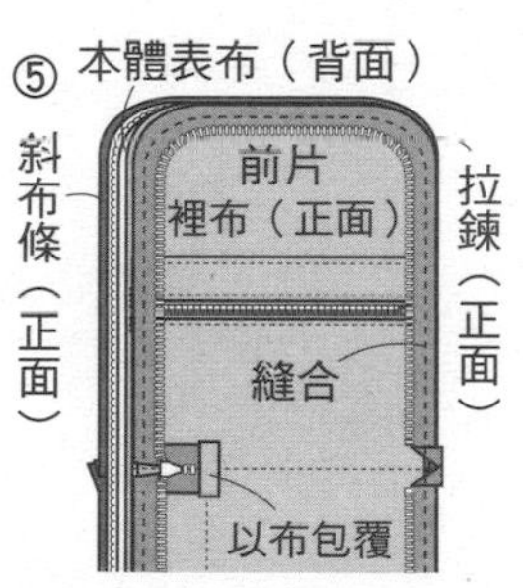

背面相對疊合裡布與表布後，
裡布側正面相對疊合拉鍊，
表布側正面相對疊合斜布條，
進行縫合。

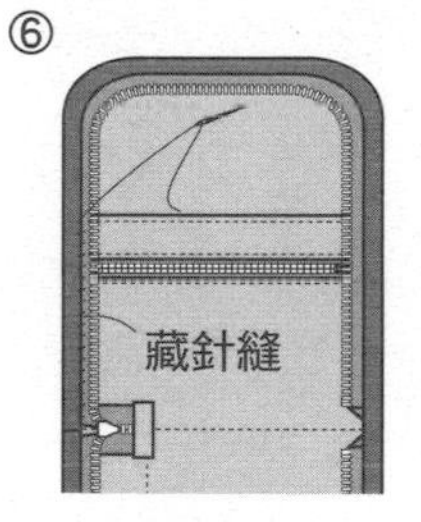

以斜布條包覆縫份，
進行藏針縫。

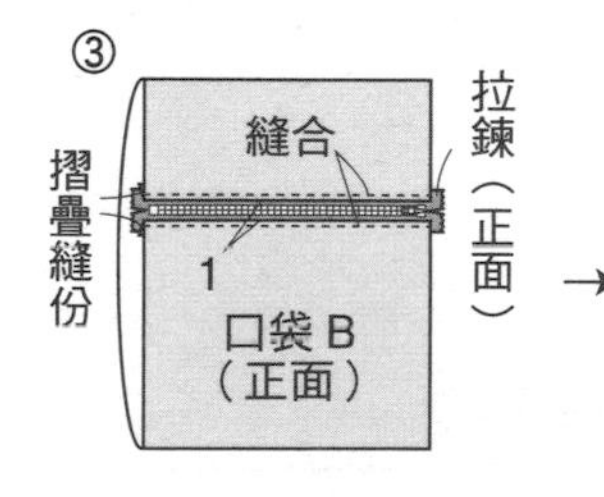

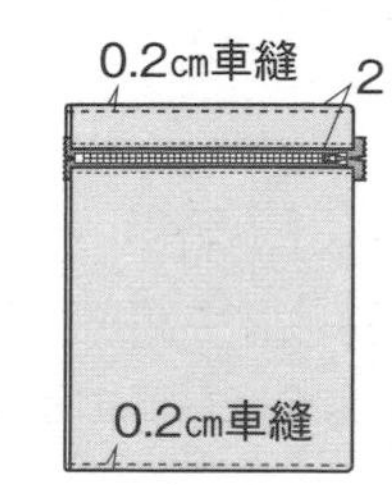

口袋B
安裝拉鍊，
沿著摺疊線摺疊，
進行車縫。

拉鍊裝飾

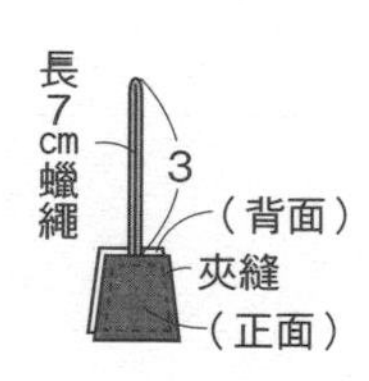

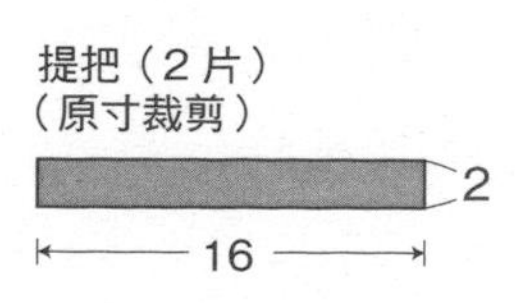

提把安裝方法

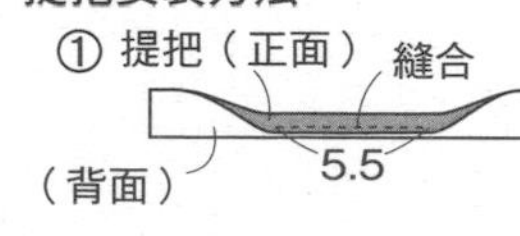

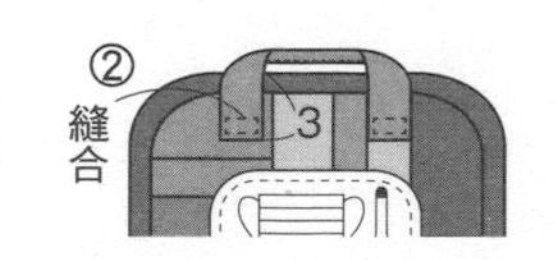

No.23 壁飾 ●紙型B面⑬（A至G'布片原寸紙型）

◆材料

各式拼接用布片 C至G'用紅色素布110×100cm H、I用布110×250cm 滾邊用寬5cm斜布條910cm 鋪棉、胚布各100×550cm

◆作法順序

拼接A至G'布片（由記號縫至記號），周圍接縫H與I布片，完成表布→疊合鋪棉與胚布，進行壓線→進行周圍滾邊（請參照P.82）。

完成尺寸 244.5×207cm

區塊的接縫方法

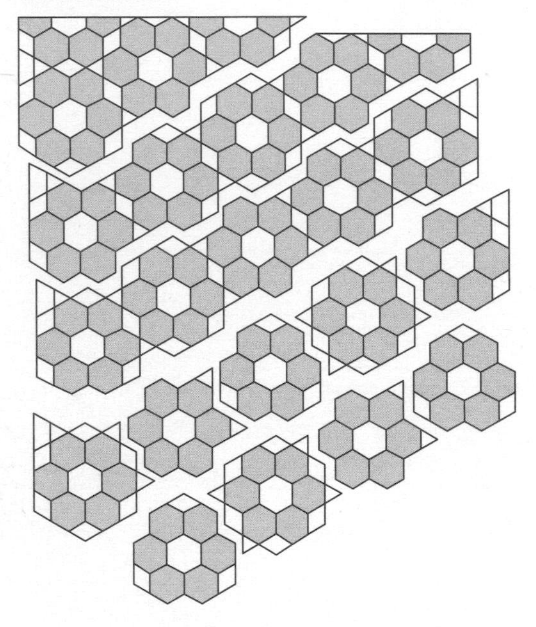

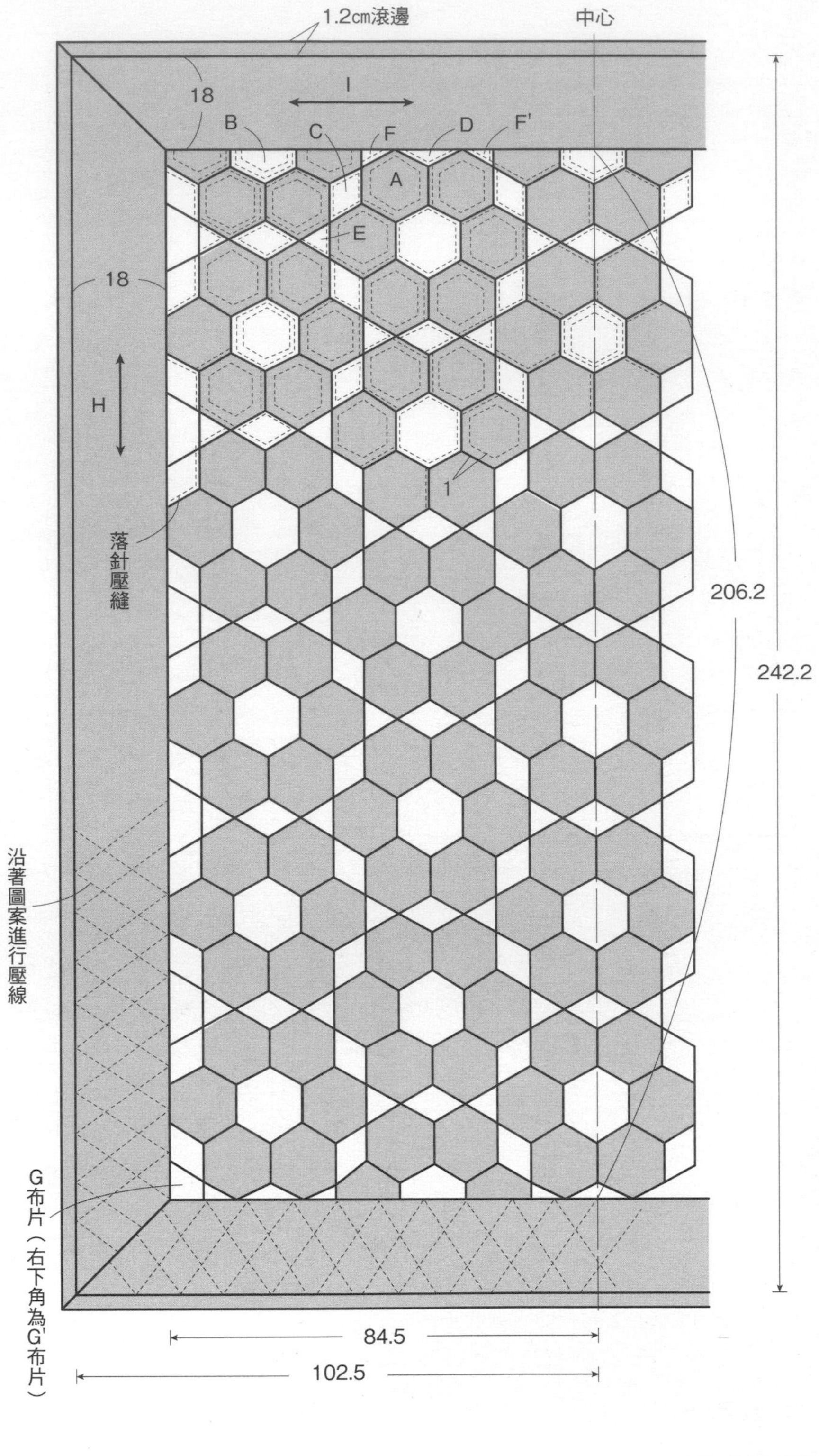

P.85 No.3壁飾原寸紙型

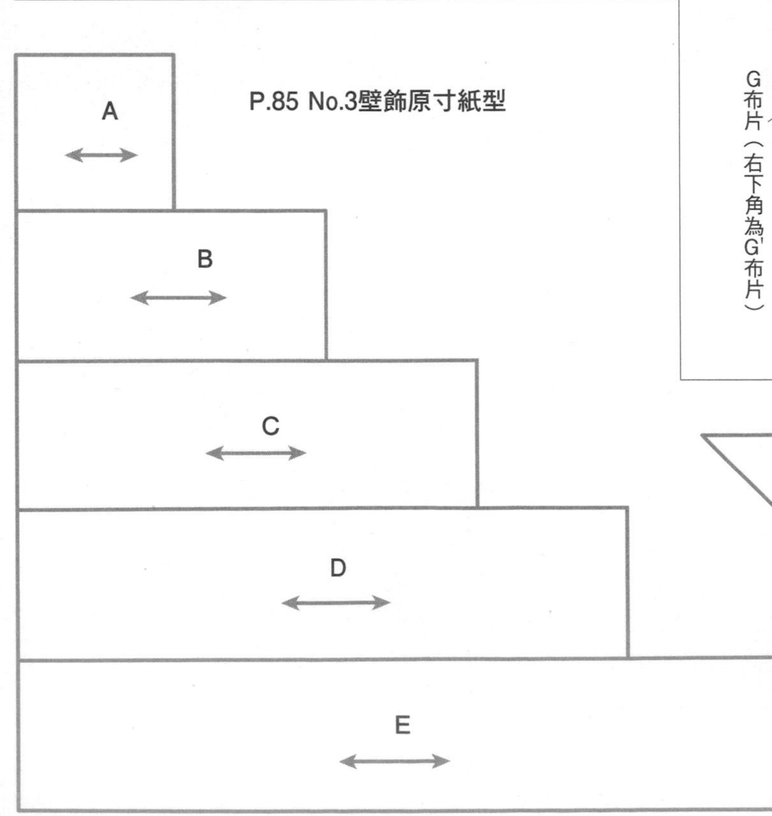

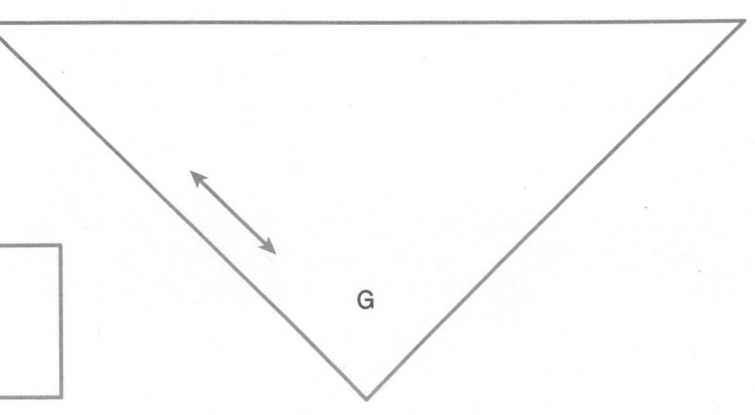

No.38・No.39 框飾 ●紙型B面⑩

◆材料※（ ）為濱梨玫瑰的尺寸

各式配色用布片 台布用水藍色斑染布30×25（30×30cm） 鋪棉45×20cm（40×25cm） 滾邊條用寬1.3cm 斜布條、寬0.5cm 鋪棉用熱接著帶各250cm（280cm） 25號黃色繡線、厚紙各適量 內尺寸19×24cm（20×20cm）畫框1個

◆作法順序

台布暫時固定配色布→黏貼斜布條，進行藏針縫，完成表布（濱梨玫瑰進行花心貼布縫）→疊合鋪棉，進行壓線→進行花心刺繡→依圖示完成縫製，裝入畫框。

◆作法重點

○彩繪玻璃拼布作法請參照P.30至P.32。
○台布周圍預留縫份3cm。
○參照P.32，將斜布條摺成寬0.6cm後，黏貼鋪棉用熱接著帶。
○鋪棉裁剪成畫框內尺寸＋1cm。
○包覆厚紙織前，放入鋪棉，使中央蓬起。

完成尺寸 桔梗內尺寸19×24cm 濱梨玫瑰內尺寸20×20cm

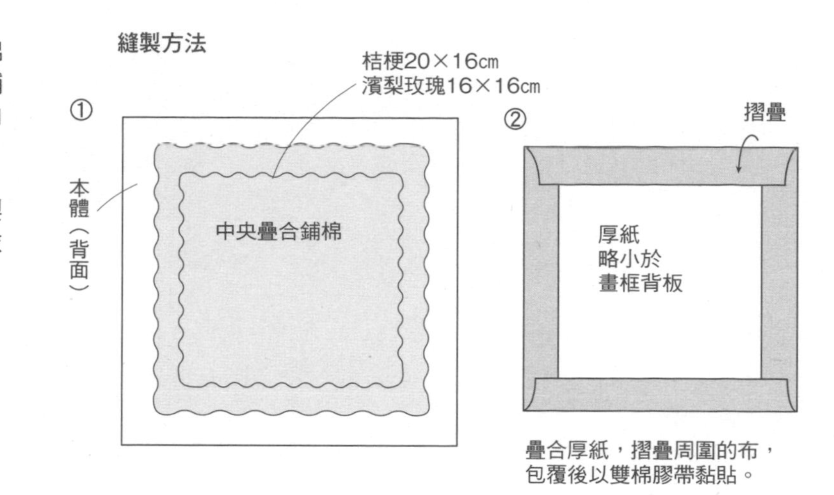

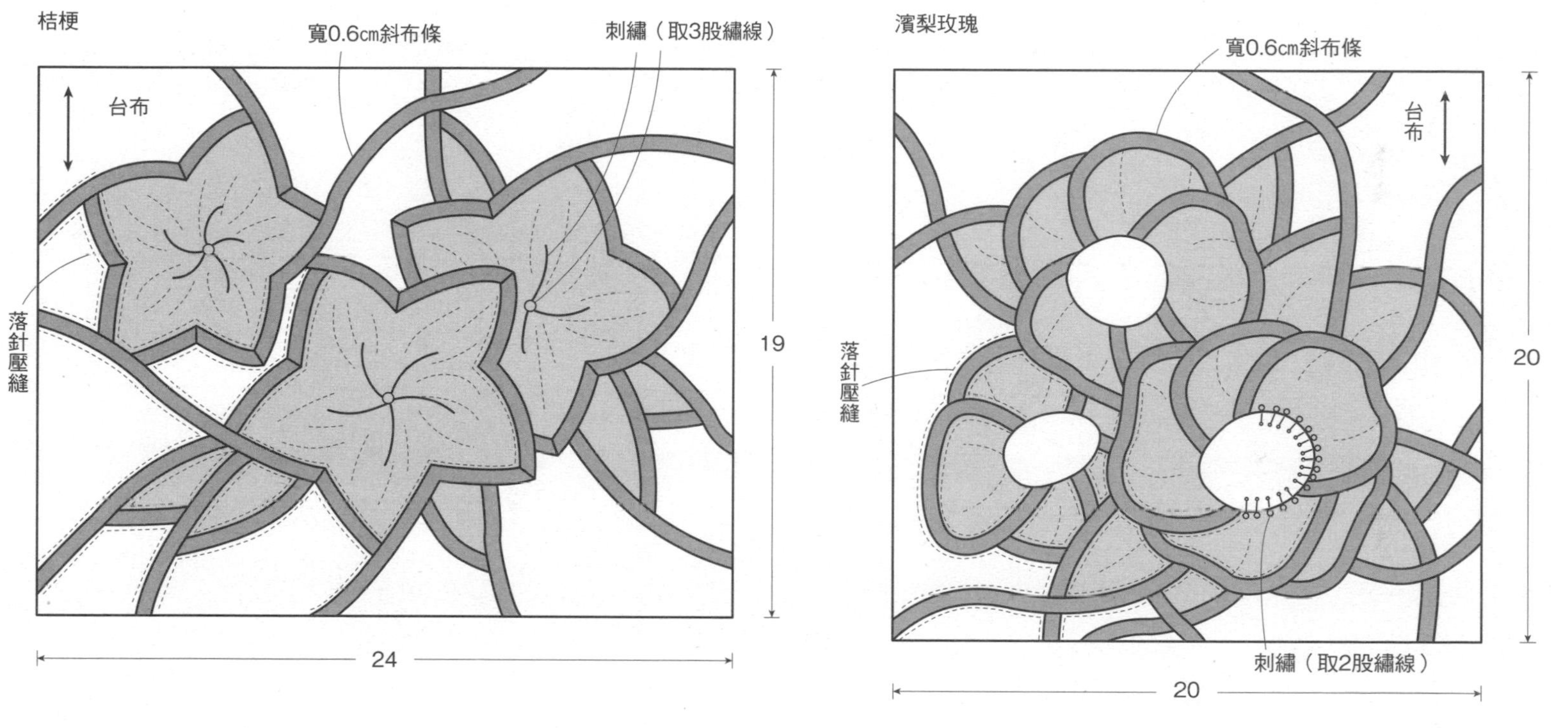

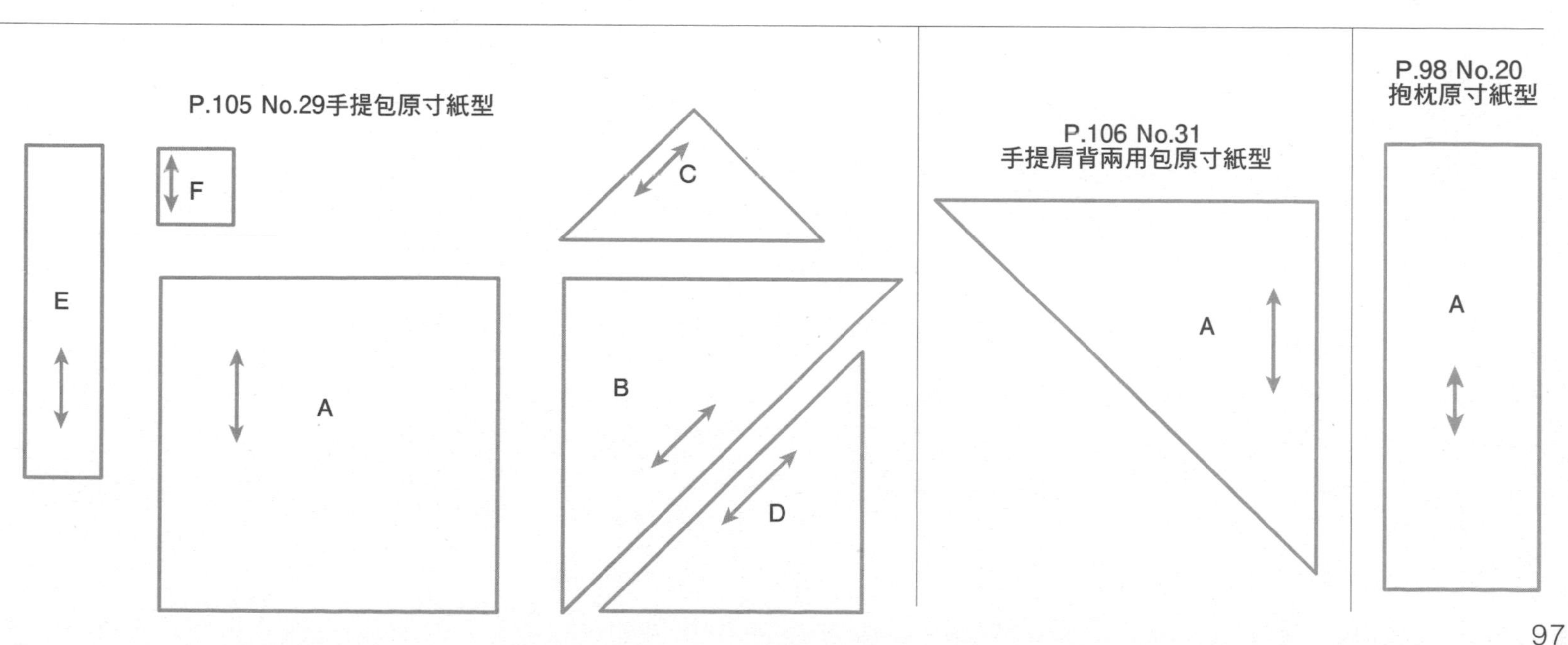

No.18至No.20 抱枕 ●紙型B面❶❷

◆材料

No.18　各式拼接用布片 G用布30×45㎝　後片用布、鋪棉、胚布各50×50㎝　滾邊用寬3.5㎝　斜布條175㎝　直徑0.5㎝　繩帶175㎝ 長36㎝　拉鍊1條 毛線適量

No.19　各式拼接用布片　K用布30×45㎝　後片用布50×45㎝　荷葉邊用布8×300㎝　鋪棉、胚布各45×45㎝　長30㎝　拉鍊1條 毛線適量

No.20　各式拼接用布片 側身用布30×50㎝　鋪棉、胚布各60×50㎝ 寬0.9㎝ 緞帶100㎝

◆作法順序

No.18・No.19　拼接A至F（a至j）布片，周圍接縫G（k）布片，完成表布→疊合鋪棉與胚布，進行壓線→依圖示完成縫製。

No.20 拼接布片，完成5個帶狀區塊，以鑲嵌拼縫接合完成表布→疊合鋪棉與胚布，進行壓線→依圖示完成縫製。

◆作法重點

○No.18的滾邊繩角上部位縫份剪牙口。

○No.20本體接縫成圈時，分別縫合固定表布、鋪棉、胚布。

完成尺寸　No.18 43×43㎝　No.19 38.5×38.5㎝

No.20 直徑15㎝ 長53㎝

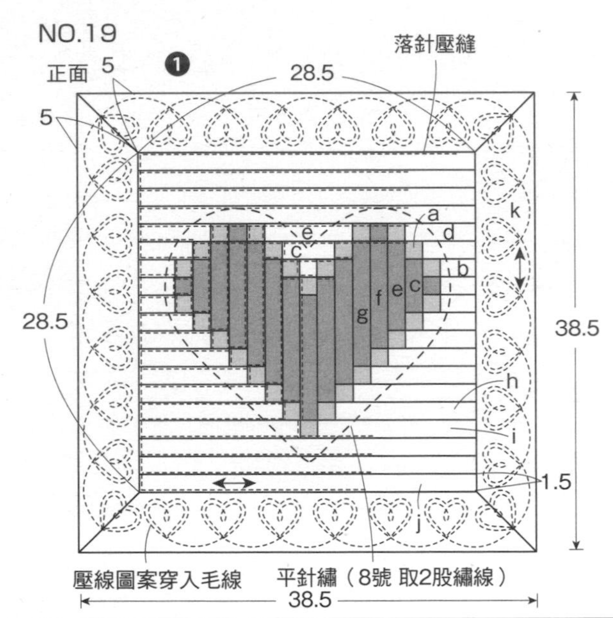

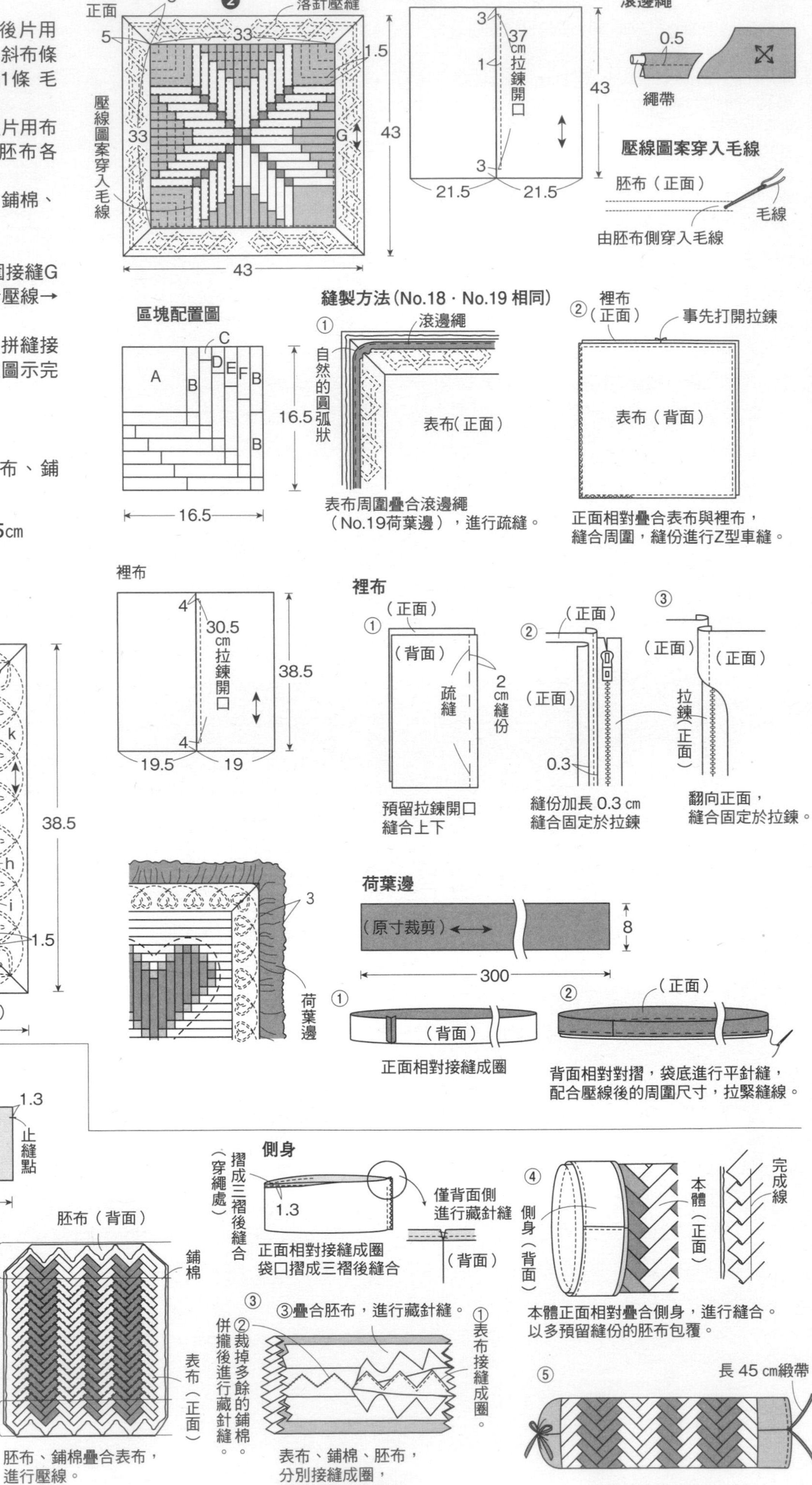

P2 No.1 壁飾 ●紙型A面❷（原寸貼布縫、壓線圖案）

◆材料

各式拼接、貼布縫用布片　A用布30×30cm　B用布75×20cm　鋪棉、胚布各55×55cm　滾邊用寬3cm斜布條190cm　寬0.6cm　蕾絲160cm　25號繡線適量

◆作法順序

拼接A與B布片，進行貼布縫、刺繡→周圍接縫C至E布片，完成表布→疊合鋪棉與胚布，進行壓線→縫合固定蕾絲→進行周圍滾邊（請參照P.82）。

◆作法重點

○刺繡方法請參照P.101。

完成尺寸　45×45cm

原寸紙型

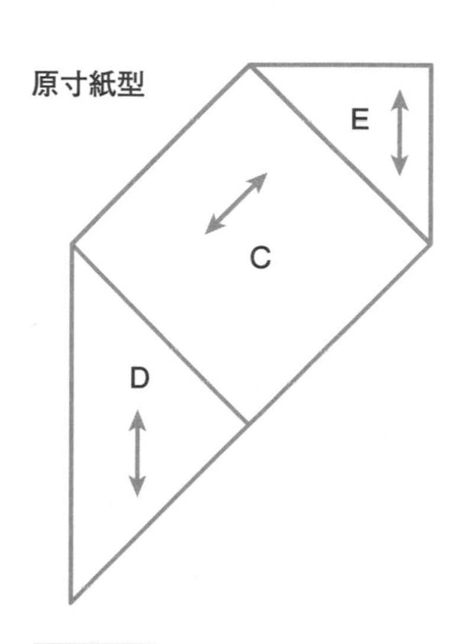

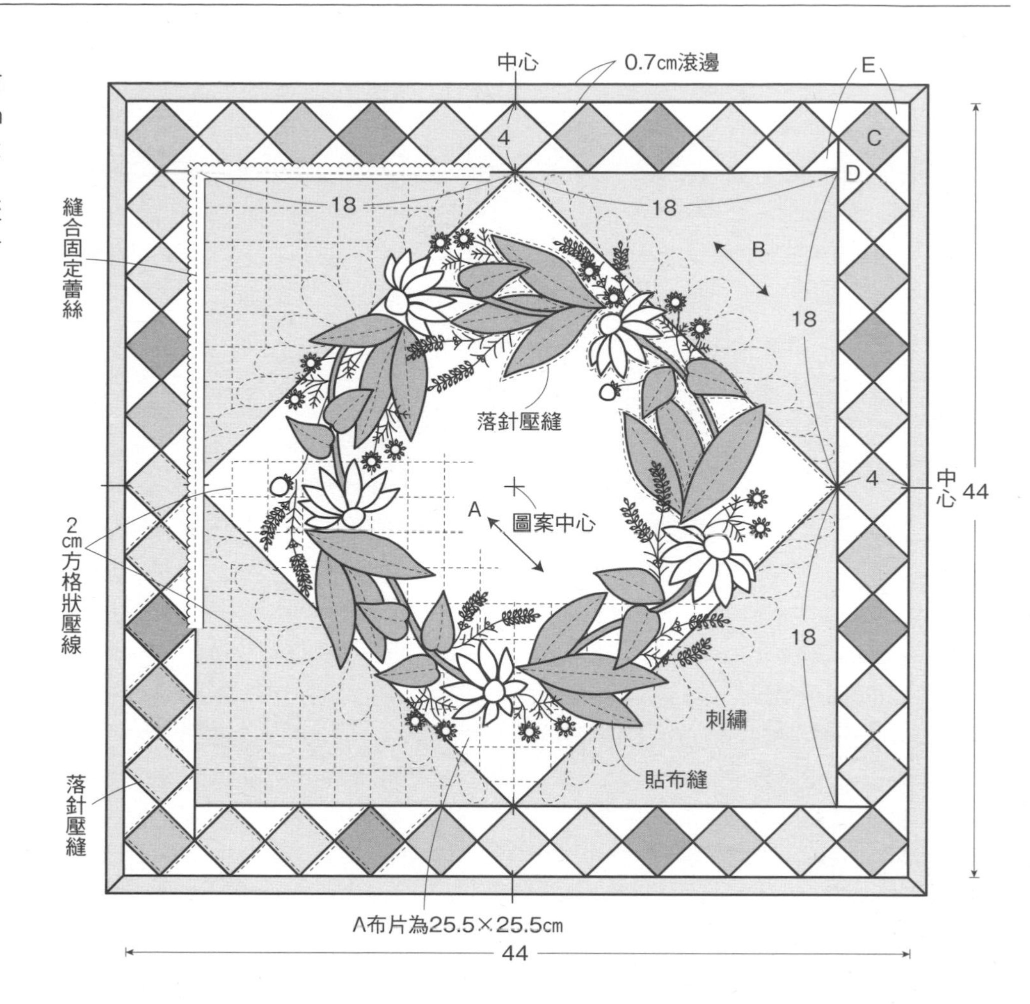

P3 No.2 手提袋 ●紙型A面❺

◆材料

各式拼接、貼布縫用布片　D用布65×30cm（包含E布片、後片部分）　側身用布15×75cm　鋪棉、胚布（包含補強片部分）各75×45cm　寬1cm 蕾絲60cm　長41cm 皮革提把1組　寬6cm×長8.5cm 蕾絲花片1片　滾邊用寬2.5cm 斜布條60cm　25號繡線

◆作法順序

拼接A至E布片，完成前片表布→進行刺繡→前・後片與側身的表布，疊合鋪棉與胚布，進行壓線→依圖示完成縫製。

完成尺寸　手提包25×28cm

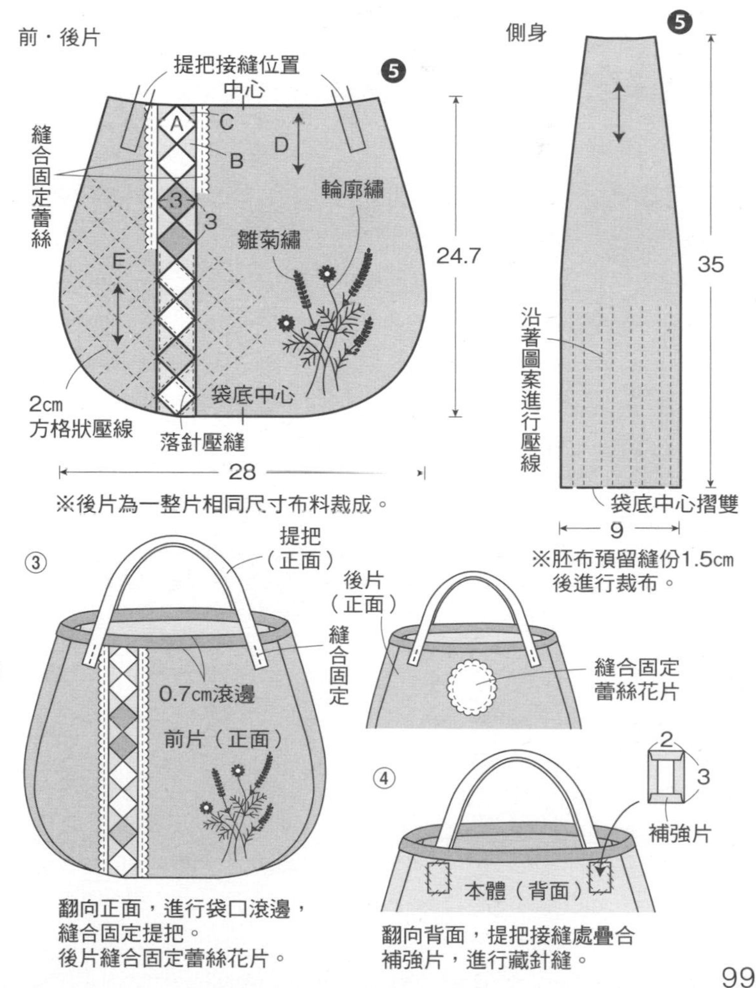

縫製方法

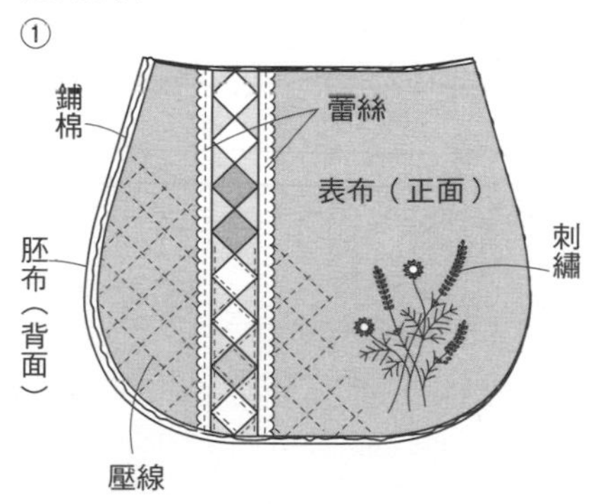

前片進行壓線後，縫合固定蕾絲。

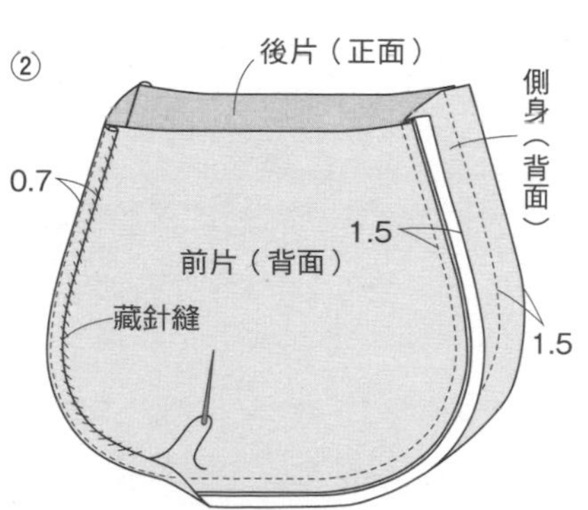

前・後片與側身
正面相對疊合後進行縫合。
以側身的胚布包覆縫份。

No.36・No.37 水芭蕉&楓葉壁飾

●紙型B面⑰

◆材料

相同 各式配色用布片 鋪棉、胚布各50×50cm 滾邊用寬4cm 斜布條200cm 25號黑色繡線適量

No.36 台布50×50cm 直徑0.5cm 繩帶10cm 寬0.6cm 黑色接著斜布條80cm 寬0.4cm 黑色接著斜布條150cm

No.37 A用布50×40cm B用布50×15cm 寬0.6cm 黑色接著斜布條75cm 寬0.4cm 黑色接著斜布條35cm

◆作法順序（相同）

台布描繪圖案（No.36拼接A與B布片）後，配置配色布→沿著圖案線條黏貼斜布條，進行藏針縫→疊合鋪棉與胚布，進行壓線→進行刺繡→進行周圍滾邊（請參照P.82）。

完成尺寸 47×47cm

彩繪玻璃拼布作法

①

台布描繪圖案後，以噴膠暫時黏貼各式配色布。

②

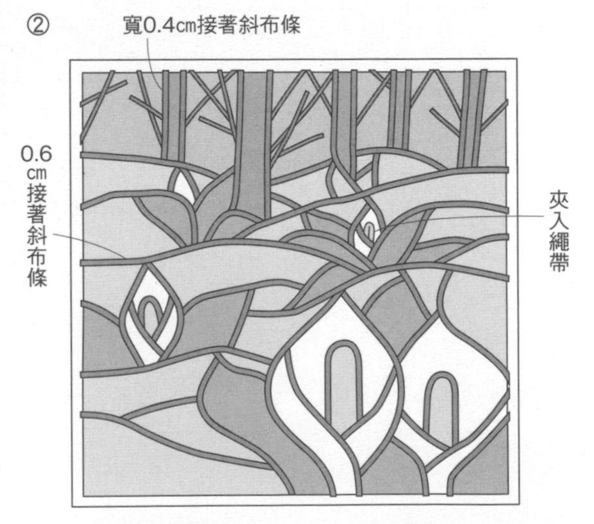

配色布交界處
疊合接著斜布條
以熨斗燙黏
斜布條兩邊端進行藏針縫

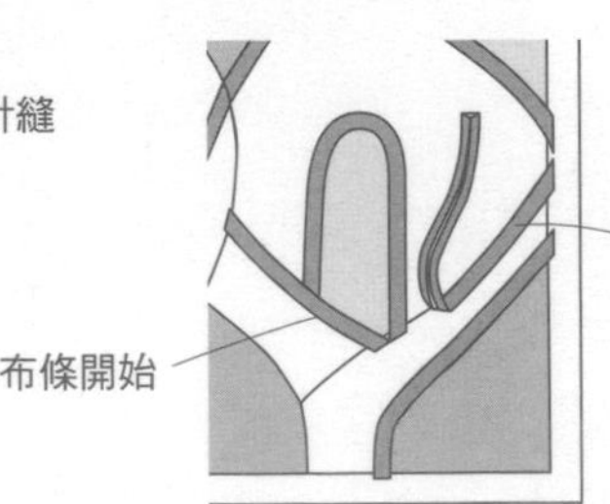

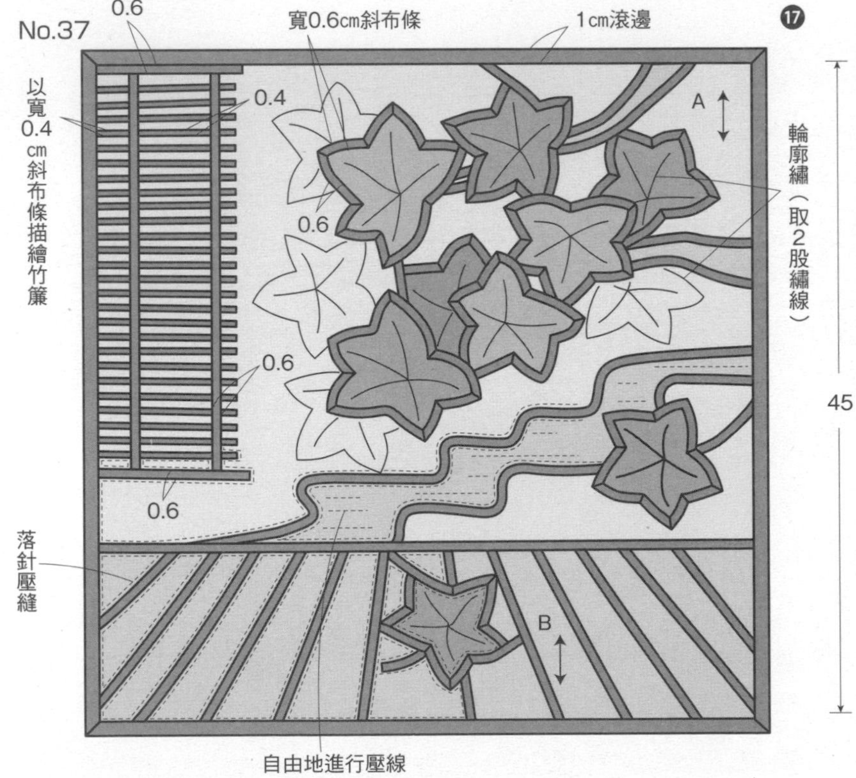

P43 No.54 手提袋 ●紙型A面⑪（A至B'布片原寸紙型）

◆材料

各式拼接用藍色碎白點布片　藍色條紋布34×100cm （包含提把表布部分） 袋底用布40×15cm　鋪棉、胚布（包含提把裡布部分）各75×40cm　滾邊用寬3.5cm 斜布條80cm 寬4cm 斜布條55cm

◆作法順序

拼接A至B'布片，接縫C布片，完成表布→疊合鋪棉與胚布，進行壓線→進行袋口滾邊→摺疊袋底，進行脇邊滾邊→製作提把（沿著縫合針目邊緣修剪鋪棉）後縫合固定。

完成尺寸　21.5×36cm

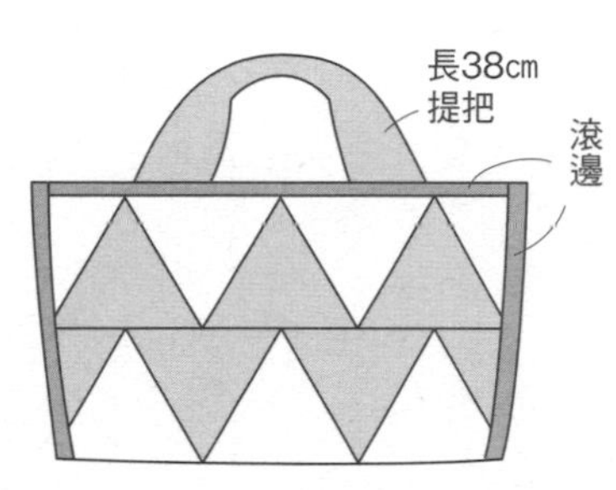

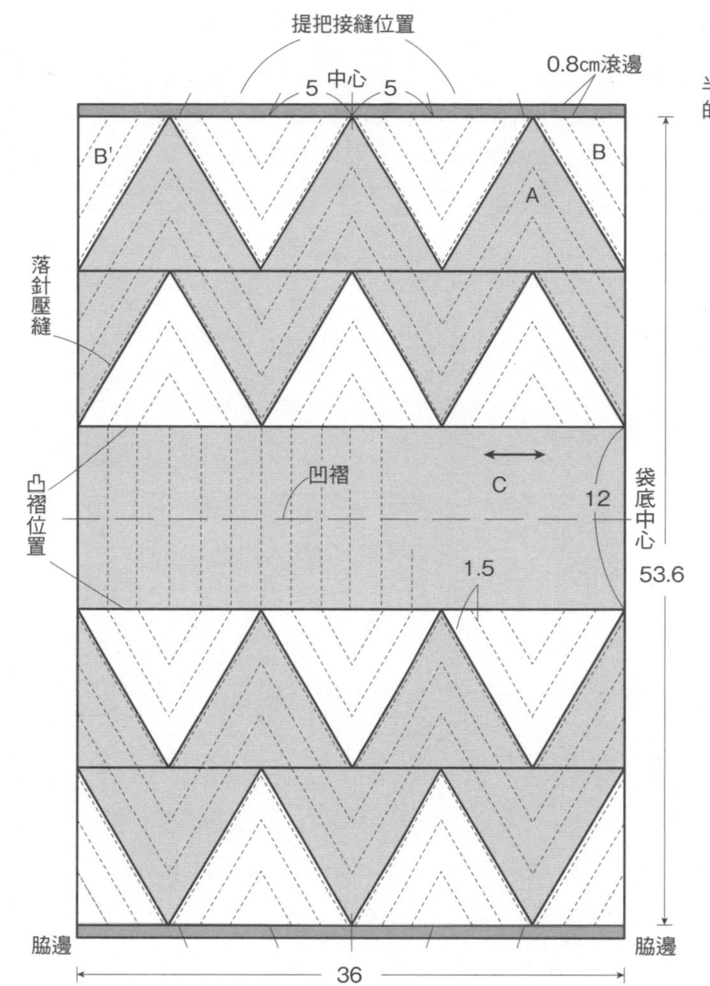

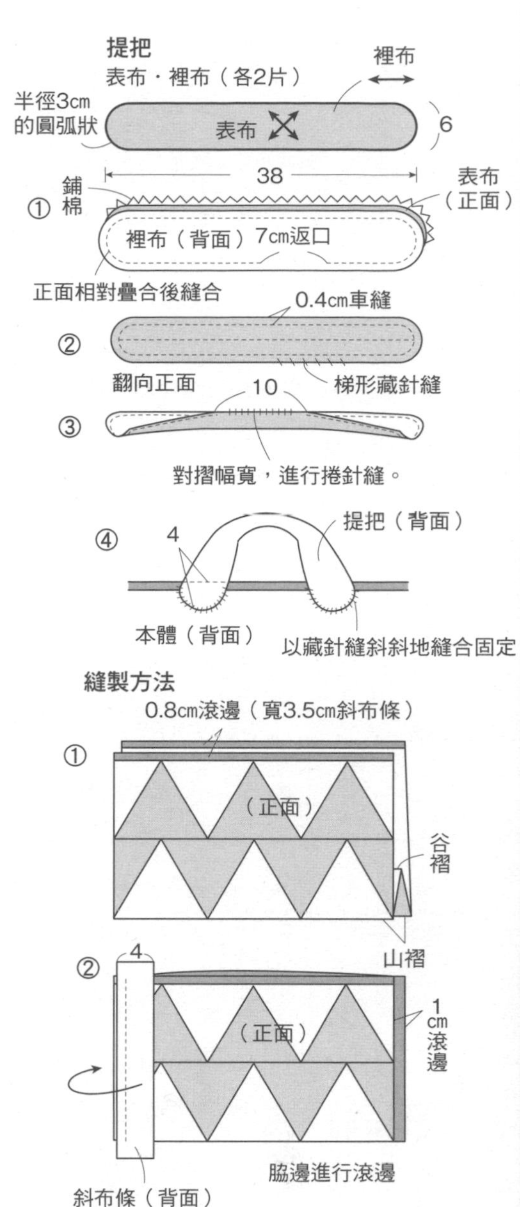

繡法

輪廓繡

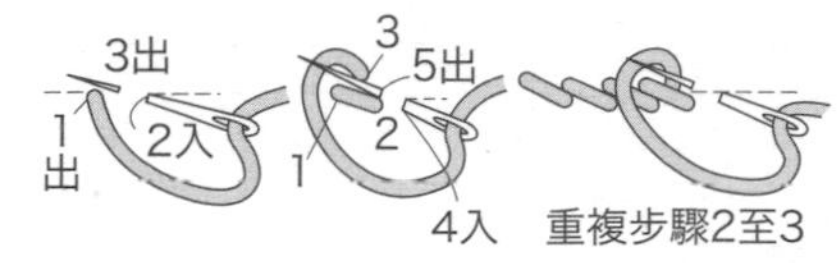

回針繡

緞面繡

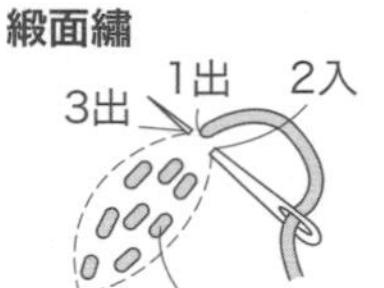

法國結粒繡

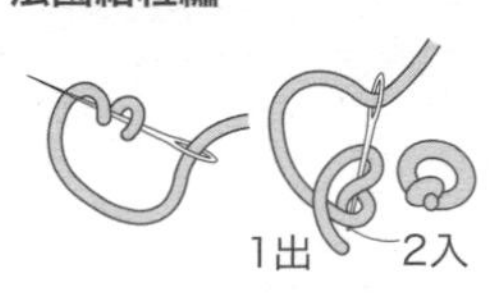

魚骨繡

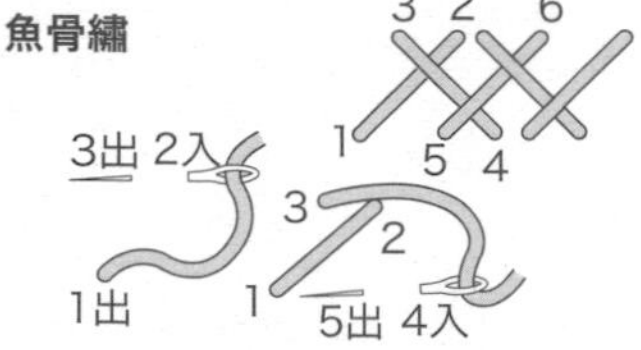

平針繡

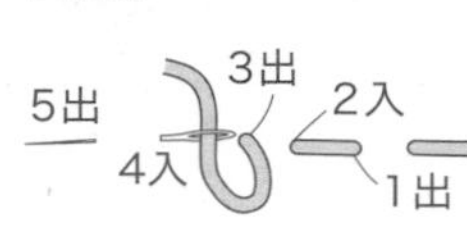

直線繡

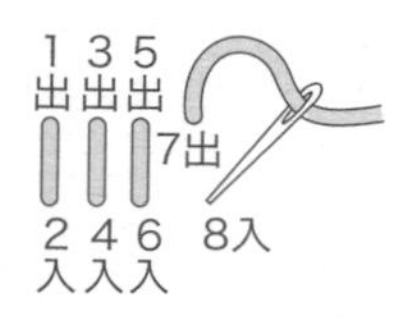

鎖鍊繡

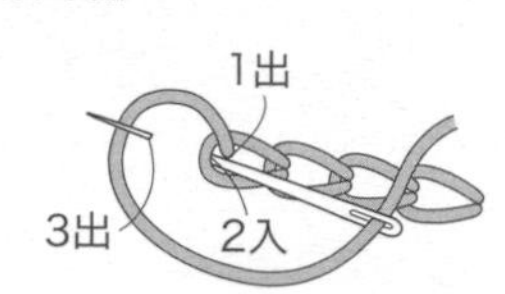

雛菊繡

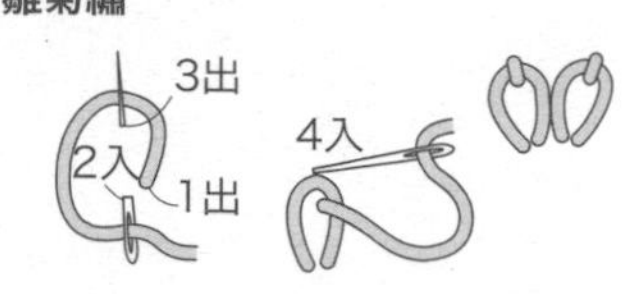

十字繡

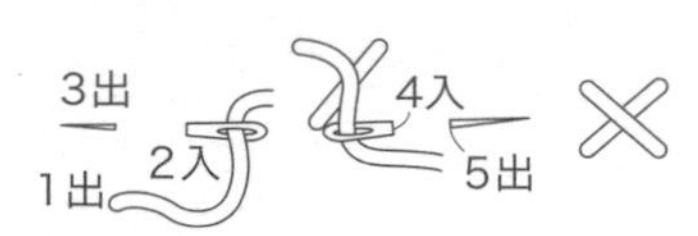

P42 No.53 手提袋

◆材料

各式泡芙表布※用布片 泡芙用台布110×40cm 側身用布90×55cm（包含吊耳、裡袋、內底部分） 鋪棉、胚布各15×90cm 11×16.5cm附D型環 竹提把1組 包包用底板31.5×7.5cm 棉花適量、飾邊印花布。

◆作法順序

製作96片泡芙→接縫泡芙，完成前片與後片→製作側身→製作吊耳，接縫於提把→依圖示完成縫製。

完成尺寸　24×32cm

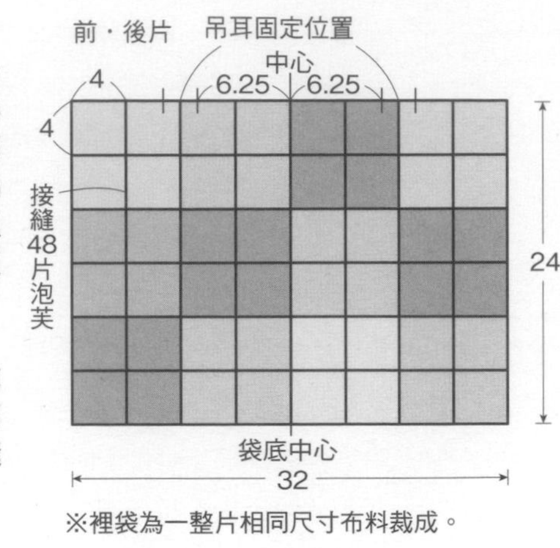

※裡袋為一整片相同尺寸布料裁成。

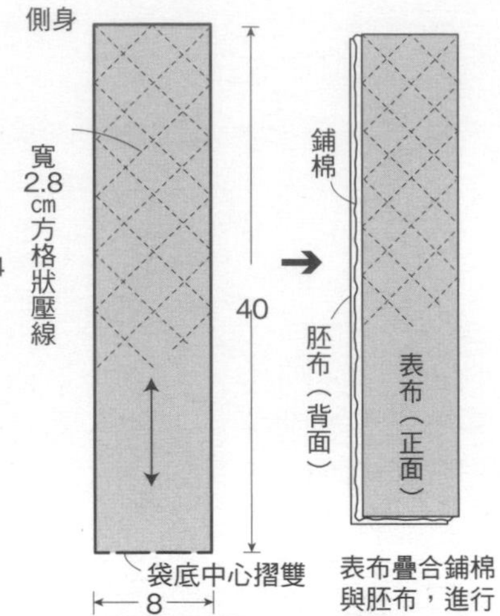

※裡袋相同尺寸。

表布疊合鋪棉與胚布，進行壓線。

吊耳

① 正面相對疊合進行縫合

② 翻向正面，套入提把的D型環，暫時固定。

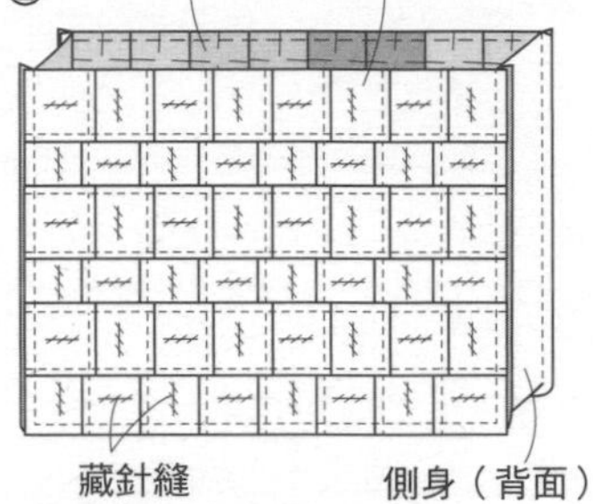

裡袋

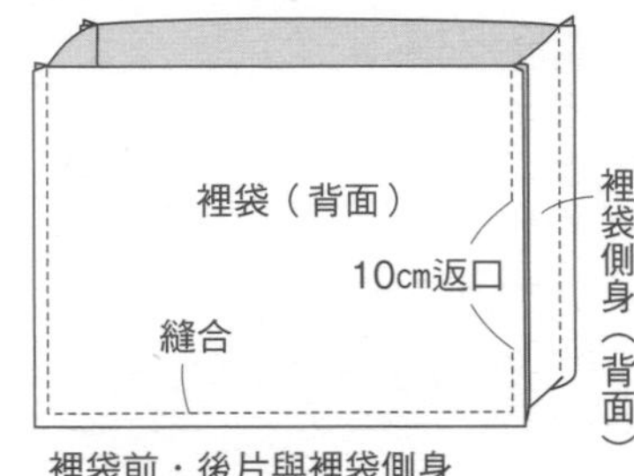

裡袋前・後片與裡袋側身正面相對疊合，預留返口進行縫合。

泡芙

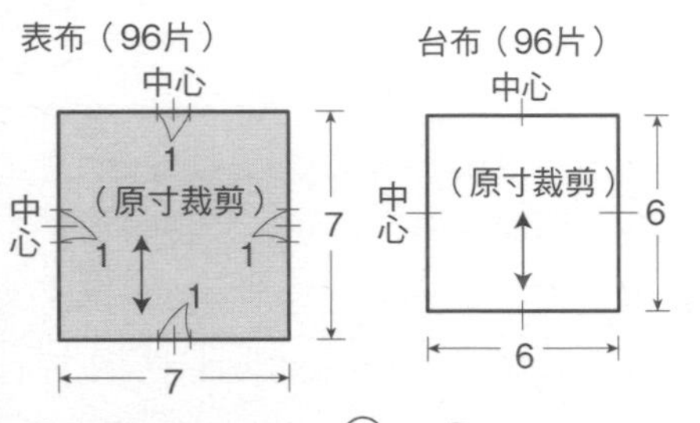

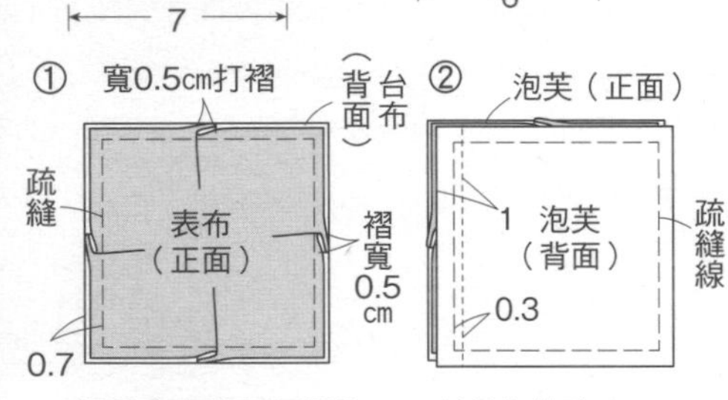

① 摺疊表布進行打褶後，背面相對疊合台布，進行疏縫。

② 接縫泡芙時，正面相對疊合，沿著疏縫線內側0.3cm處，進行縫合。

內底

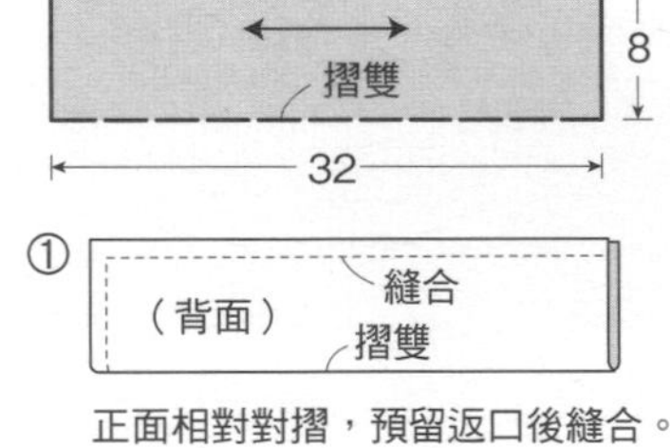

① 正面相對對摺，預留返口後縫合。

② 翻向正面，放入31.5×7.5cm塑膠板，縫合開口。

縫製方法

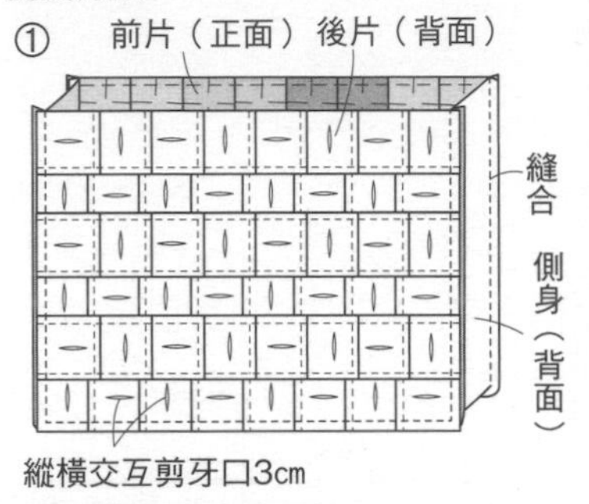

① 前片與後片接縫泡芙後，正面相對疊合側身，進行縫合。泡芙的台布側剪牙口。

② 分別由剪牙口處塞入棉花縫合開口

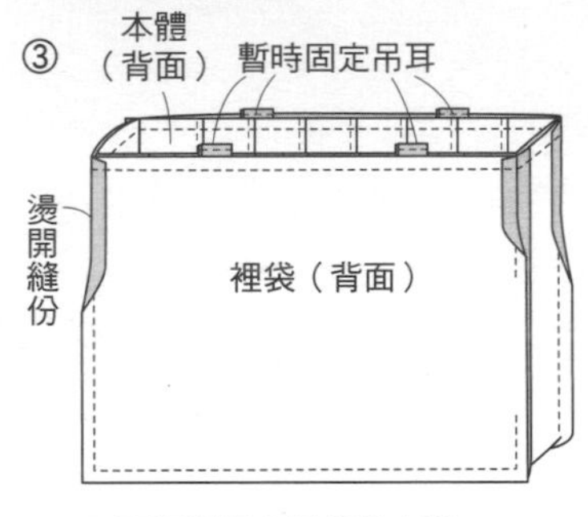

③ 正面相對疊合裡袋與本體，之間夾入提把的吊耳，沿著袋口進行縫合。

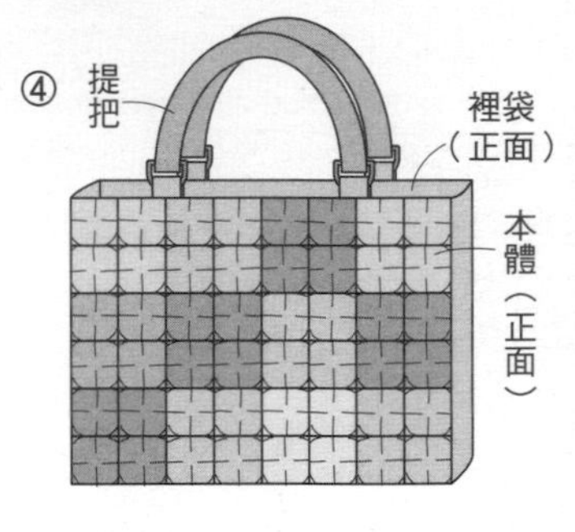

④ 翻向正面，縫合返口，將底板放入內側。

P68 No.72 壁飾 ●紙型B面⑪（A至L＆P原寸紙型）

◆材料

各式拼接用布片　K至N用布65×30cm　P用布55×10cm　O用布5×55cm　單膠鋪棉、胚布各55×30cm　寬0.6cm緞面緞帶75cm

◆作法順序

拼接A至J’布片，完成3片圖案（拼接方法請參照P.70）→圖案接縫K至O布片→上部進行貼布縫縫上P布片，完成表布→依圖示完成縫製。

完成尺寸　26×51cm

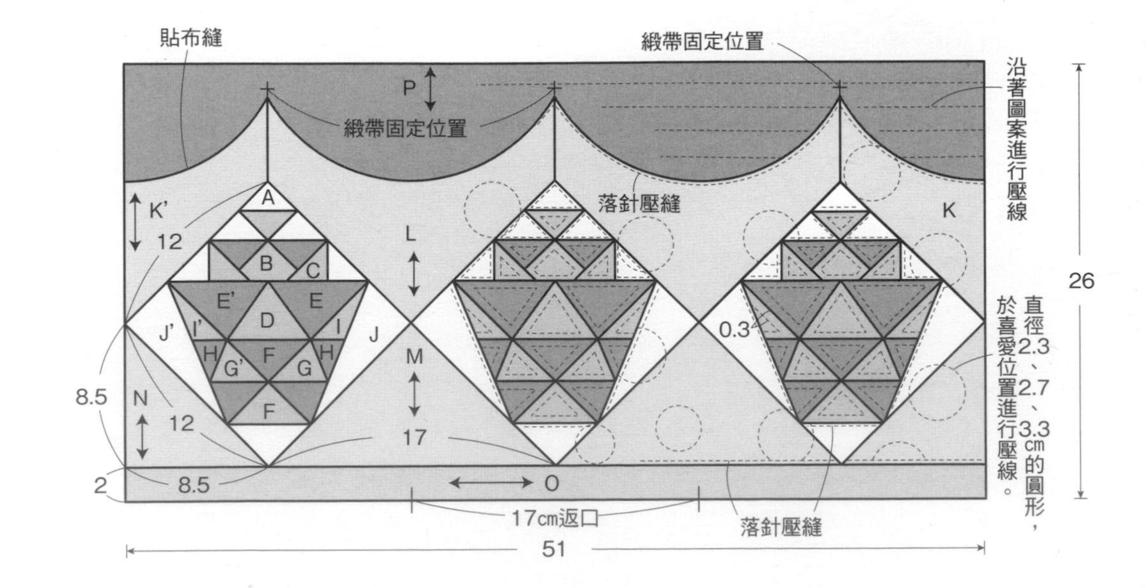

No.42 手提袋 ●紙型A面⑭（原寸貼布縫圖案）

◆材料

表布60×60cm（包含提把表布、釦絆、處理磁釦用布部分）配色布40×50cm 胚布55×50cm（包含提把裡布部分） 單膠鋪棉55×45cm 雙面接著鋪棉15×10cm 直徑1.2cm 1.4cm（附螺絲式裝飾）插入式磁釦各1組

◆作法順序

表布描繪圖案後，下部疊合配色布，進行MOLA貼布縫（請參照P.33）→製作提把→製作釦絆→依圖示完成縫製。

完成尺寸 21×36cm

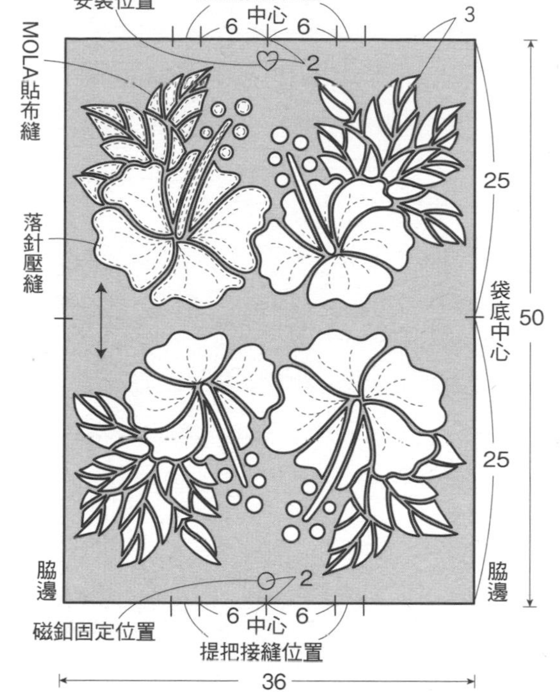

提把

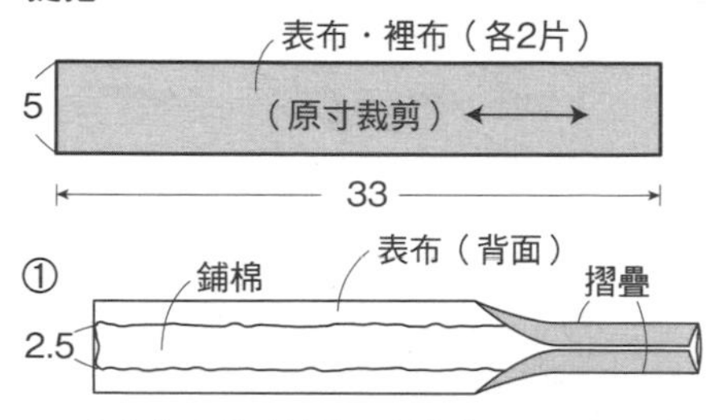

表布背面黏貼鋪棉，朝著背面側摺疊長邊。
※裡布不夾入鋪棉，作法相同。

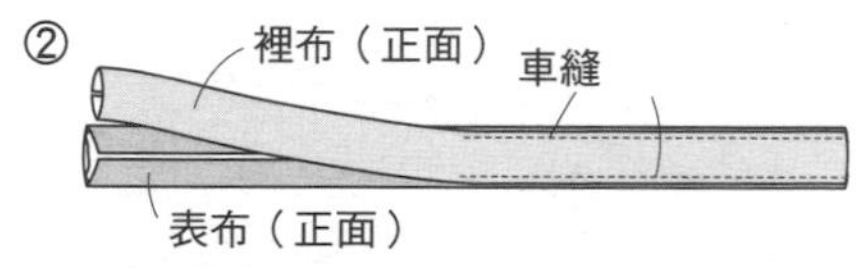

背面相對疊合表布與裡布後進行車縫

釦絆

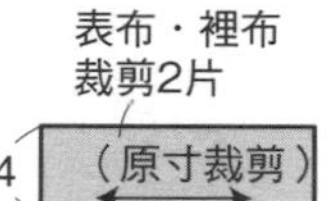

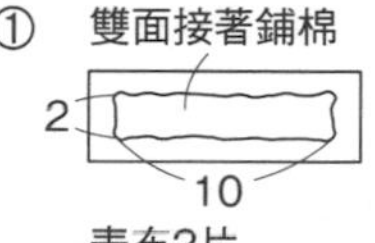

表布2片
背面黏貼鋪棉

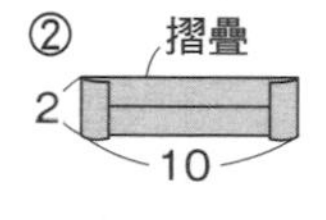

朝著背面側摺疊縫份，以熨斗壓燙。
※裡布相同作法。

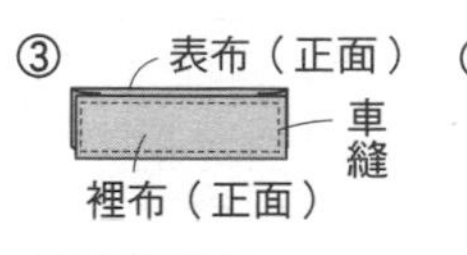

表布與裡布
正面相對疊合後縫合

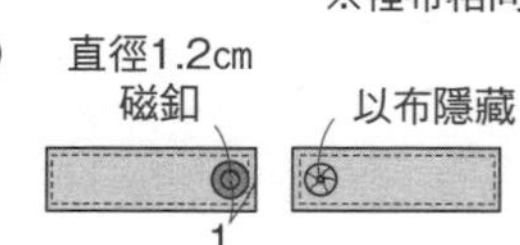

安裝磁釦
如右下作法隱藏金屬配件

縫製方法

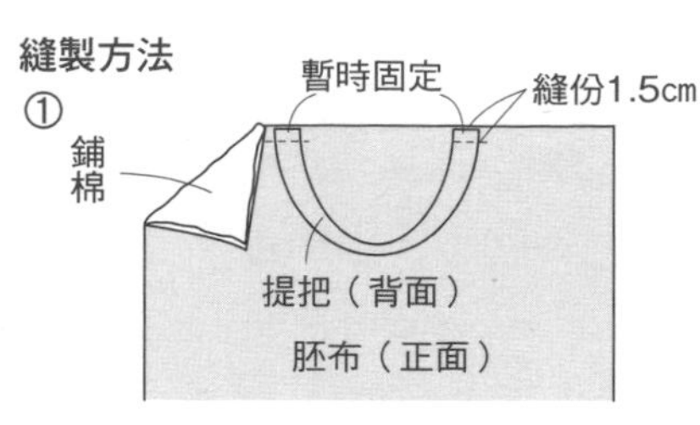

胚布背面黏貼鋪棉後，
暫時固定於提把接縫位置。

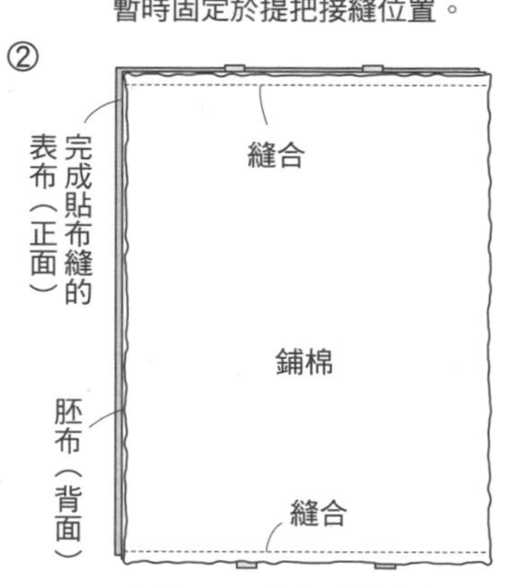

完成MOLA貼布縫的表布
與①的胚布正相對縫合上下側。

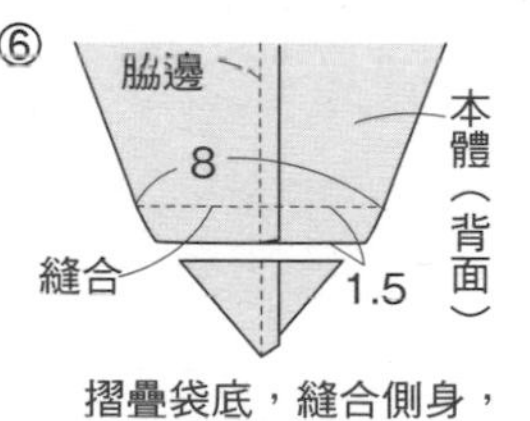
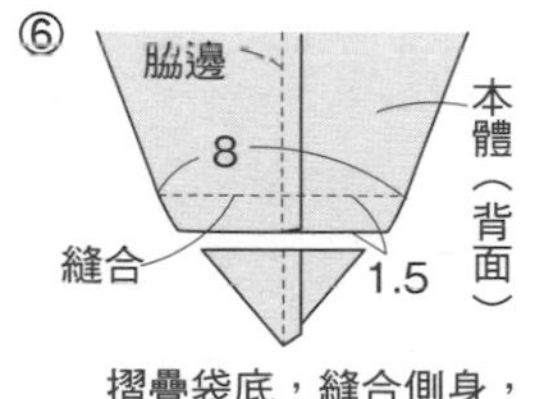

翻向正面，進行壓線，
沿著袋口進行壓縫。

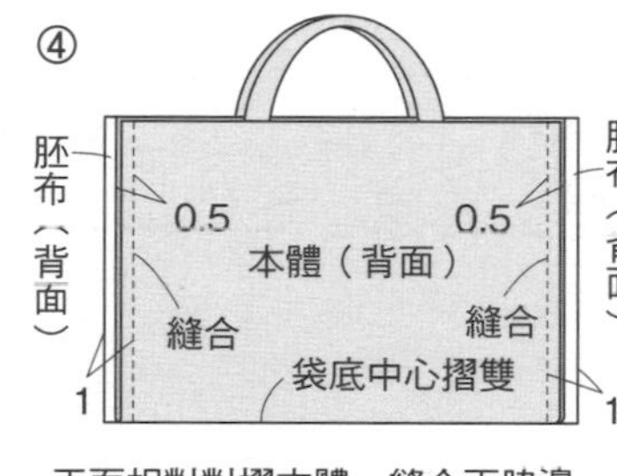

正面相對對摺本體，縫合兩脇邊。
將縫份修剪成0.5cm，
前片胚布不修剪。

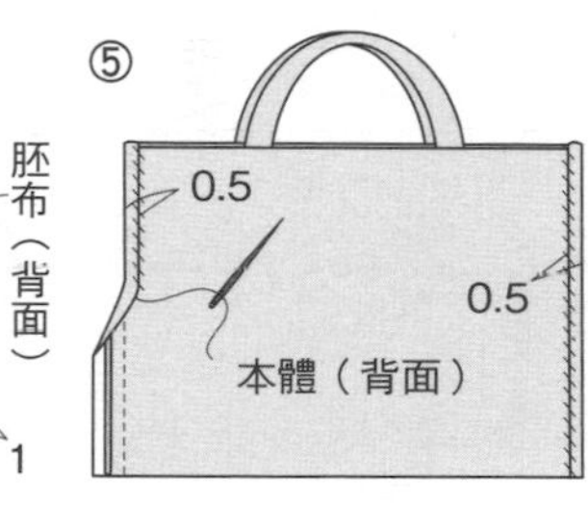

以前片的胚布，
包覆縫份後進行藏針縫。

摺疊袋底，縫合側身，
修剪多餘的縫份。

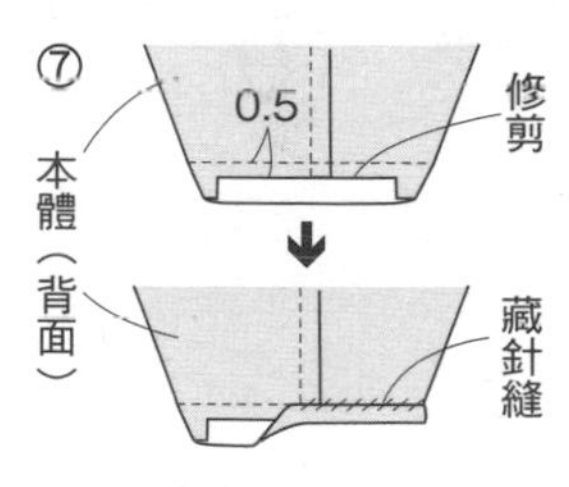

修剪縫份，
袋底側胚布不修剪，
以未修剪胚布包覆縫份，
進行藏針縫。

翻向正面，
兩脇邊縫合固定釦絆，
安裝直徑1.4cm磁釦。

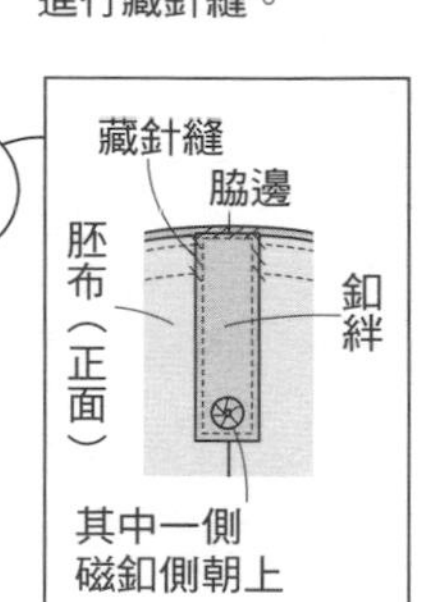

其中一側
磁釦側朝上

縫製方法

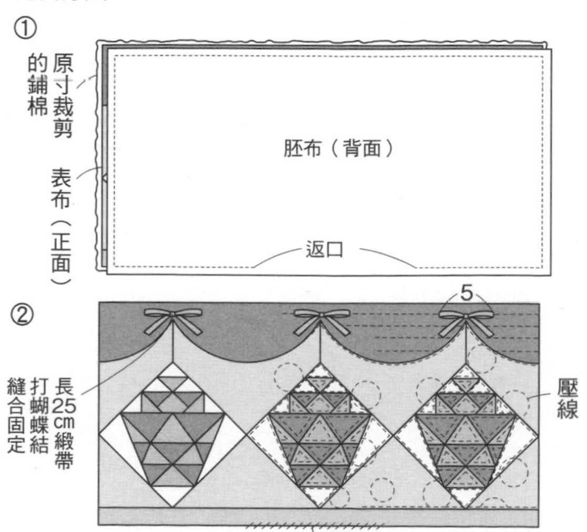

進行拼接、貼布縫完成表布，
背面黏貼鋪棉後，
正面相對疊合胚布，
預留返口，進行縫合。

翻向正面，縫合返口。
進行壓線，
緞帶打蝴蝶結後縫合固定。

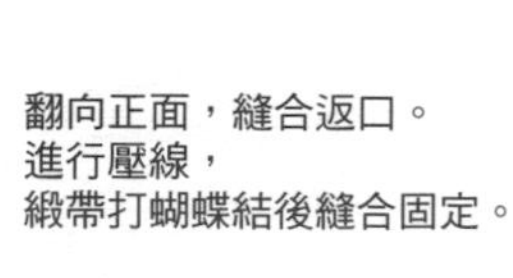

磁釦的金屬配件隱藏方法

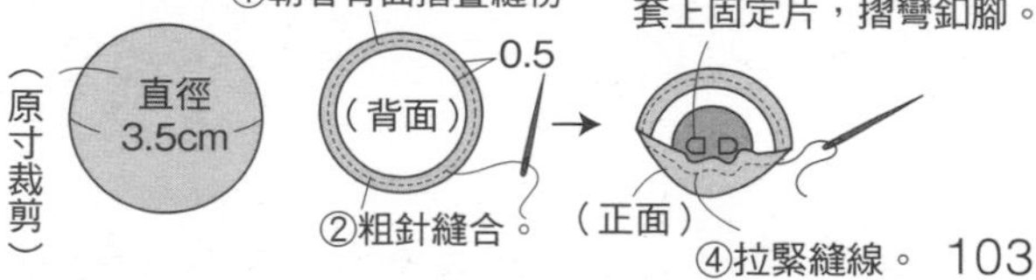

P18 No.25 手提袋・No.26 便攜小包

◆材料

手提袋 各式拼接用布片 E 用布40×40cm（包含滾邊部分） 鋪棉、胚布、裡袋用布各90×45cm 寬0.5cm 緞帶160cm 寬2cm 帶狀皮革80cm

便攜小包 各式拼接用布片 e 用布30×125cm（包含f布片、肩背帶、滾邊部分） 鋪棉、胚布各20×45cm 寬0.5cm 緞帶20cm 直徑1.2cm 磁釦1組 厚接著襯適量

◆作法順序

手提袋 拼接A至D'布片，接縫E布片，完成表布→疊合鋪棉、胚布，進行壓線→依圖示完成縫製。

便攜小包 拼接a至d'布片，接縫e與f布片，完成表布→疊合鋪棉、胚布，進行壓線→依圖示完成縫製。

◆作法重點

○製作提把，帶狀皮革裁剪成38cm，預留縫份4cm。

○以布用接著劑黏貼緞帶。

完成尺寸 手提袋38.5×38cm
便攜小包 20.5×14.5cm

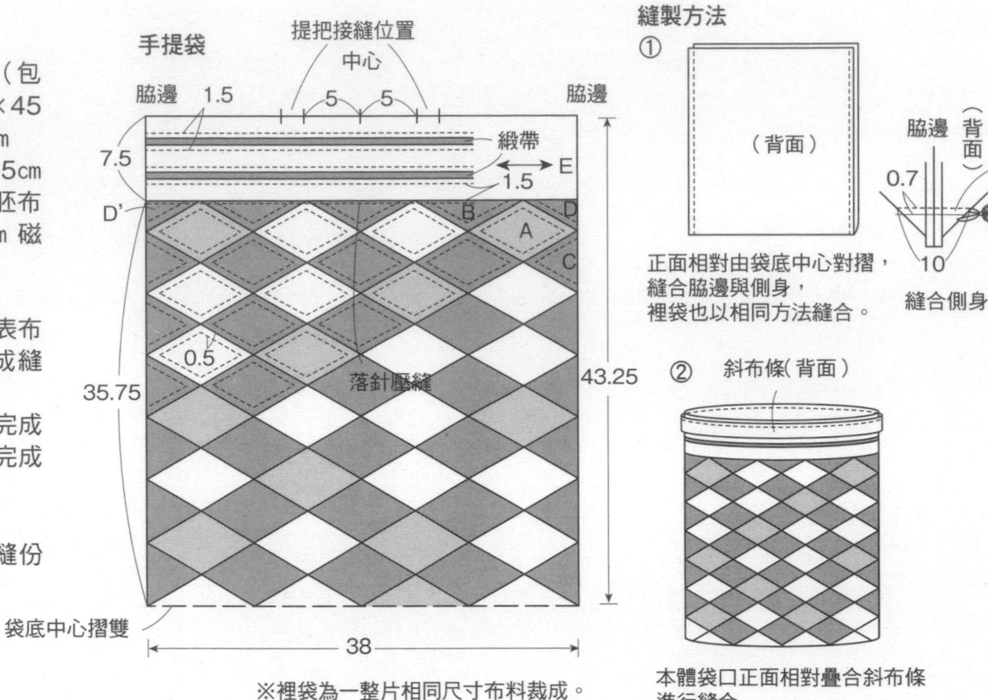

※裡袋為一整片相同尺寸布料裁成。

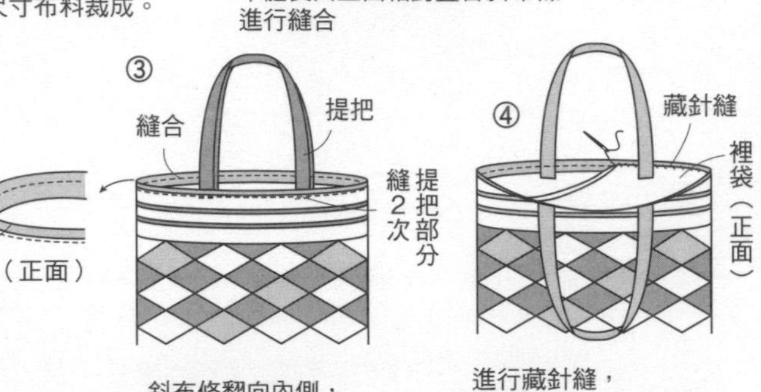

便攜小包

中心
磁釦固定位置
1
3
e
d'
b
d
a
c
緞帶
0.5
落針壓縫
16.8
39.6
19.8
f
肩背帶接縫位置
脇邊
脇邊
1
1
14.5

縫製方法

①

（背面）

正面相對對摺，
縫合兩脇邊，
以多預留縫份的胚布包覆。

②

0.7 cm滾邊

進行滾邊處理袋口

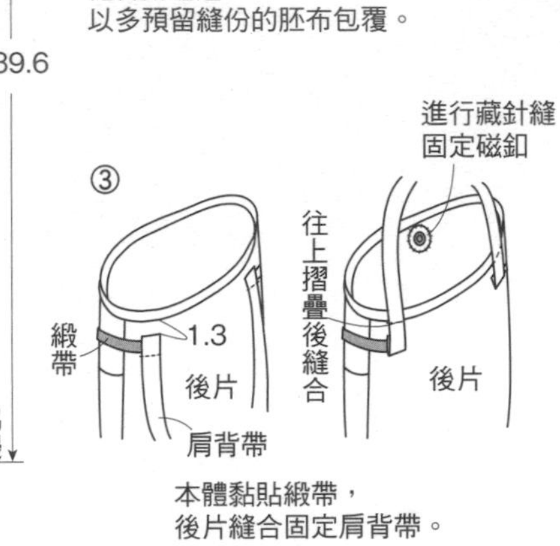

肩背帶　※配合身體調整長度。

2.4
120※
（正面）
摺成四褶，車縫邊端。

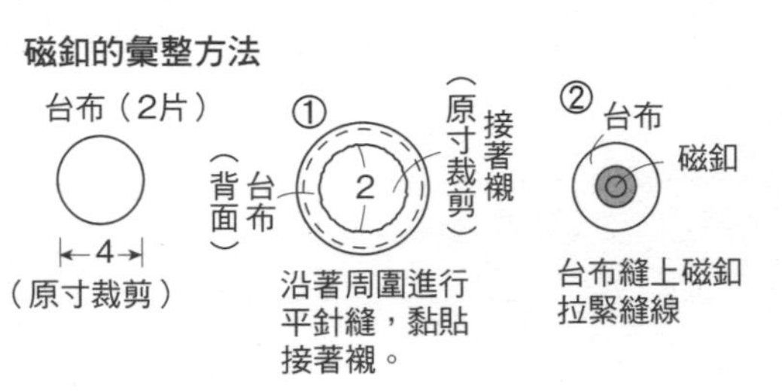

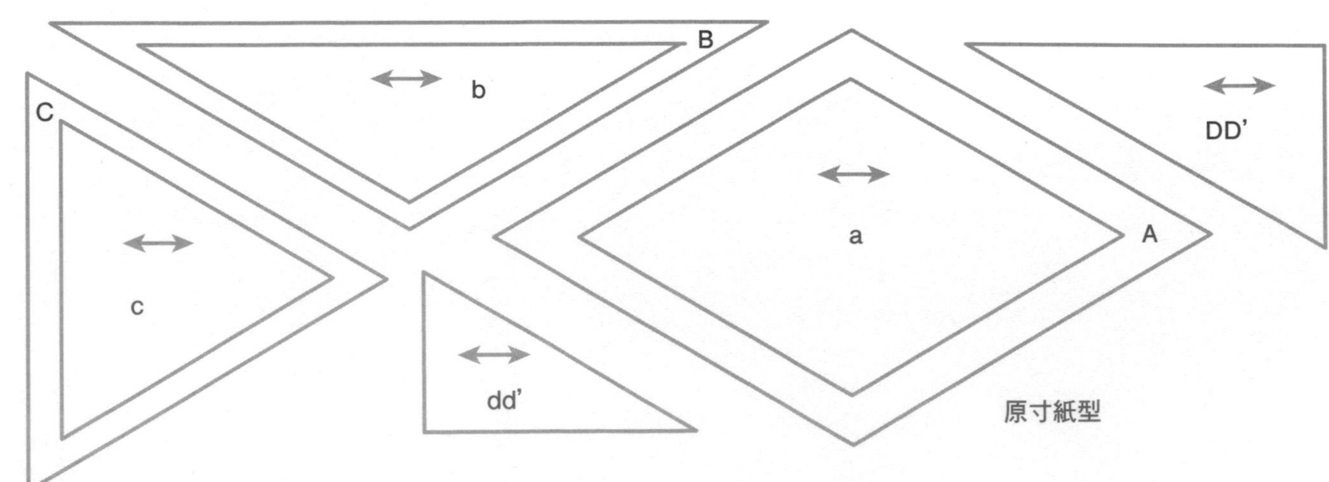

P20 No.29 手提袋・No.30 波奇包

◆**材料**

手提袋　各式拼接用布片 G用布50×30cm 袋底用布35×15cm 袋口裡側貼邊用布、薄接著襯各75×10cm 裡袋用布75×35cm 鋪棉、胚布各80×45cm 長47cm 皮革提把1組

波奇包　a用布2種各10×20cm b用布25×15cm 袋底用布15×15cm 鋪棉、胚布、裡袋用布各50×15cm 長38cm組合式拉鍊1條 拉鍊頭1個

◆**作法順序**

手提袋　拼接A至F布片，接縫G布片，完成袋身表布→疊合鋪棉與胚布，進行壓線→袋底也以相同作法進行壓線→製作袋口裡側貼邊與裡袋→依圖示完成縫製。

波奇包　拼接a、b布片，完成袋身表布→疊合鋪棉與胚布，進行壓線→袋底也以相同作法進行壓線→依圖示完成縫製。

※A至F原寸紙型請參照P.97。

完成尺寸　手提袋 23.5×36cm
波奇包 10×16cm

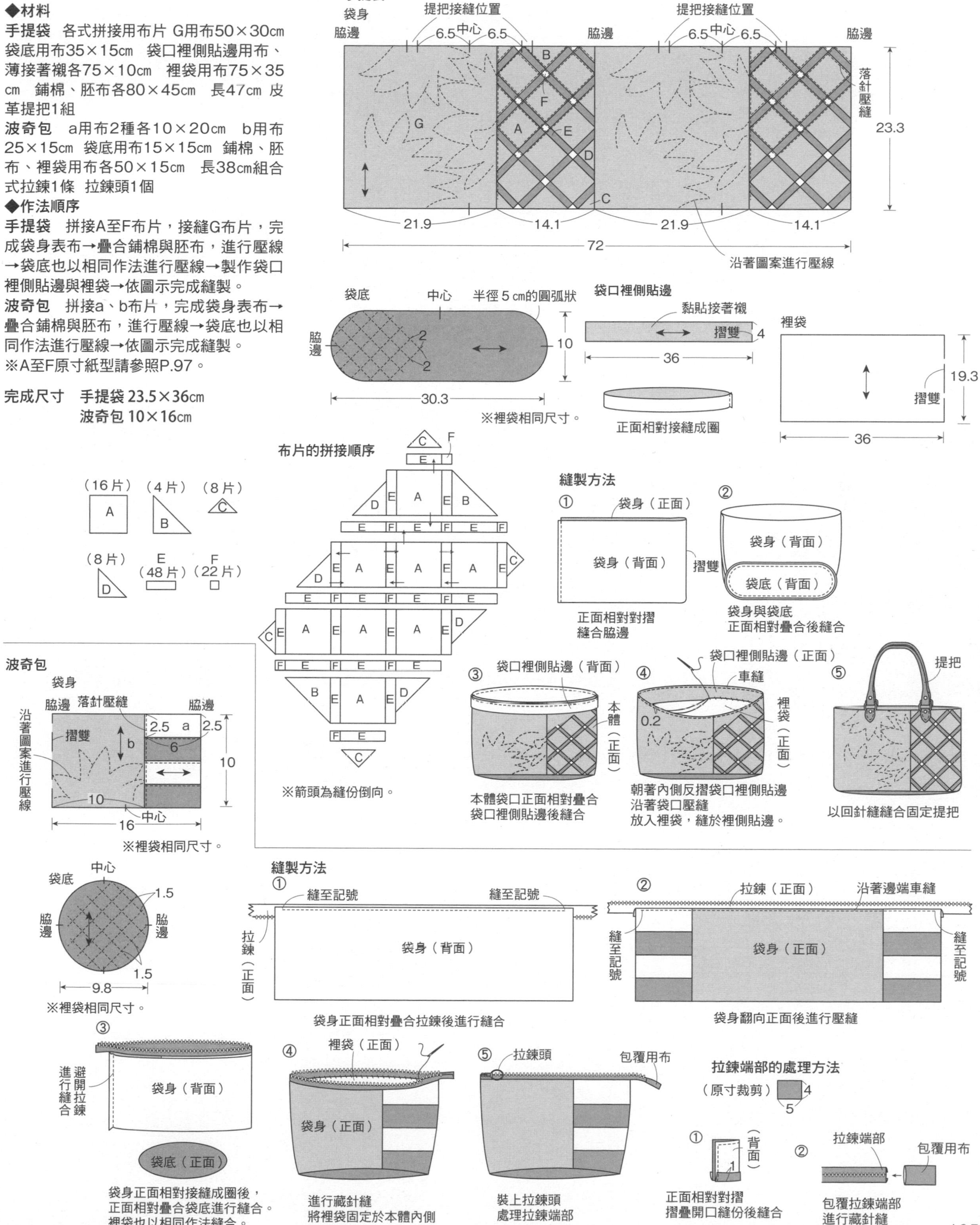

P21 No.31 手提肩背兩用包

◆材料

袋身表布110×70cm（包含滾邊部分） 袋口裡側貼邊用布110×40cm（包含滾邊、提把、肩背帶、繩帶部分） 裡袋用布100×45cm 單膠鋪棉60×110cm 薄接著鋪棉80×10cm 厚接著襯25×10cm 薄接著襯60×15cm 寬2.5cm 提把帶240cm

◆作法順序

拼接A布片，完成側身→袋身、側身表布黏貼鋪棉，進行壓線→製作袋口裡側貼邊、裡袋、提把、肩背帶、繩帶→依圖示完成縫製。

※A布片的原寸紙型請參照P.97。

完成尺寸　31×40cm

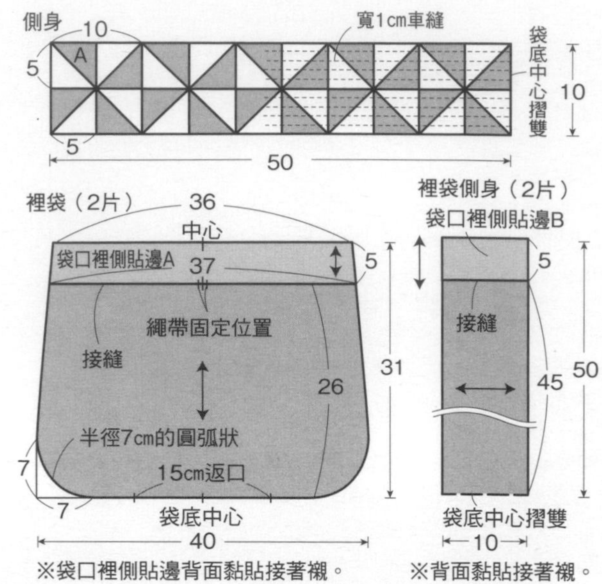

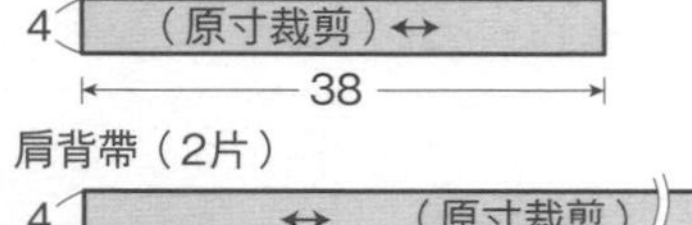

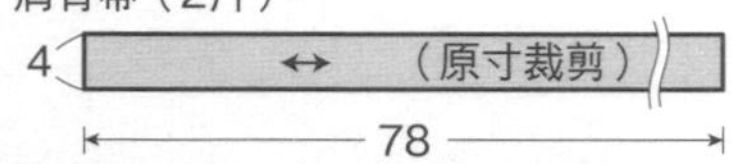

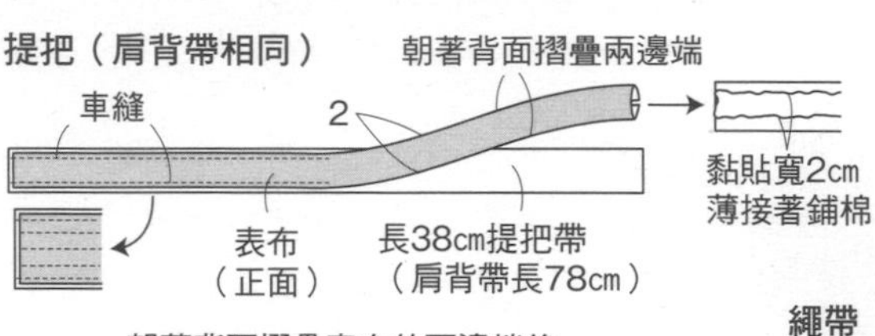

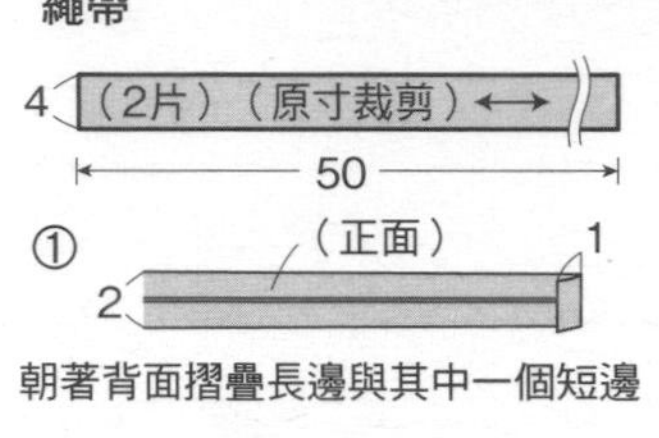

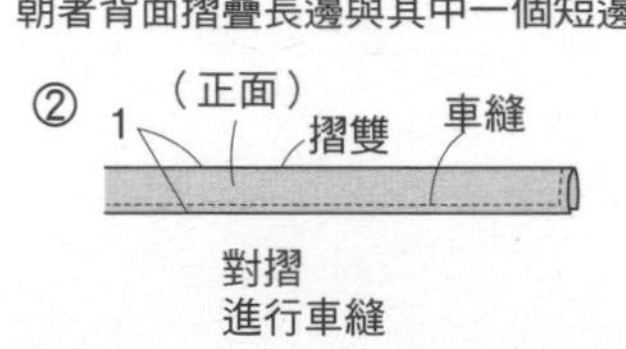

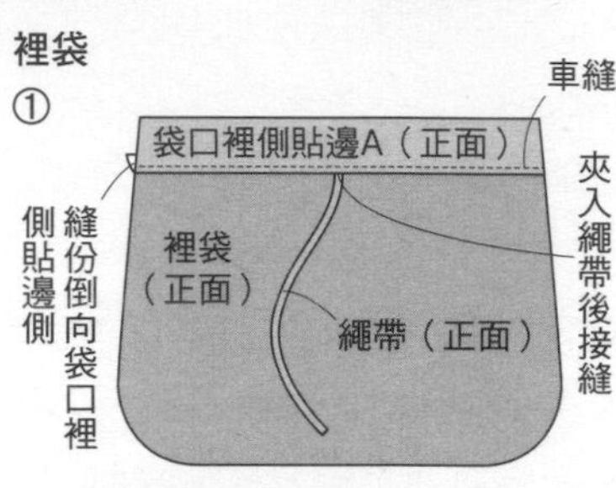

縫製方法

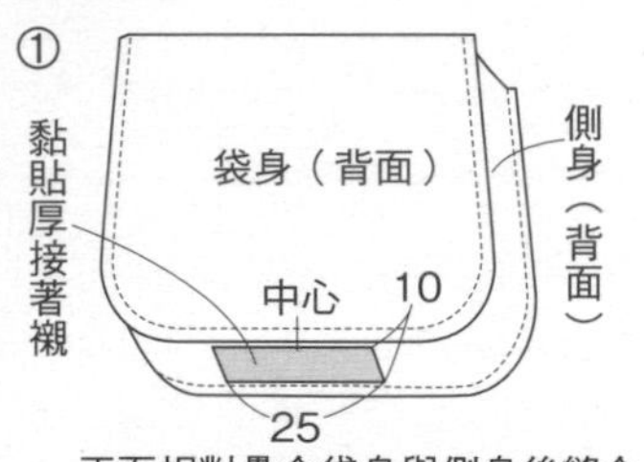

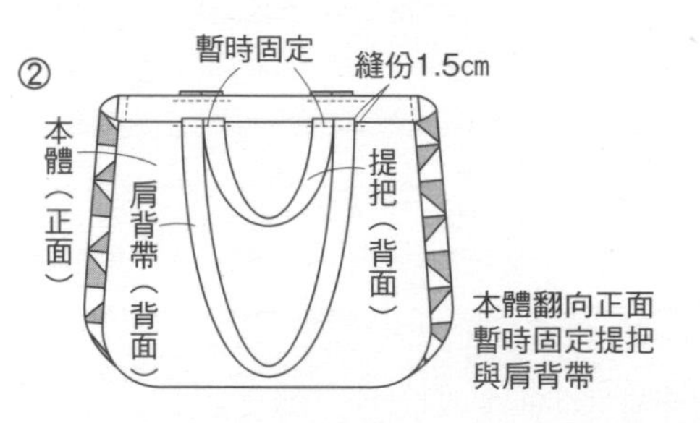

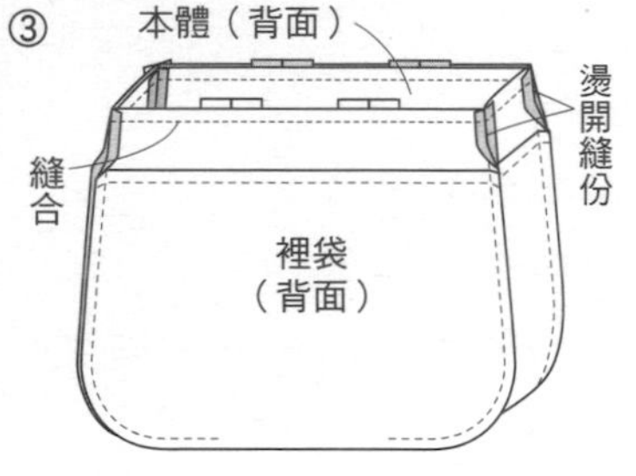

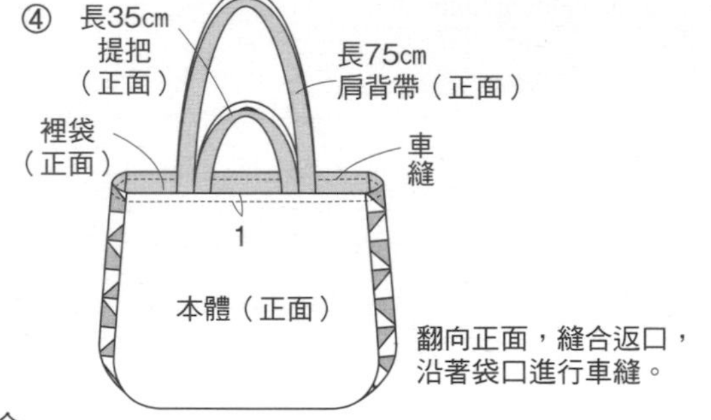

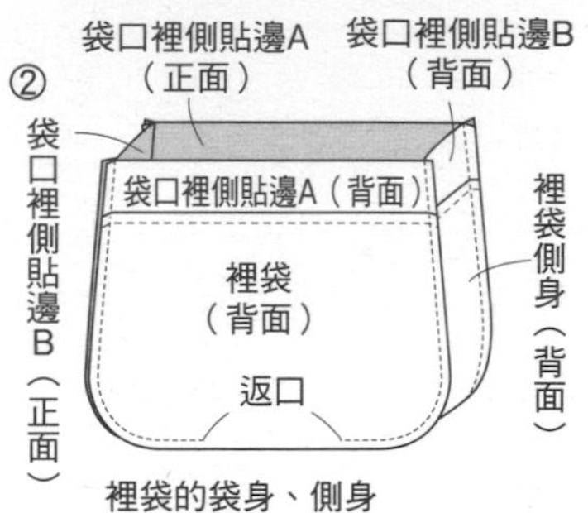

P21 No.32 波奇包

◆材料

袋身表布25×30cm 側身用布40×40cm（包含滾邊部分） 裡袋用布、單膠鋪棉各45×25cm 厚接著襯10×40cm 長18cm拉鍊1條

◆作法順序

袋身、側身表布背面黏貼鋪棉，進行壓線→依圖示完成縫製。

完成尺寸　13×20cm

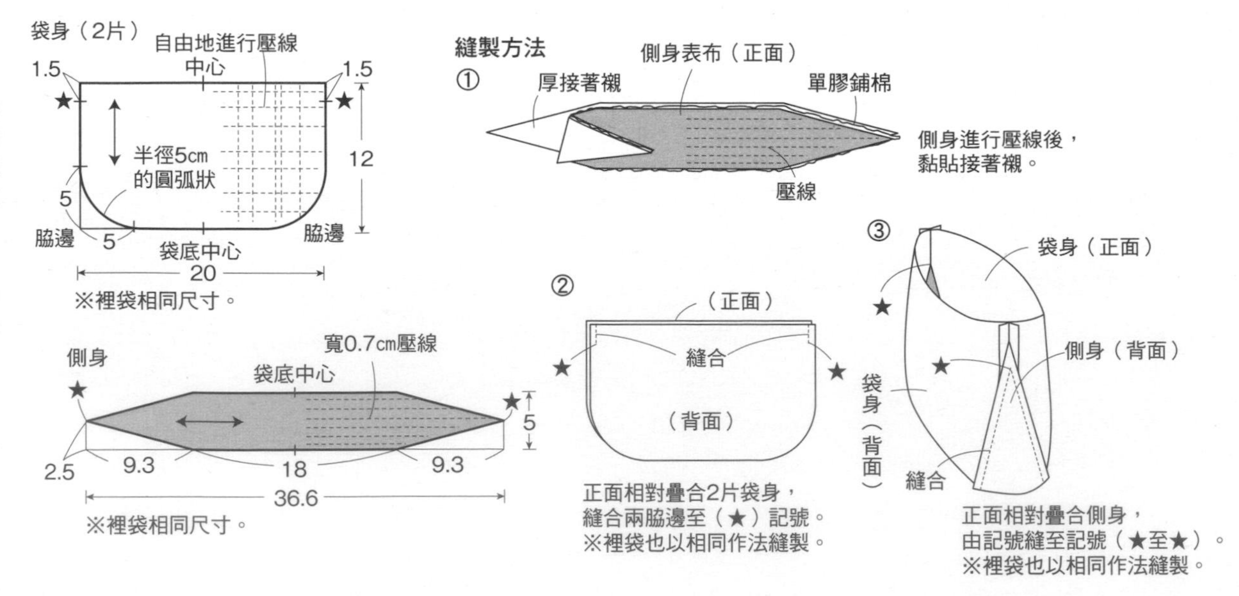

P22 No.33・No.34 手提袋

◆**材料**

相同　本體表布95×90cm（包含側身表布、袋口滾邊用部分） B用布40×40cm（包含口袋用滾邊部分） 單膠鋪棉55×85cm 胚布80×85cm（包含寬2cm 處理縫份用斜布條部分） 直徑1.5cm 按釦、長37cm 皮革提把各1組

No.33 各式拼接用布片

No.34 各式拼接、貼布縫、包釦用布片 直徑2.5cm 包釦心2顆 直徑0.3cm 串珠3顆

◆**作法順序（相同）**

前後片與側身的表布疊合鋪棉、胚布，進行壓線→製作口袋→依圖示完成縫製。

完成尺寸　23.5×35cm

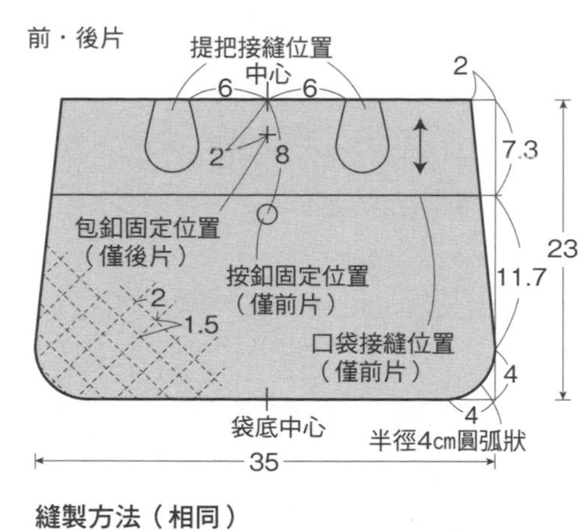

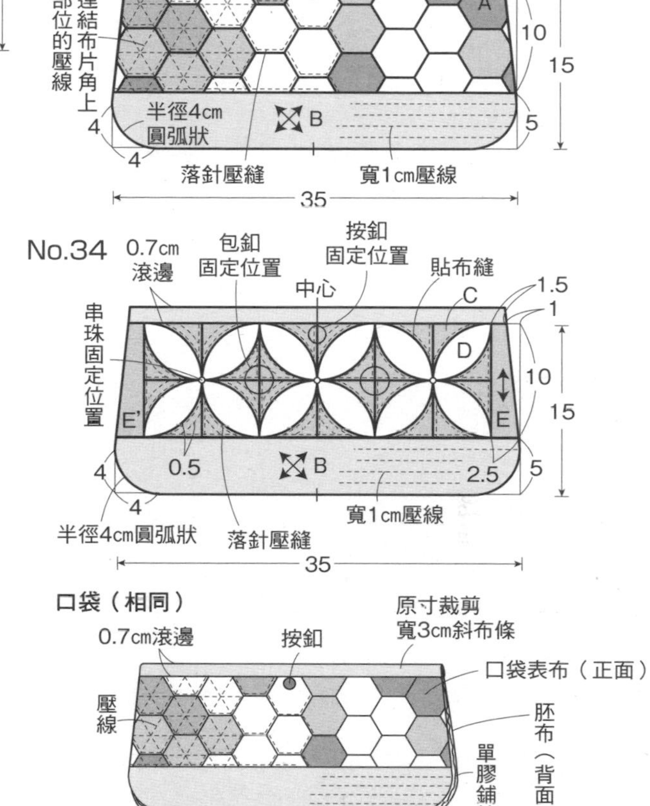

包釦

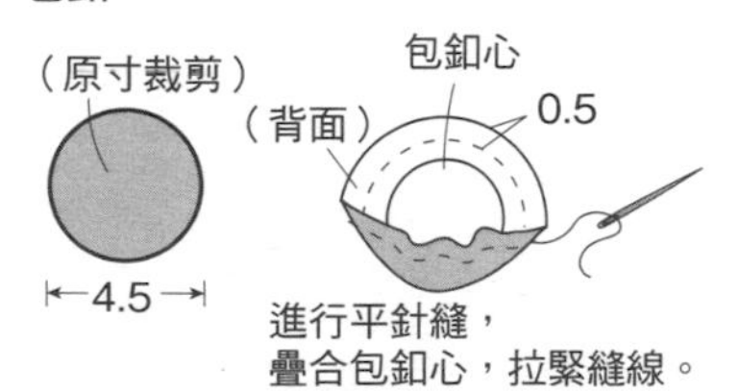

縫製方法（相同）

①

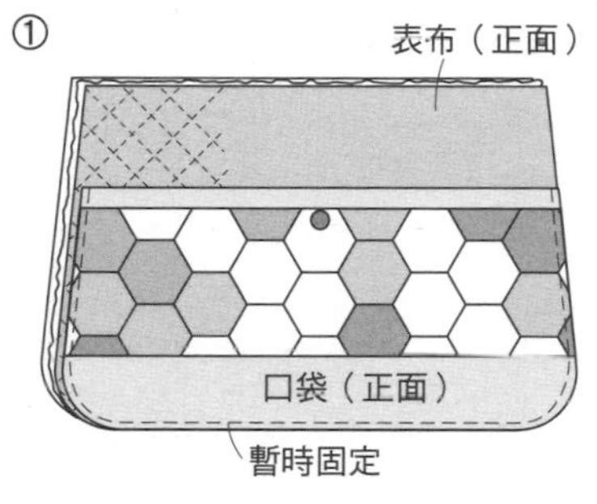

前片進行壓線後，暫時固定口袋，固定按釦。

②

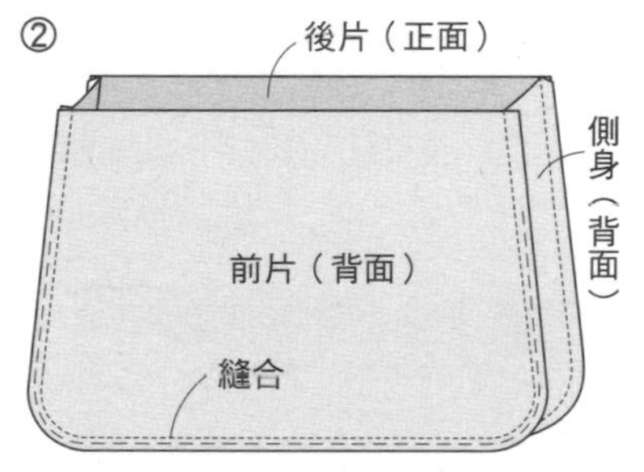

前・後片與側身正面相對疊合後進行縫合

③

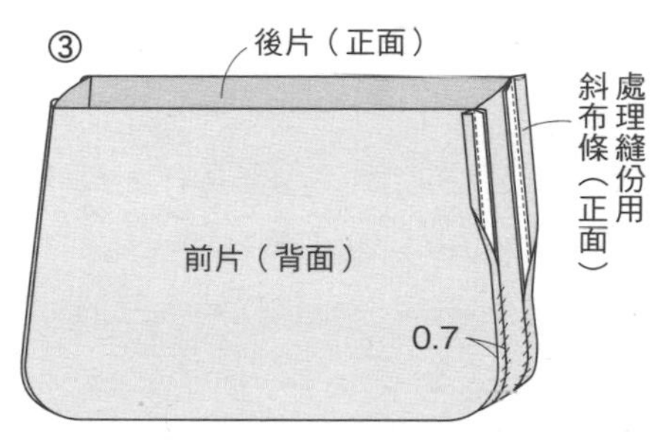

縫份倒向側身側以斜布條滾邊

口袋（相同）

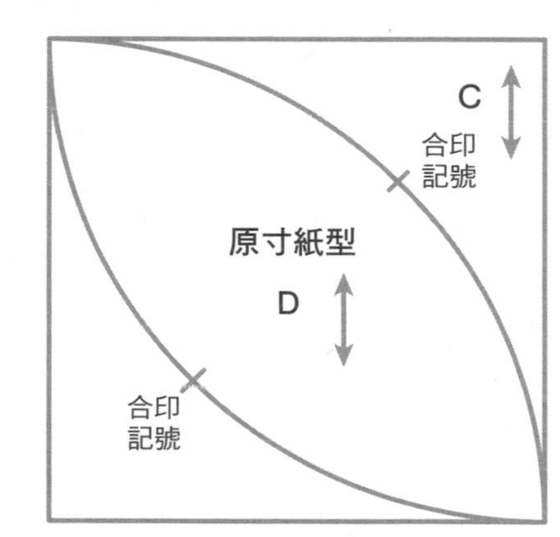

拼接布片完成口袋表布後，黏貼鋪棉，疊合胚布，進行壓線。
進行上部滾邊，固定按釦。
（No.34也縫合固定包釦與串珠）

④

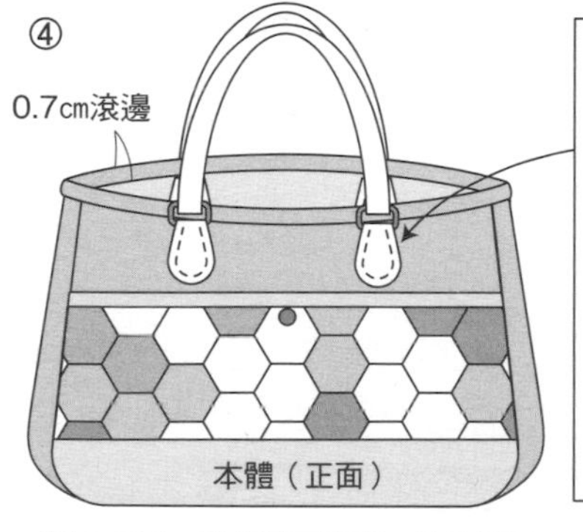

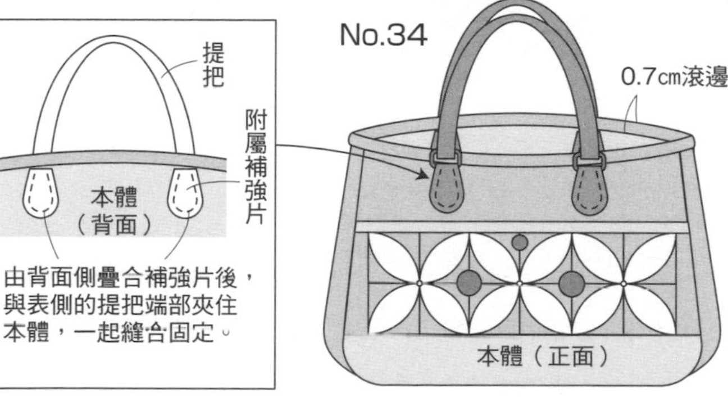

翻向正面，進行袋口滾邊，接縫提把。

原寸紙型
C
D
合印記號

④

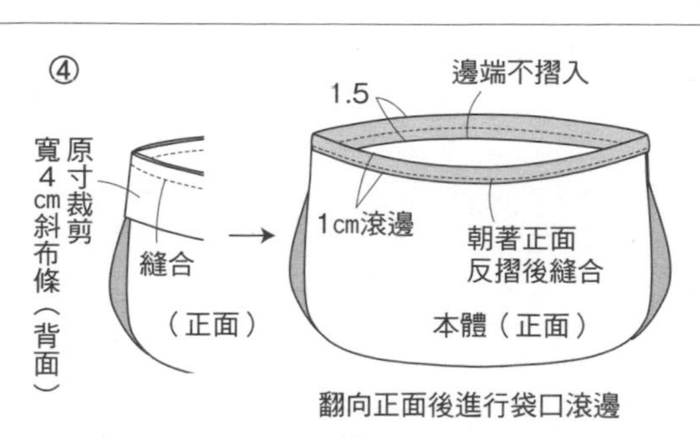

翻向正面後進行袋口滾邊

⑤ 拉鍊（背面）

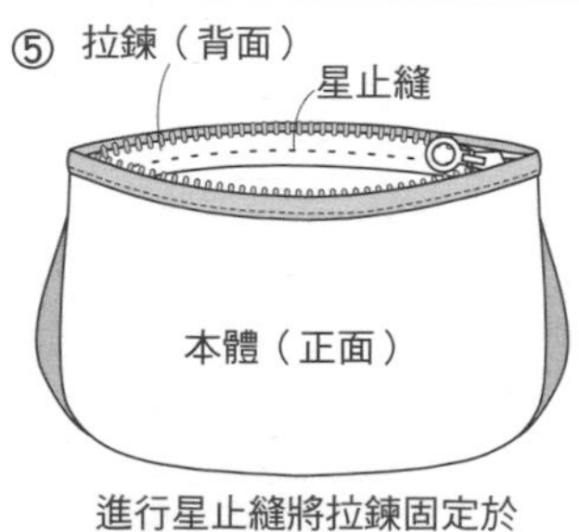

進行星止縫將拉鍊固定於滾邊部位的內側

⑥ 裡袋（正面）

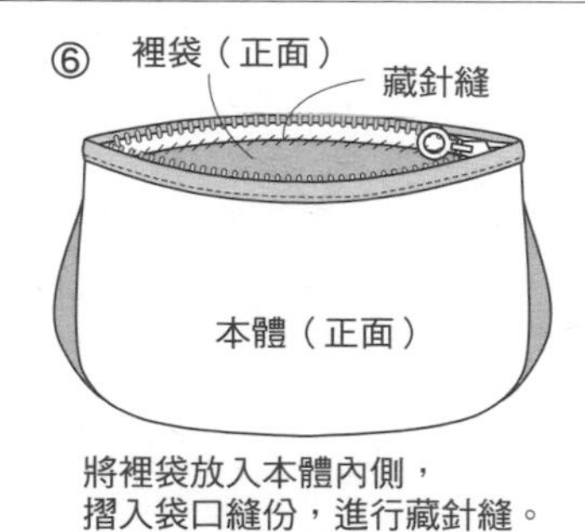

將裡袋放入本體內側，摺入袋口縫份，進行藏針縫。

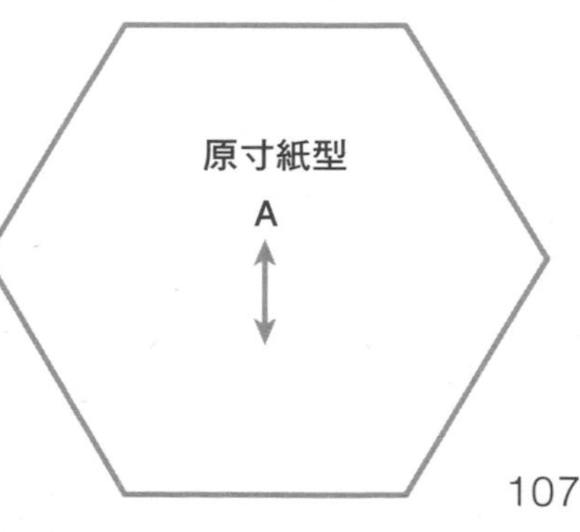

P19 No.27 手提袋・No.28 口金波奇包 ●紙型A面⑧

◆材料

手提袋　各式立體花用布片 袋身用布80×30cm（包含側身部分） 口袋用布100×60cm（包含側身口袋、裡袋、提把部分） 鋪棉100×60cm 胚布90×50cm 長20cm 拉鍊2條 寬2.5cm 蕾絲花片1片 毛線適量

波奇包　各式立體花用布片 本體A用布25×50cm（包含胚布部分） 本體B用布25×30cm 裡袋用布25×35cm 鋪棉30×40cm 寬15cm 蛙嘴口金1個 寬2.5cm 蕾絲花片1片 毛線適量

◆作法順序

手提袋　袋身、側身、口袋、側身口袋的表布，疊合鋪棉與胚布，進行壓線→側身進行滾邊→口袋接縫於袋身→製作側身→製作提把→依圖示完成縫製。

波奇包　本體A、B的表布疊合鋪棉後，正面相對疊合胚布，沿著口袋口縫合→翻向正面，進行壓線→依圖示完成縫製。

◆作法重點

○口金波奇包作法請參照P.109下半部。

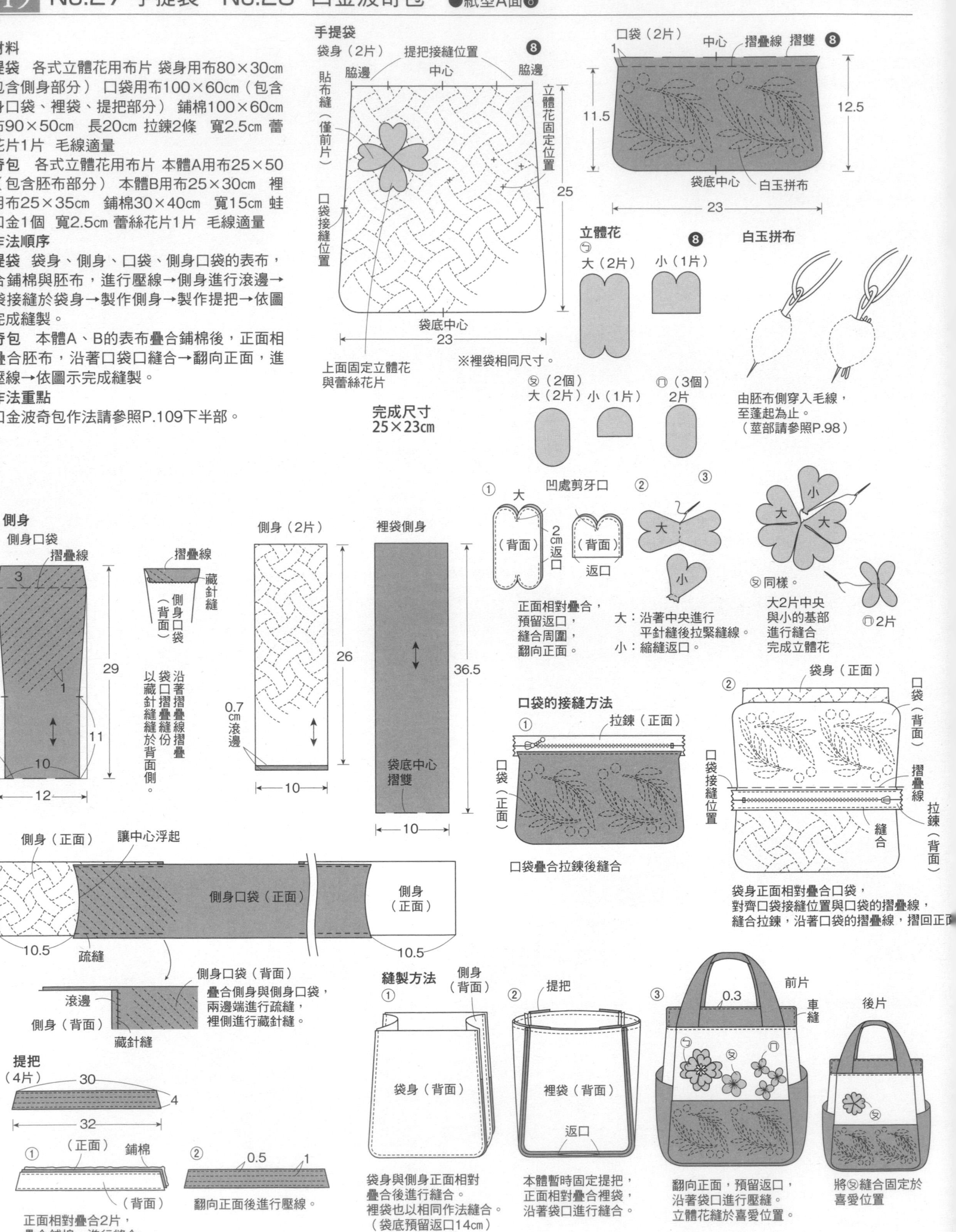

P9 No.11 手提包 ●紙型B面⑱（A至C'原寸紙型）

◆材料
A用布50×70cm （包含D布片部分） B用布50×30cm （包含C、C'布片部分） 側身用布100×30cm（包含滾邊、YOYO球8片部分） 單膠鋪棉60×70cm 胚布70×70cm（包含YOYO球部分） 長40cm 拉鍊1條 長52cm 皮革提把1條 寬1.5cm 有腳鈕釦4顆

◆作法順序
拼接A至D布片，完成袋身表布→黏貼鋪棉，疊合胚布，進行壓線→以相同方法進行袋身壓線、滾邊→依圖示完成縫製。

◆作法重點
○縫合袋身與側身時，同時縫合斜布條。

完成尺寸 27×39cm

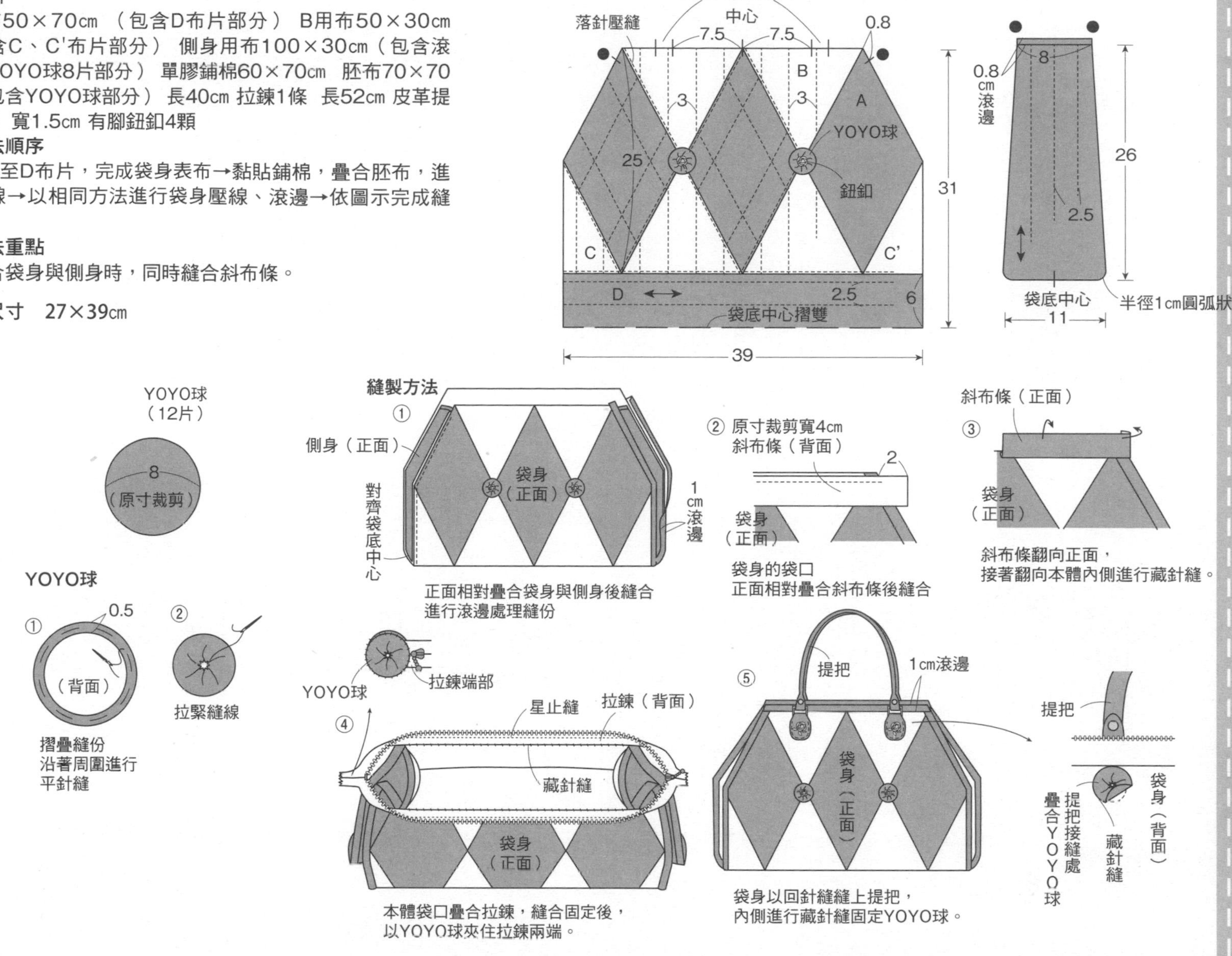

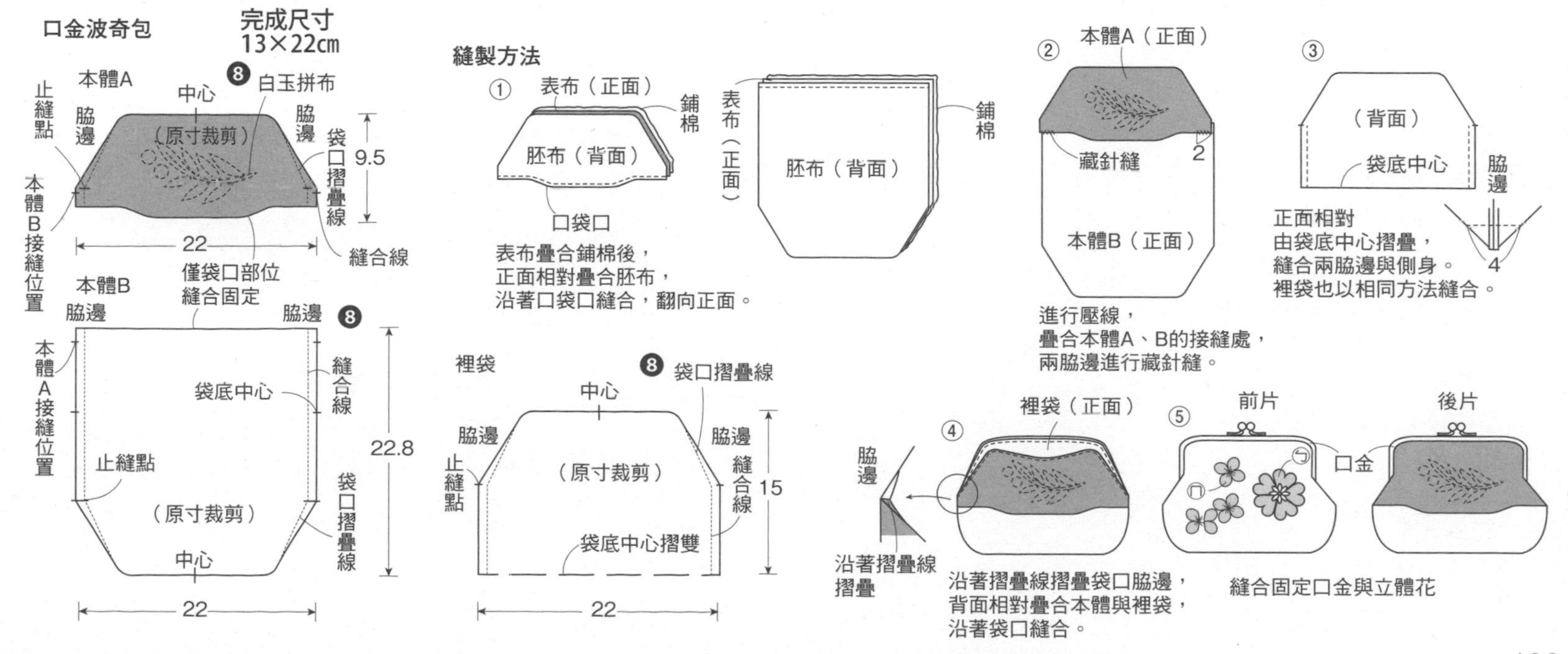

P47 No.62 手機包

◆材料

各式拼接用布片　B用布25×10cm　裡袋用布50×25cm　鋪棉35×25cm　長20cm 拉鍊1條　直徑0.4cm 蠟繩130cm　直徑1.2cm 木珠2顆

◆作法順序

拼接A布片，接縫B布片，完成2片表布→疊合鋪棉，進行壓線→製作裡袋→依圖示完成縫製，固定繩狀背帶。

◆作法重點

○拼接A布片時，由記號縫至記號，縫份倒成風車狀。
○B布片上部預留縫份2cm。
○完成壓線後，修剪袋口處鋪棉的縫份。

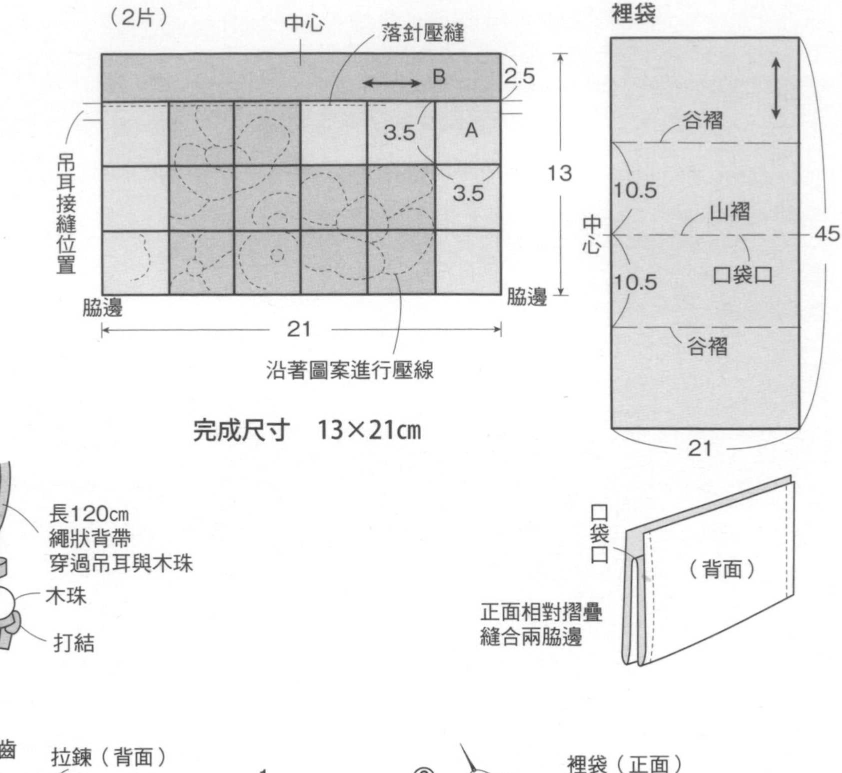

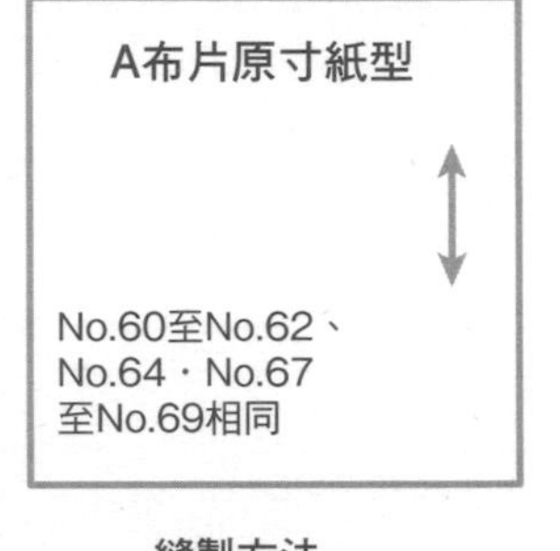

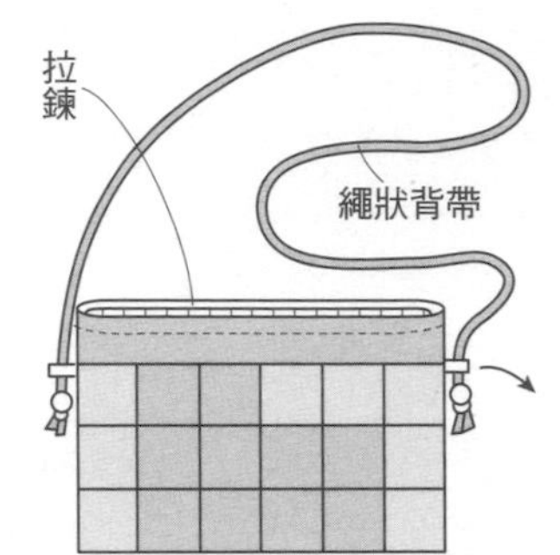

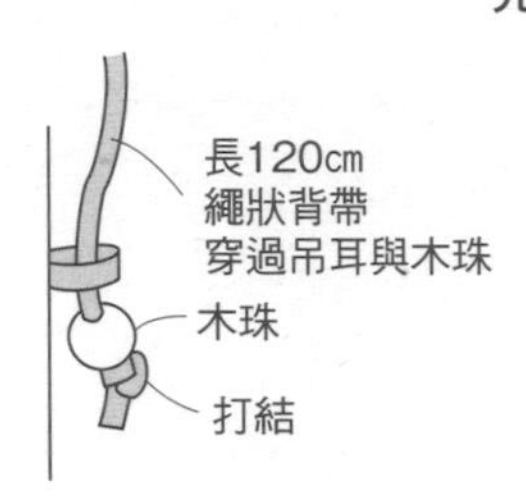

縫製方法

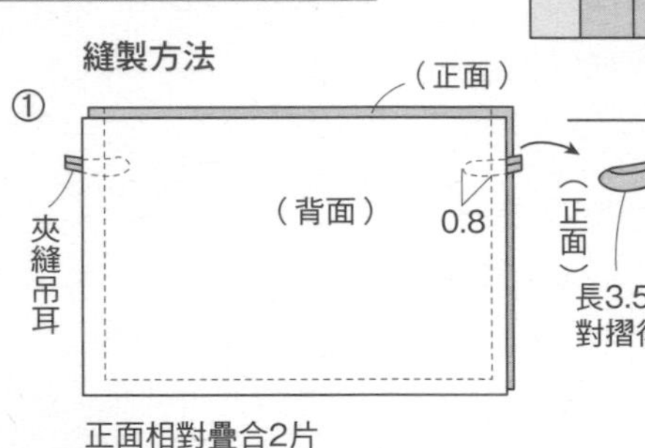

② 對齊布端與鍊齒　拉鍊（背面）　1　2　0.7　(正面)　脇邊

摺疊袋口縫份後，
裡側疊合拉鍊，
由表側進行車縫。

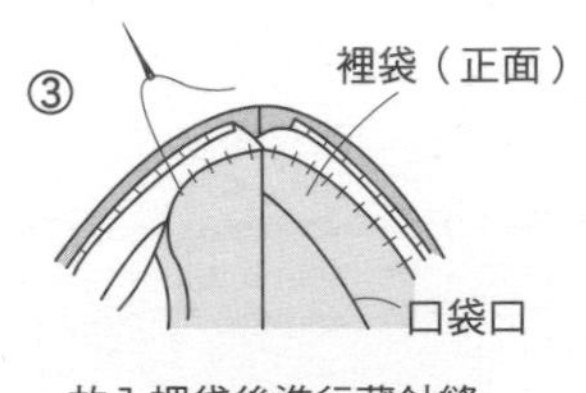

P55 No.68・No.69 抱枕

◆材料（1件的用量）

各式拼接用布片 B、C布片用布40×15cm　D、E布片用布90×50cm （包含裡布部分） 鋪棉、胚布各50×50cm

◆作法順序

A布片拼接成10×10列，周圍接縫B至E布片，完成正面表布→疊合鋪棉與胚布，進行壓線→裡布的袋口部位摺成三褶，進行縫合後，依圖示完成縫製。

◆作法重點

○A布片的原寸紙型請參照No.62。
○拼接A布片時，由記號縫至記號，縫份倒成風車狀。
○進行捲針縫或Z形車縫，處理周圍縫份。

完成尺寸　44×44cm

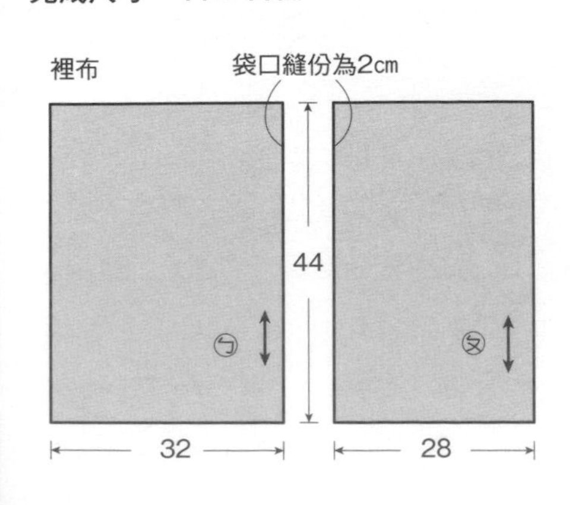

縫製方法　摺成三褶後沿著袋口縫合。

1　裡布㋗（背面）　裡布㋘（背面）　(正面)　42

②正面相對疊合表布與裡布後縫合周圍。

正面　落針壓縫　C　E　1　3.5　1　3.5　A　B　3.5　5　5　35　44　37　D　37　3.5　44

No.60・No.61・No.64・No.67 水彩拼布壁飾

●紙型B面㉑ A面❼

◆材料

No.60　各式拼接、貼布縫用布片 B、C用布45×25cm　滾邊用寬4cm 斜布條190cm　鋪棉、胚布各50×50cm

No.61　各式拼接、貼布縫用布片 B、C用布55×15cm　D、E用布70×35cm　滾邊用寬4cm斜布條260cm　鋪棉、胚布各70×65cm　寬5cm 蕾絲260cm　寬2.3cm 緞帶100cm

No.64・No.67　※（ ）為No.67尺寸 各式拼接、貼布縫用布片 B、C用布50×15cm（45×20cm） D、E用布55×25cm（50×25cm） 滾邊用寬4cm斜布條210cm（200cm） 鋪棉、胚布各60×50cm（55×50cm）

◆作法順序

No.60・No.61 ※（ ）為No.61 A布片拼接成10×10列（14×12列），周圍接縫B、C（B至E）布片→進行貼布縫，完成表布→疊合鋪棉與胚布，進行壓線（No.61暫時固定後，縫幾處固定蕾絲）→參照P.82，進行周圍滾邊（No.61打蝴蝶結後縫合固定）。

No.64・No.67 ※（ ）為No.67 A布片拼接成10×12列（9×10列），周圍接縫B至E布片，完成表布→疊合鋪棉與胚布，進行壓線→進行周圍滾邊（請參照P.82）。

※A布片原寸紙型請參照P.110。

◆作法重點

○拼接A布片時，由記號縫至記號，縫份倒成風車狀。

○製作No.61提籃提把，原寸裁剪寬1.5cm×100cm斜布條，參照配置圖，進行貼布縫。剪下葉柄圖案，進行貼布縫，隱藏提把端部。

○完成心形部分配色後，進行No.67心形壓線。

完成尺寸　No.60 44×44cm　No.61 66×59cm
　　　　　No.64 47×54cm　No.67 45.5×49cm

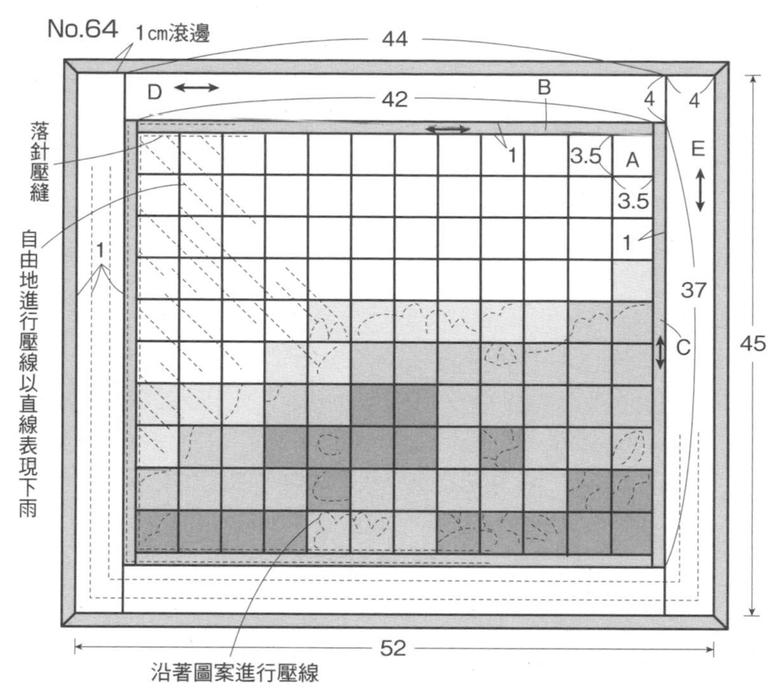

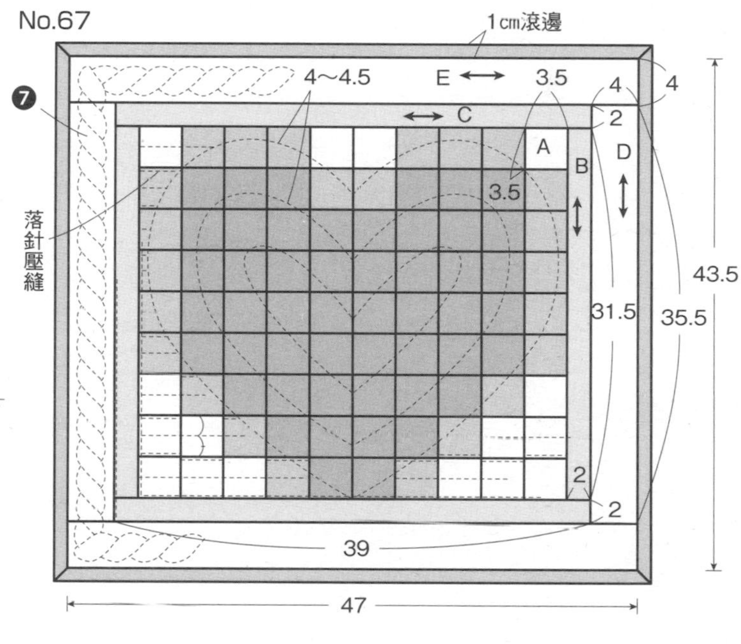

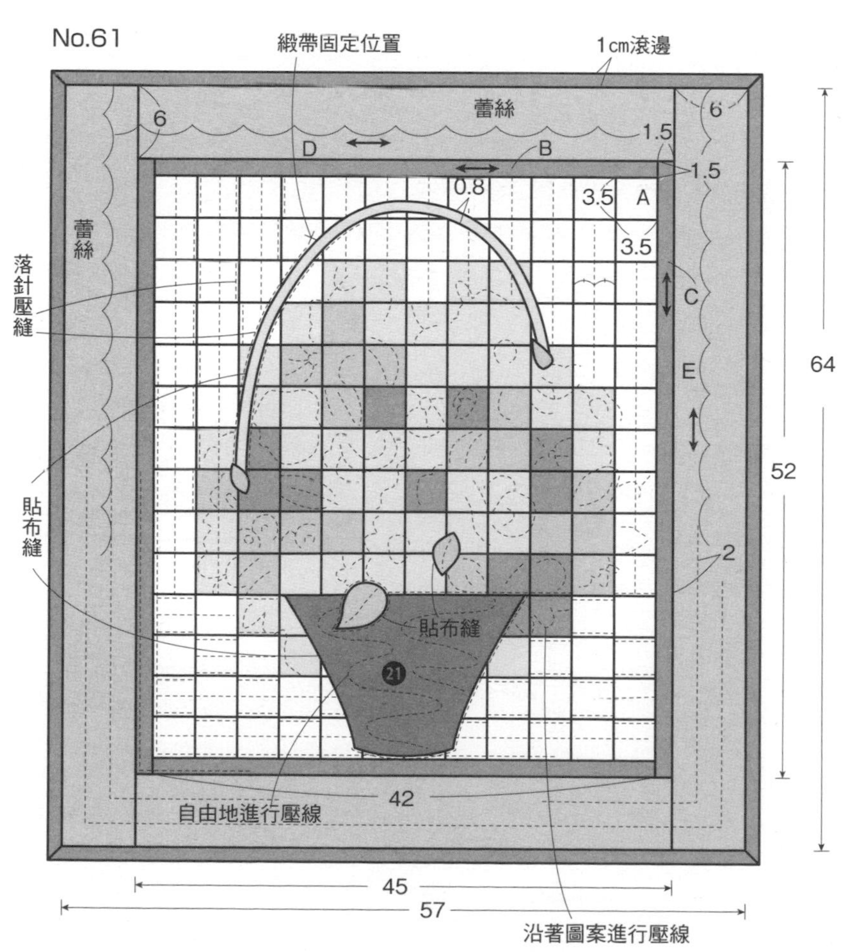

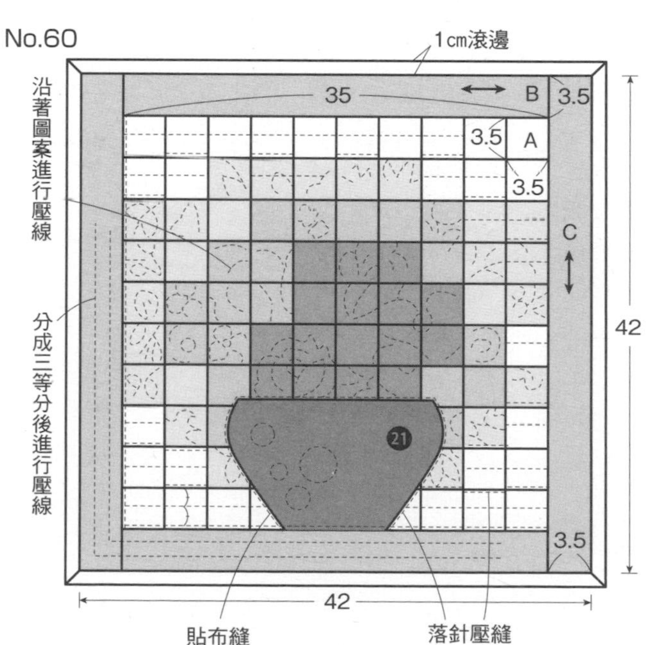

P52 No.65 束口袋

◆材料

各式拼接用布片 B用布55×5cm C用布55×20cm（包含袋底用布部分） 裡袋用布55×40cm（包含繩環部分） 單膠鋪棉15×15cm 鋪棉55×25cm 直徑0.3cm 蠟繩150cm 長1.6cm 帶尾珠2顆

◆作法順序

拼接布片，完成袋身表布→袋身疊合鋪棉，進行壓線→依圖示完成縫製。

◆作法重點

○袋底用布黏貼原寸裁剪的接著鋪棉。
○沿著縫合針目邊緣修剪鋪棉。

完成尺寸　23×24.5cm

繩環接縫位置
袋身　脇邊　前片中心　脇邊　落針壓縫
2.5 B
3.5 A
3.5
後片中心
後片中心
23
3 7 C 7 7 7
剪牙口位置　脇邊　前片中心　脇邊　剪牙口位置
49

裡袋　脇邊
後片中心
前片中心摺雙
28.25
10.5
7 5.25 7
24.5

袋底　中心
脇邊
10.5
14

繩環（10片）
（原寸裁剪）
6
4

繩環
繩環（正面）
車縫
0.2
背面相對摺成四褶
進行車縫

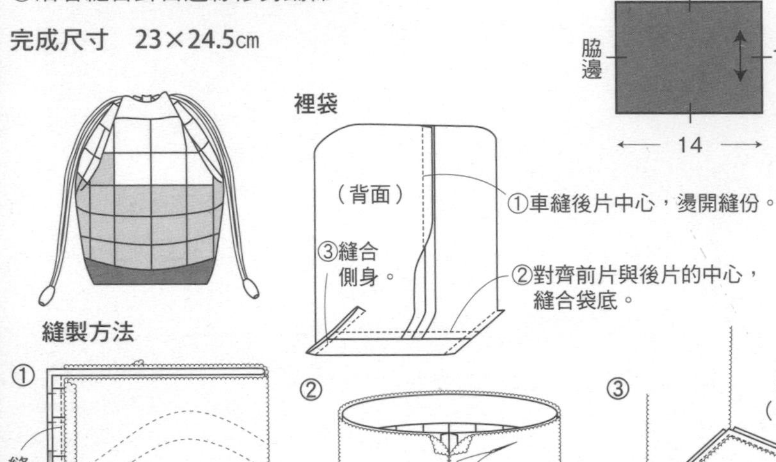

縫製方法

① 縫合　袋身（背面）
正面相對對摺袋身，
避開鋪棉，縫合後片中心，
燙開縫份。

② 袋身（背面）　捲針縫
併攏鋪棉
進行捲針縫

③ 袋身（背面）　袋底（背面）　縫合
袋身的袋底側縫份
剪牙口位置剪牙口後，
正面相對疊合進行縫合。

④ 本體（背面）　暫時固定於縫份　繩環　2　摺疊縫份　裡袋（正面）　落針壓縫　縫合　本體（正面）
暫時固定繩環，
背面相對疊合本體與裡袋，
沿著袋口進行縫合。
沿著B與C布片的縫合針目，
進行落針壓縫。

⑤ 長75cm 蠟繩　帶尾珠　裡袋（正面）
蠟繩裁剪成75cm，由左右側脇邊，
交互穿入後，穿入帶尾珠。

P61 No.71 沙發套　●紙型A面⑬（圖案原寸紙型）

◆材料

各式拼接、YOYO球用布片 鋪棉、胚布各100×150cm

◆作法順序

拼接布片完成54片圖案→圖案接縫成3×3列，完成表布，製作區塊→製作YOYO球，縫合固定於區塊之間部位與周圍。

完成尺寸　155×105cm

YOYO球（165片）
（原寸裁剪）
11

區塊的作法

表布（正面）　胚布（背面）　鋪棉　10cm返口
表布與胚布，
正面相對疊合後，
疊合鋪棉，進行縫合。
沿著縫合針目邊緣，
修剪鋪棉縫份，
翻向正面，縫合返口，
進行壓線。

圖案的配置圖＆壓線圖案

E B C A B D 0.9 0.8 落針壓縫 15 15

YOYO球

① 0.5 （背面）（正面）
一邊摺疊周圍
一邊進行粗針縫

② （正面）（背面）
縫合終點
縫針由表側穿出

③ （正面）約5cm
拉緊縫線
調整形狀
打結

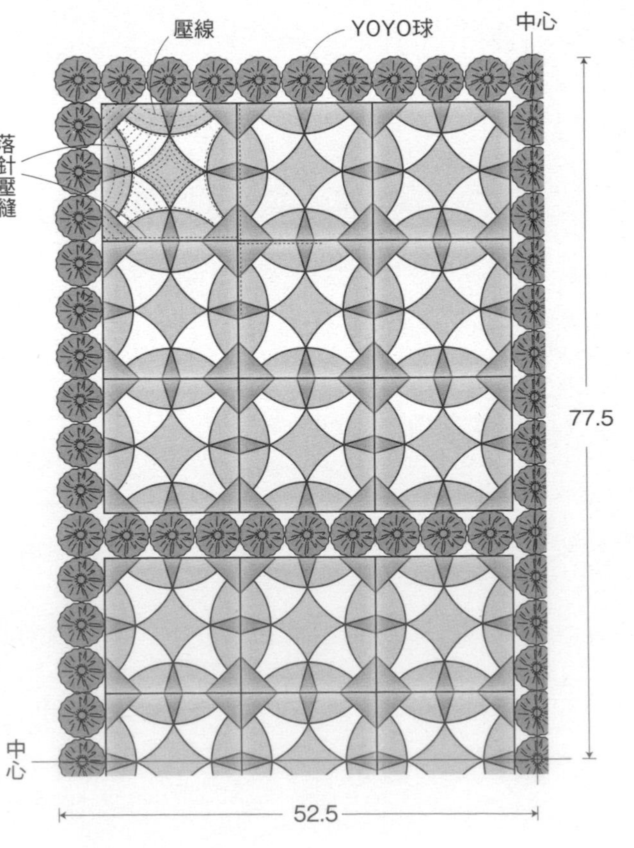